裴爱群　编著

室内设计实用手绘教学示范

第二版

大连理工大学出版社

图书在版编目(CIP)数据

室内设计实用手绘教学示范：实用手绘系列教程 / 裴爱群编著. -- 2版. -- 大连：大连理工大学出版社, 2021.9

ISBN 978-7-5685-3161-0

Ⅰ. ①室… Ⅱ. ①裴… Ⅲ. ①室内装饰设计—绘画技法—教材 Ⅳ. ①TU204

中国版本图书馆CIP数据核字(2021)第177068号

大连理工大学出版社出版

地址：大连市软件园路 80 号 邮政编码：116023

发行：0411-84708842 邮购：0411-84703636 传真：0411-84701466

E-mail: dutp@dutp.cn URL: http://dutp.dlut.cn

大连金华光彩色印刷有限公司印刷 大连理工大学出版社发行

幅面尺寸：185mm × 260mm 印张：18.5 字数：308 千字

2009 年 7 月第 1 版 2021 年 9 月第 2 版

2021 年 9 月第 1 次印刷

责任编辑：房磊 责任校对：张昕焱

封面设计：王志峰

ISBN 978-7-5685-3161-0 定 价：70.00 元

序

这本书，无关美术作品，也无关钢笔绘画。

这是一本关于室内设计实用手绘的书。

室内设计是在特定的空间下集人体工程学、民俗学、历史学、建筑学、材料学、物理学、机械工程学、光学、色彩学、美学、心理学等诸多学科于一体的综合性艺术创造。把诸多学科按照服务对象的使用需求进行科学、合理、完美、和谐的结合就是室内设计师所要完成的工作。

手绘对于室内设计师是必不可少的“视觉语言”，其重要性早已被众多设计师所深知。

室内设计手绘与“美术”和“摄影”有着最本质的区别。其反映空间的真实性、表达的科学性、设计工作的实用性和视觉的艺术性是室内设计手绘的根本要求。因此，在理论和实践上系统地探索与总结室内设计实用手绘的科学规律和方法，推广科学、实用、方便、快捷的理论和实践，科学彻底地解决室内设计手绘在学习与工作中的问题，即本书的立足点。

为方便大家阅读和使用，本书的编排分作上、中、下三篇，并分别命名为：基础与训练、空间与透视、设计与思考。

“基础与训练”部分重在示范讲解学习室内设计手绘必备的基础条件和训练方法。本书的建筑写生与结构素描（也称设计素描）在理念、方法上均迥异于其他“美术”教材与杂志，更偏重于室内设计师的基础培训，也更偏重于与室内设计实用手绘的接轨。

正因如此，它也就成为本书不可缺少的重要组成部分。

“空间与透视”部分建立在本人提出的“裴爱群作图法则”基础上，是具有完全知识产权的内容。科学、方便、快捷、实用是本篇的核心，多项填补行业空白的理论和方法一定会让每一位读过本书的室内设计师受益终身。

“设计与思考”部分强调了室内设计师与“美术家”对空间的不同理解，有针对性地解决了室内设计手绘学习、工作和考核提高中的诸多问题。

与之前出版的《室内设计实用手绘教程》一样，这依然是一本填补行业空白的书。坦诚地说，这是一本以室内设计师和未来室内设计师为对象的上佳训练与提高教材。

《室内设计实用手绘教程》与《室内设计实用手绘教学示范》可以称为姊妹篇。只要你拥有这两本书，并看得懂、画得出，就一定会感到进步了许多！

实践是检验真理的唯一标准！

但愿本书和《室内设计实用手绘教程》一样，被大家关注和喜欢！

裴爱群

2009年1月于中山大学

2021年2月16日修订于

杭州王家井

目录

上篇 基础与训练

中篇 空间与透视

下篇 设计与思考

裴爱群 简介

全国杰出中青年室内建筑师
国家一级室内装饰设计师
原国家职业技能鉴定（室内装饰设计师）标准开发组成员
原广东省职业技能鉴定（室内装饰设计师）高级考评委员
中国室内装饰协会设计专业委员会委员
全国大学生环境艺术设计大赛实战导师
广东省装饰行业协会专业委员会常委
广东省“岭南杯”室内装饰设计大赛专家评委
深圳《设计家》丛书编委
实用手绘基础理论创始人
《裴爱群作图法则》永久知识产权人
数十年从事设计手绘教学与剧院设计工作

主要设计作品

辽阳大剧院
常州现代传媒中心
南京茉莉花大剧院
新疆大剧院（观众厅）
中国宋庆龄基金会未来剧场
戚继光剧院
……

著作出版

《裴爱群书法篆刻集》
《室内设计实用手绘教程》
《室内设计实用手绘教学示范》
《室内设计实用手绘教学示范》（第二版）
《景观设计实用手绘教程》
《产品设计实用手绘教程》

上篇

基础与训练

第二版

线条的练习

线条是室内设计手绘效果图所使用的最基本要素。

线条的质量直接影响着室内设计效果图的质量。

如何实现对线条的熟练掌握、灵活运用、巧妙发挥，是室内设计师的基本功。对线条赋予"质"的属性，通过运笔动作变化，如顺逆、转折、疾徐、顿挫、颤动、粗细、连断、方圆、虚实、光毛等，以表现对象的力感和美感。

我们可以用不同的笔、不同的力度、不同的角度来体验不同的线条效果。同时，我们在训练的过程中还要悉心体会不同的笔在不同的纸张上所表达出来的不同变化。

大量训练线条的目的，就是为了使我们在未来的室内设计工作中对线条的曲直、方向、长短、起收等具有良好的驾驭能力。

（1）紧线（平稳快画）

（2）缓线（运笔上下颤动，缓慢而画）

（3）笔压大的缓线

（4）之字形线（运笔做前后之字形颤动）

（5）颤线（笔尖做不规则颤动）

（6）粗动线（笔压时强时弱，运笔时快时慢）

（7）错叠的线（短线左右移动成长线）

（8）回形线（运笔连贯打圈）

（9）断线（断续的点和短线组成，虚虚实实）

（10）平稳加压的线

（11）自由运笔的线

（12）顿挫变化大的线

（13）笔头接触纸面大的线

（14）自由运笔的粗线

（15）上下颤动的线

（16）随意的粗线

用不同的笔可以画出不同需要的线条

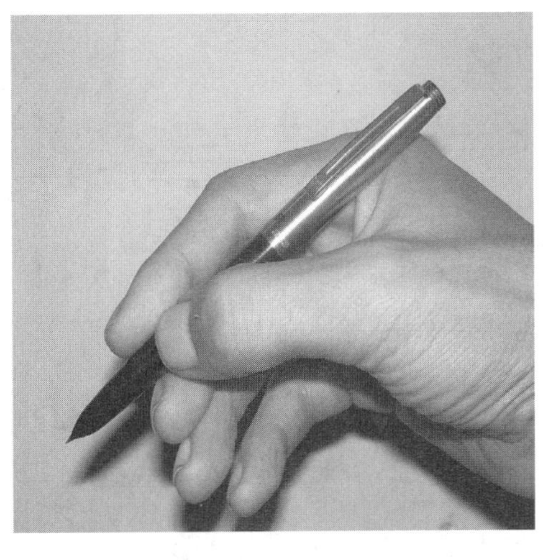

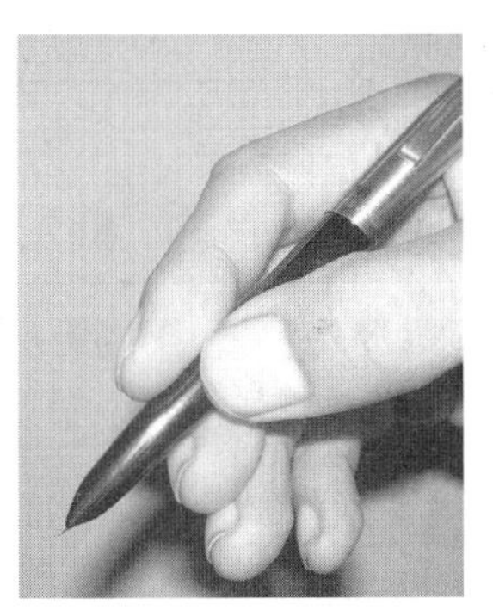

正确的握笔姿势是练好线条的保障。线条的流畅、准确、轻重、急缓等都是建立在正确的握笔姿势之上的。

所谓“**字如其人**”。线要潇洒，姿态也要优美。

特色私房粽

代表：虎头虎脑粽、金蚝粽、小牛火腿鸭舌粽

长条形的大肉粽，又名“虎头虎脑粽”，内里裹着与粽身一般长的大肉。杭州城里有位六旬老人何大妈，从17

传统口味粽

代表：肉粽、蛋黄肉粽、豆沙粽

除了这些私房粽，超市里售卖的各色传统口味粽子，才是近期的主角。比如老字号五芳斋，又比如楼外楼、知味观两个本土品牌。

华润万家负责粽子采购的吴波说，今年粽子的价格与去年大致持平，但销售的高峰期似乎比往年有所延后。这段时间，以家庭和个人消费为主的简装粽子比较吃香，接下去，礼盒装的销售将会有明显提升。

肉粽、蛋黄肉粽、豆沙粽，依然是杭州人最喜爱的三种口味，地位稳如磐石。新口味，比如三全的冰淇淋粽子，初来乍到，目前还处于试水阶段。

在世纪联华，往年售卖的简装粽

横线的练习

竖线的练习

这两天，西湖里的荷花已经陆陆续续开起来。好多人都说，路过西湖边，往荷叶里一看，好几棵都鼓了大花苞，只要阳光再晒一晒，它们马上就能[illegible]地开起来。

也有已经心急开出来的。比如曲院风荷里的青帘坊荷区，已经有四五朵早早开起了粉红色的花瓣，透着粉嫩嫩的可爱。

西湖水域管理处的工作人员说，今年荷花比较“着急”，要是天气一直晴好，等到了6月底，荷花就会开满西湖，进入盛花期，那就是“接天莲叶无穷碧，映日荷花别样红”的境界了。

这几年，西湖里的荷区一年比一年多，今天已经有150亩。我们做了一张西湖赏荷攻略，请你先收好，等到接天莲叶长好的时候，好好去看看吧。

另外，如果你想去拍荷花，最好早上去，尤其是太阳刚刚出来

利用钢笔在废旧的报纸、杂志上练习线条，既经济又环保。可以先画短些，熟练后再画长些，也就是利用报刊的分栏文字间隙，从一栏画到多栏。

横线画累了，把报刊旋转一下，继续竖线的练习。

起笔和停笔要干净利落，笔停住后再离开纸面，绝对不可以让线条失控产生“鼠尾”的效果。

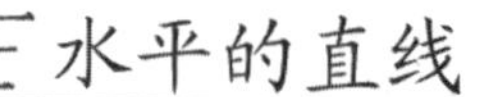

长线的练习要注意控制方向，其水平线与竖线（垂直方向）均要以纸张的边线为衡量标准。

为了准确把握线条的方向质量，练习中可先用钢笔确定起、止两点，然后再连线。方法是：笔在起点上，眼睛盯住停止的点迅速连线，眼睛千万不要跟着笔尖移动。

许多设计师画出的线条起收笔处会出现一些萦丝，那是无意中带出来的，初学者千万不要刻意追求模仿。

排线主要是在形体块面中制造明暗层次，通过排线的多样变化以表现物体的立体感。因此，要研究排线的韵律和节奏（诸如疏密、粗细、交叉、重叠和方向等）变化所产生的画面美感。

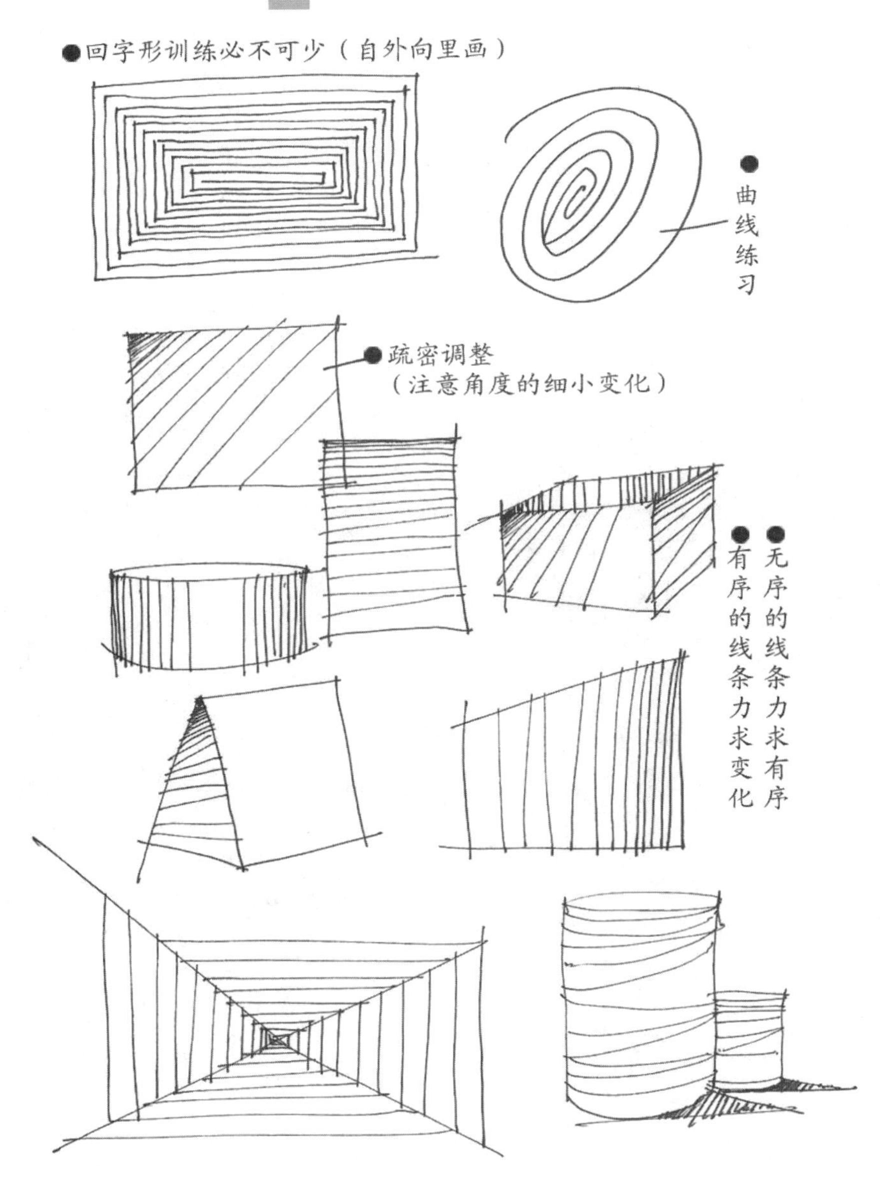

由于工具材料的限制，钢笔画不能像铅笔画、木炭画那样自由地层层添加、反复修改来再现物体细微的明暗变化。要把眼中画面丰富的明暗转为运用钢笔排线来表现，唯有进行艺术处理，概括相邻近的层次，画出与自然调子相近的对比关系来表现形象。也就是说，要减少（甚至忽略不计）相邻面及周围面的明度层次，从而充分体现清晰峻锐、质朴明净、黑白分明、简洁概括的画面特点。

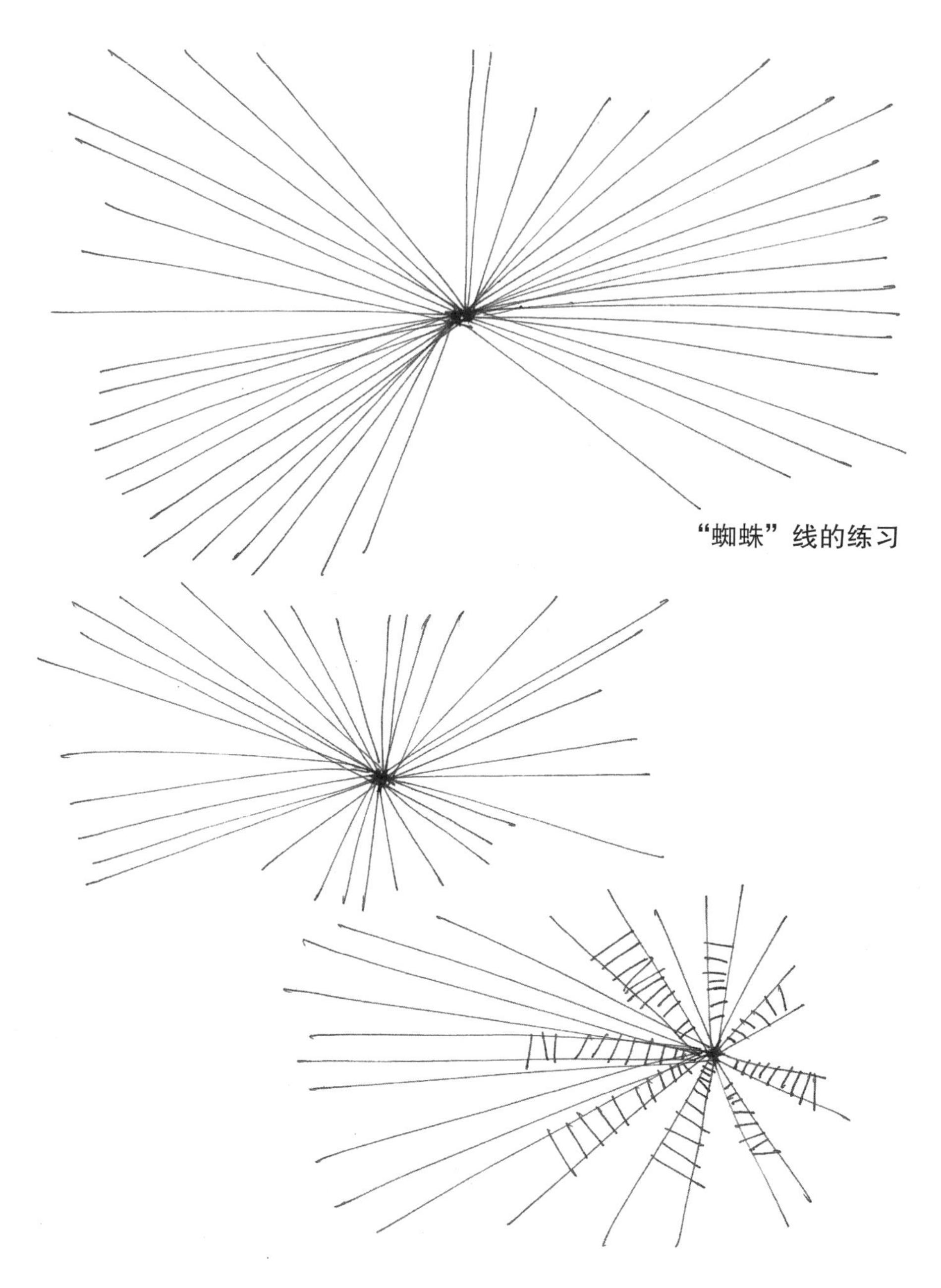

“蜘蛛”线的练习

倾斜线的练习最重要的是注意控制方向。

在纸的中央先确定一个心点，心点左侧和上部的线直接连到心点位置；心点右侧和下部的线须先确定停止的点，然后连线。行笔的顺序和写字一样，自左而右，自上而下，不可逆行笔。

钢笔徒手画线，允许有误差存在。优秀的线条控制在3‰误差范围内，合格的线条允许误差在5‰～8‰范围内，即1米长的线条允许有3～8毫米的误差。

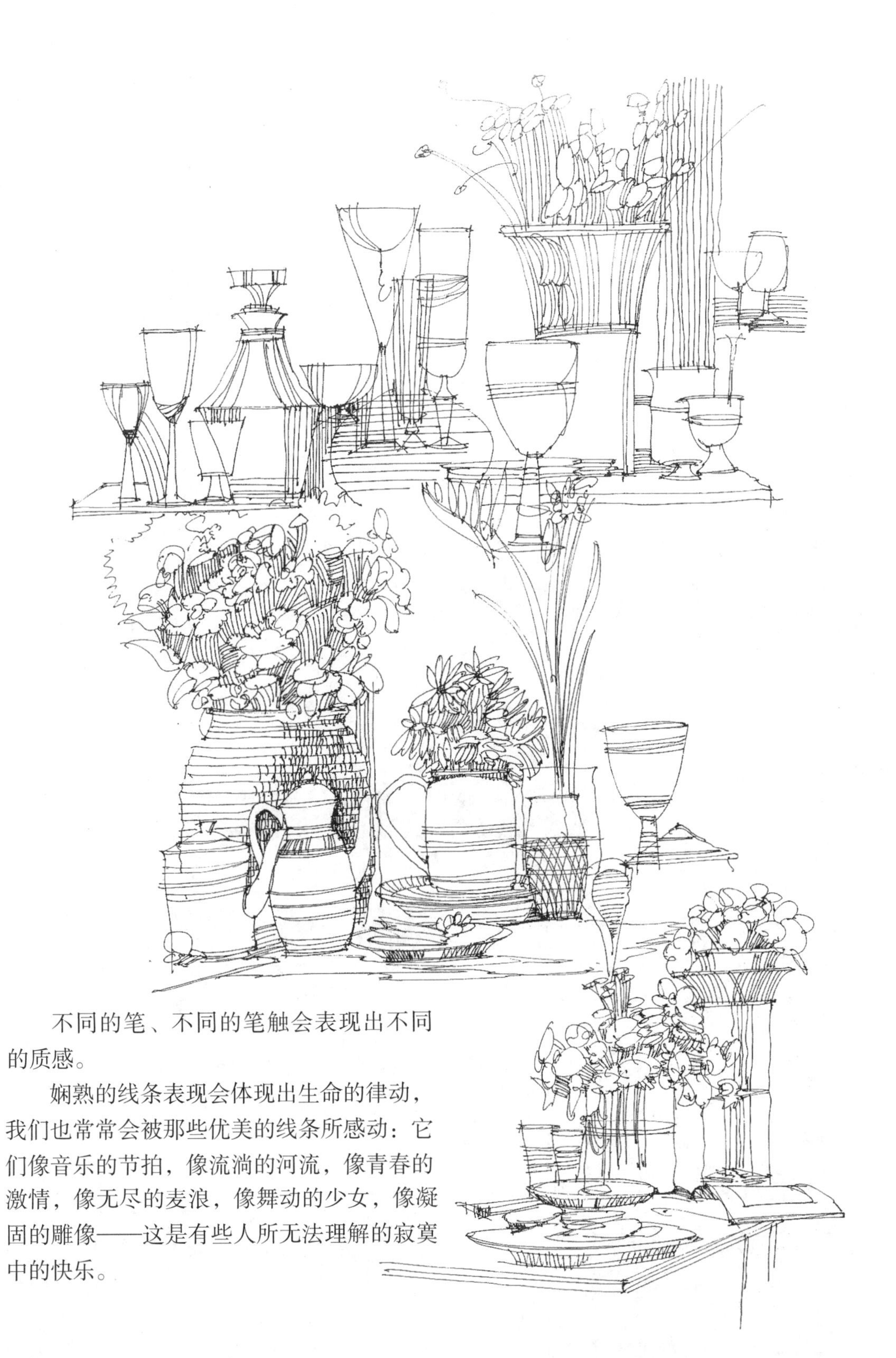

不同的笔、不同的笔触会表现出不同的质感。

娴熟的线条表现会体现出生命的律动，我们也常常会被那些优美的线条所感动：它们像音乐的节拍，像流淌的河流，像青春的激情，像无尽的麦浪，像舞动的少女，像凝固的雕像——这是有些人所无法理解的寂寞中的快乐。

结构素描

结构素描（也称设计素描）对培养学生的观察分析能力、空间形态变化的想象能力以及徒手准确表达形体的刻画能力都是十分有利的。

结构素描写生要求画者在观察形体时忽略光影与色彩，从外形的轮廓入手（仅仅是构图框架的需要），寻找影响外形变化的所有点，寻找与外形的体、面有关的结构线，并以这些点、线为基准，按照透视变形规律，从内到外、从基面到空间、从模糊到清晰，校正原来的外部轮廓，在反复的观察、比较与分析中，逐步确立三维空间中的立体形态。这类练习最好是从石膏几何体或较透明的简单玻璃制品入手，然后过渡到对室内家具、室内空间及陈设的整体训练。

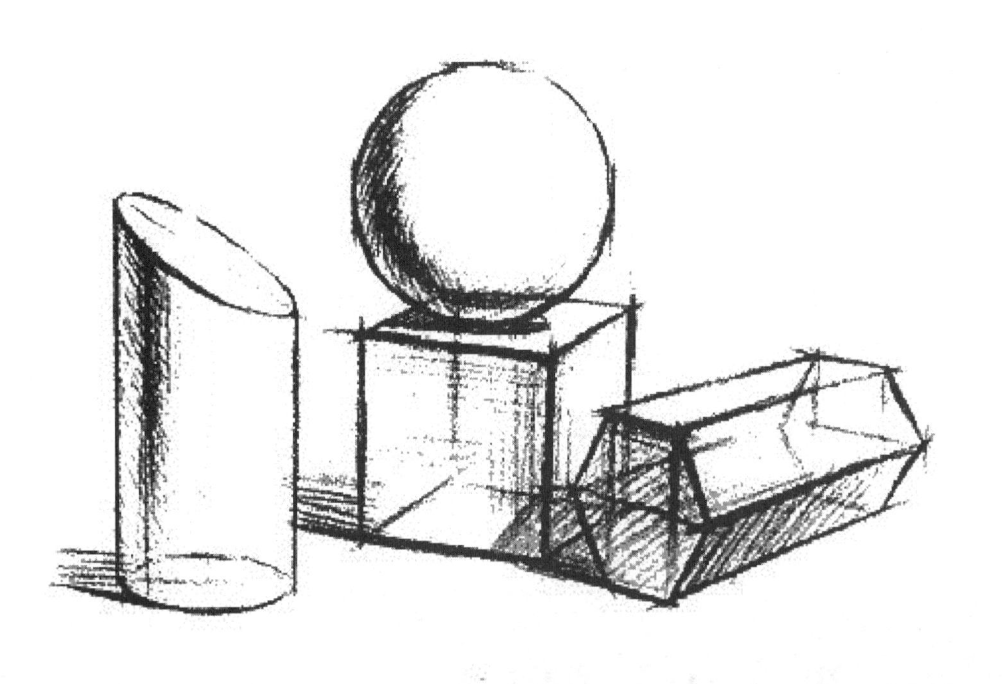

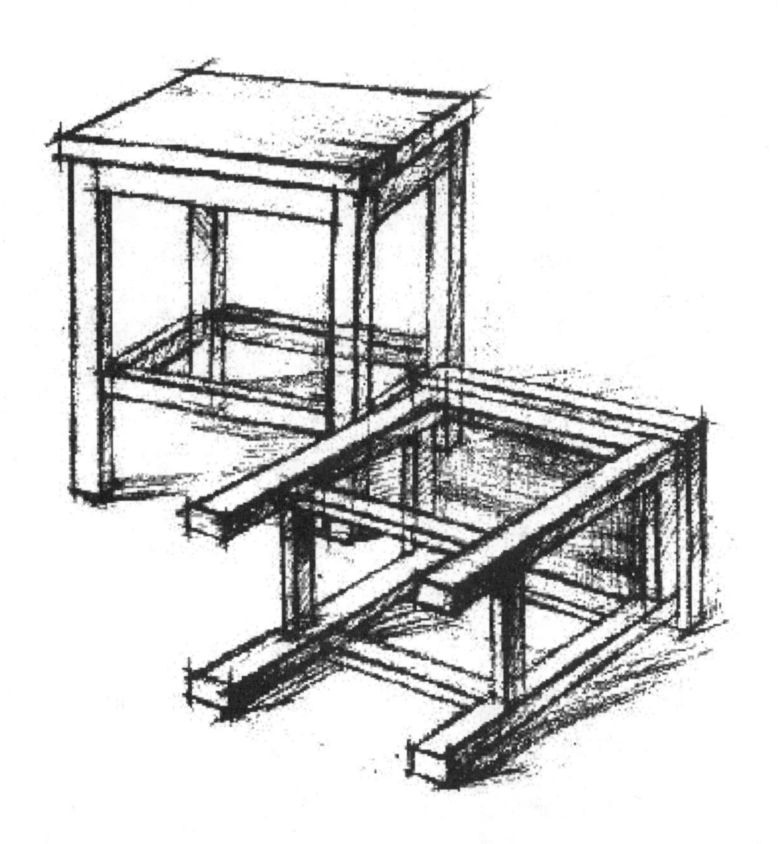

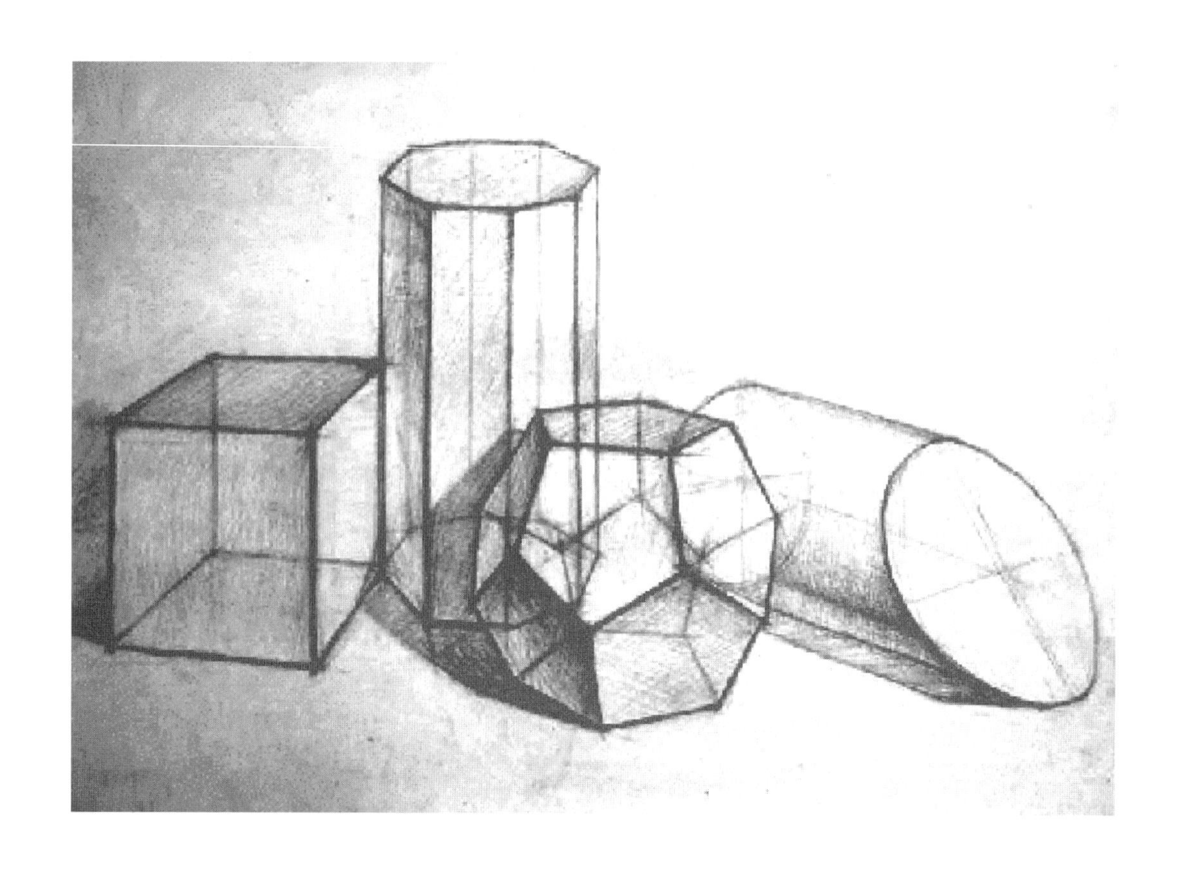

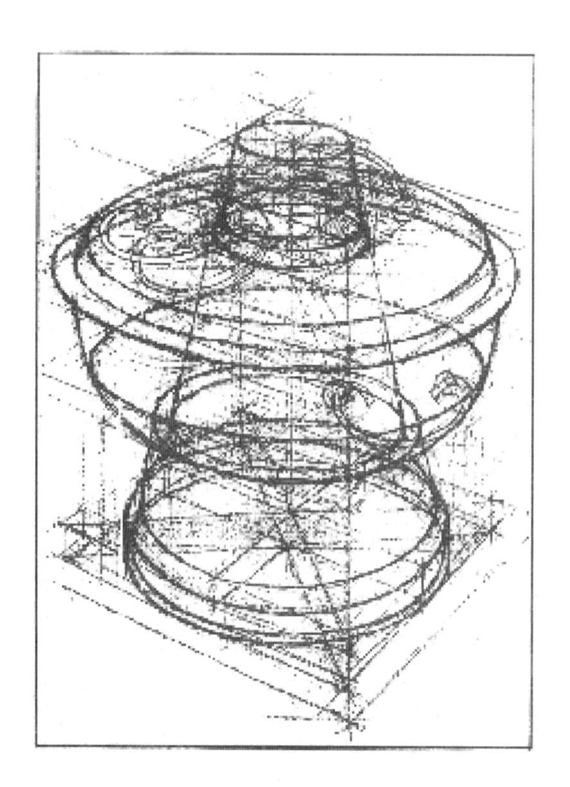

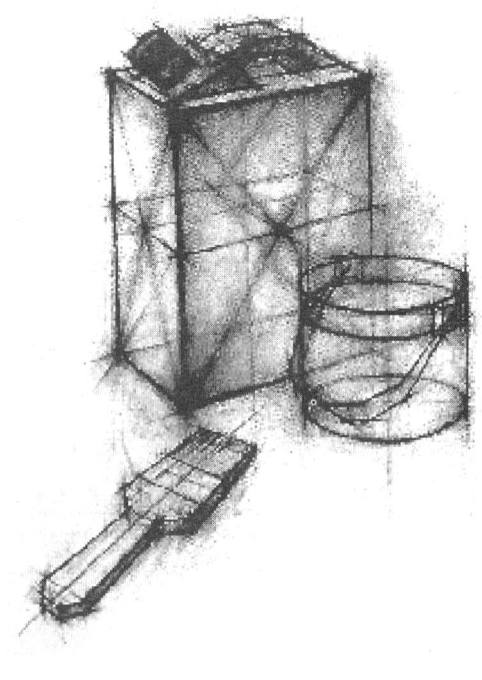

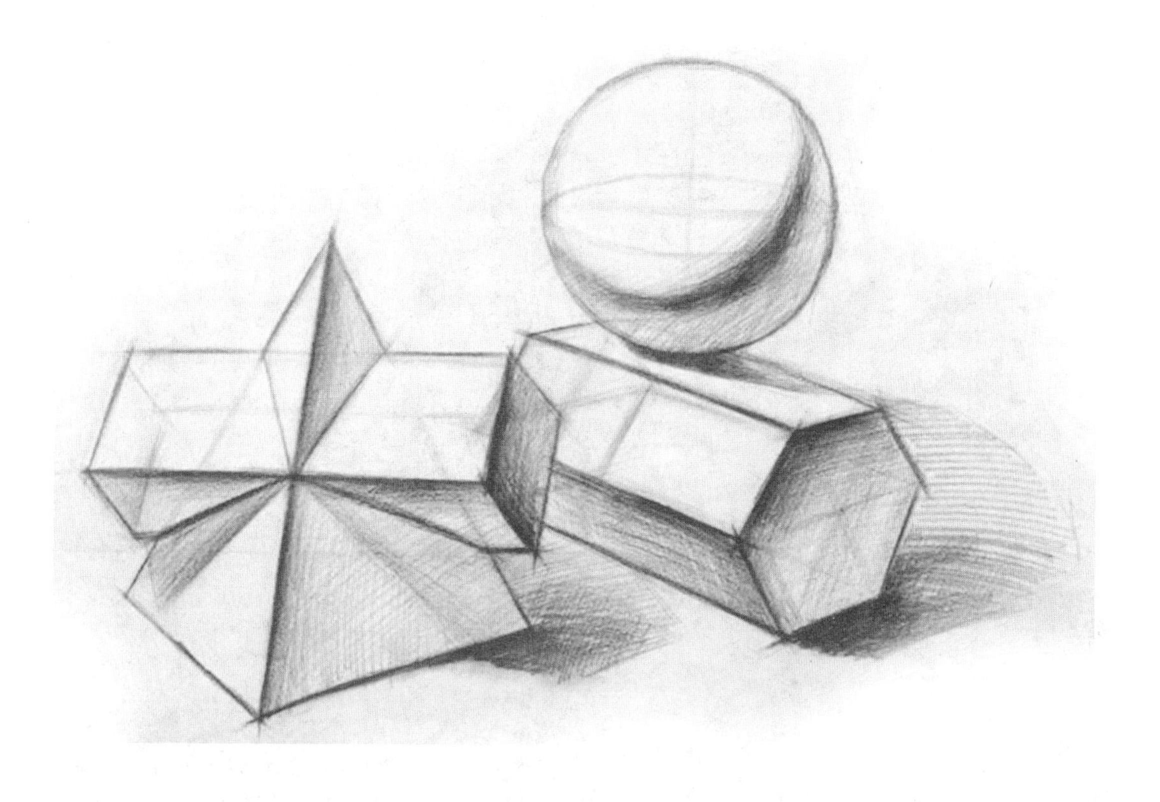

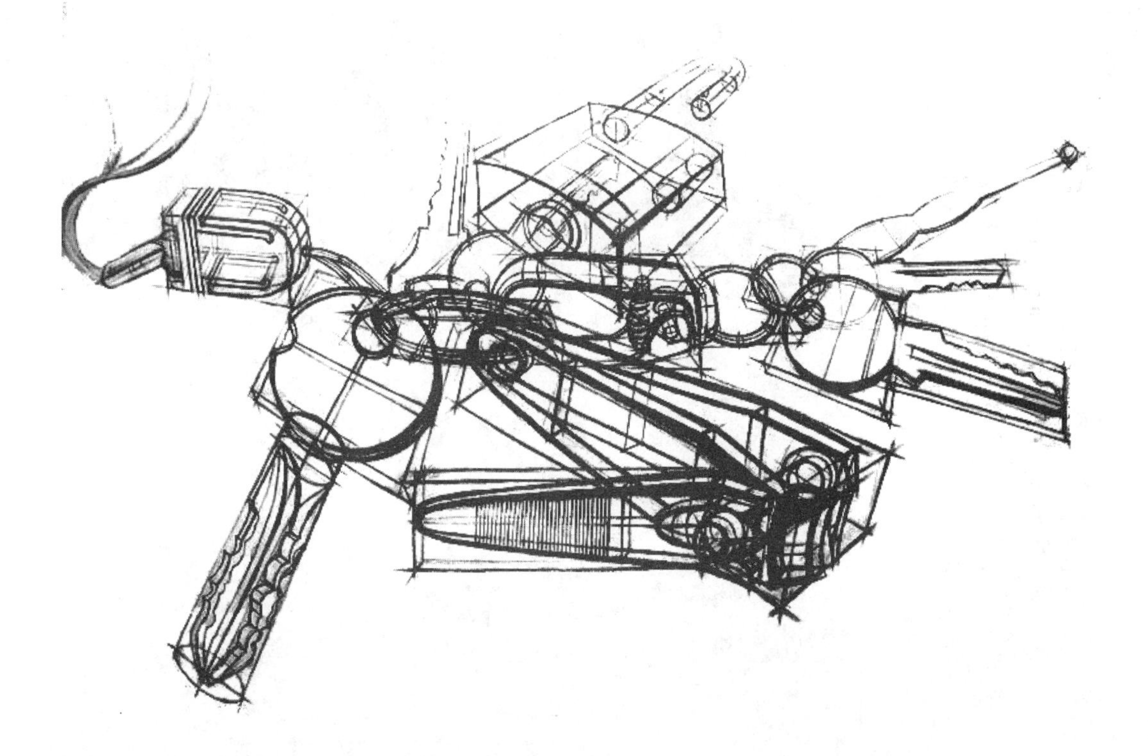

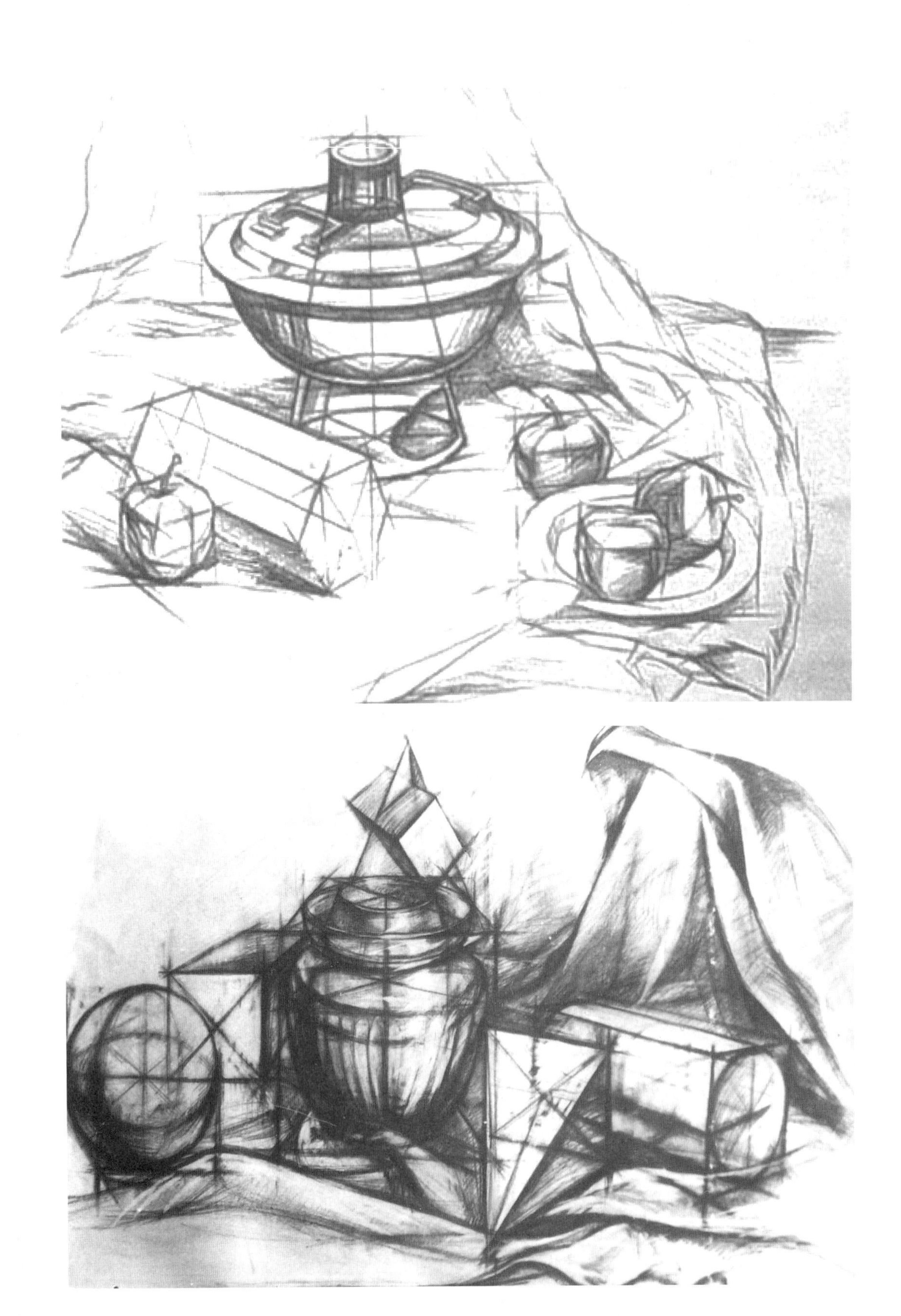

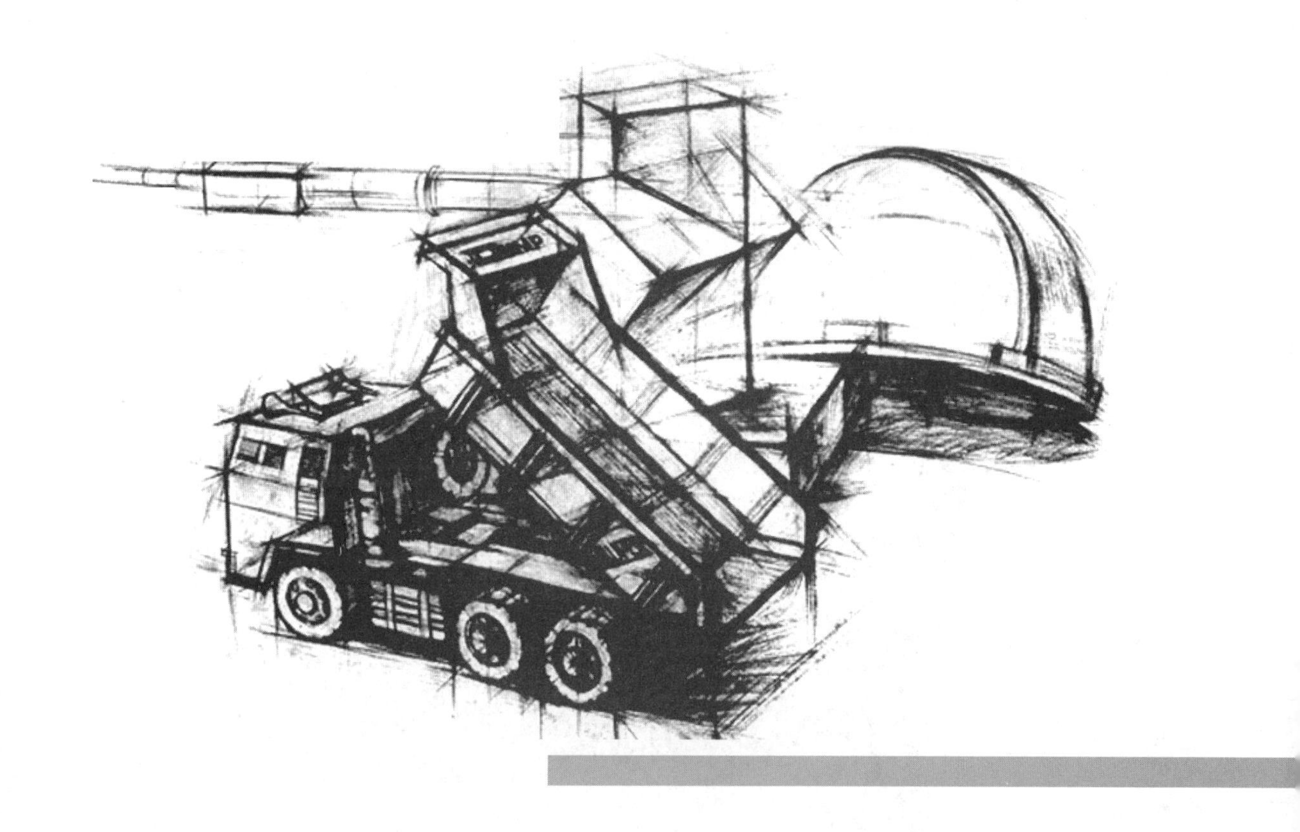

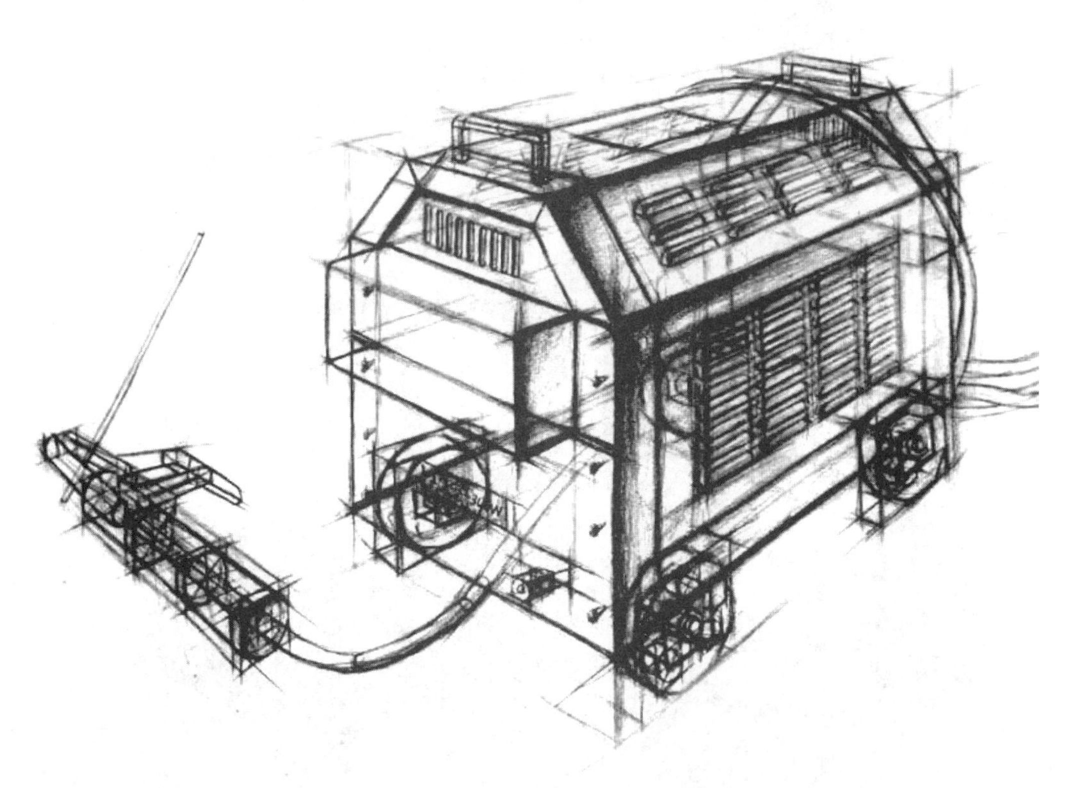

钢笔结构素描画法

关于结构素描的书籍有很多，都可以拿来作为练习时的参考，但这绝不是我们终日临摹的范本。只有真正地面对物体来训练结构素描，才是培养学生的观察分析能力、空间形态变化的想象能力以及徒手准确表达形体能力的上佳捷径。

结构素描写生大多都是用铅笔来逐步完成的。在保证练习具有一定数量和质量的基础上，我们不妨抛开铅笔，尝试用钢笔或针管笔直接完成结构素描。这样做对于时间、线条的处理、形体概括、眼睛的判断能力、手的把握能力等方面都会有较大的提高。

钢笔结构素描与铅笔结构素描的步骤和方法基本一样，只是工具不同无法修改而已。

现分步予以讲解：

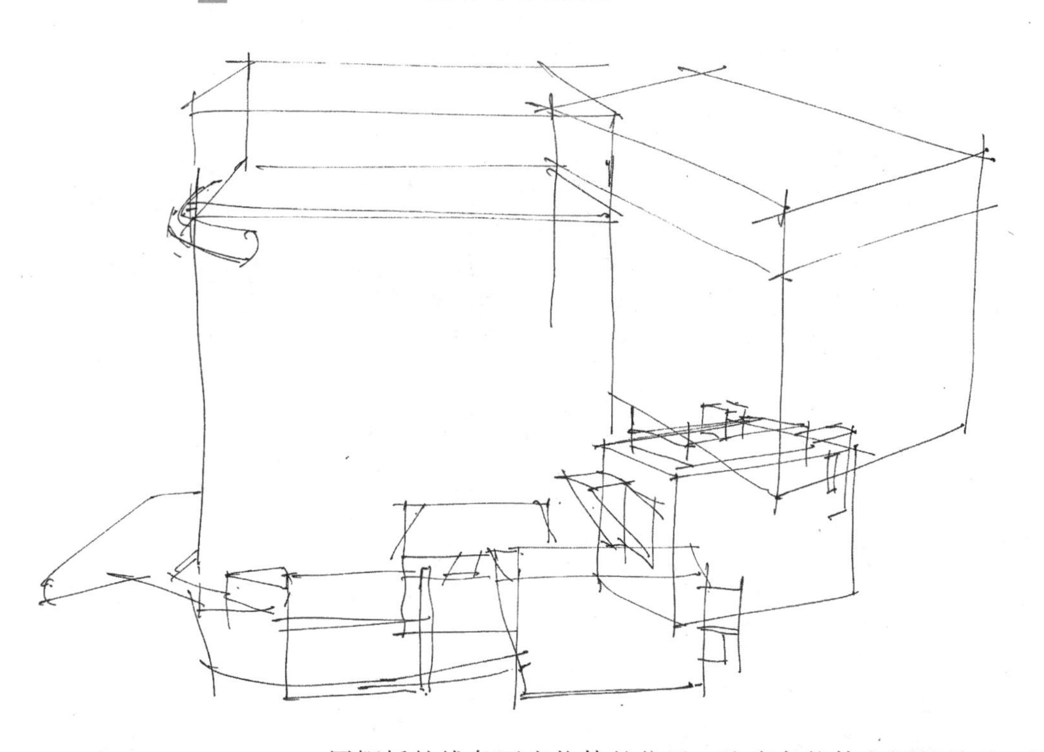

用概括的线条画出物体的位置，注意各物体之间的关系，物体必须落实到一个平面上，并注重各物体的透视关系。

进一步调整物体的关系，逐步确定物体的结构。勾画出物体的大致结构，逐步完善外观的准确性。

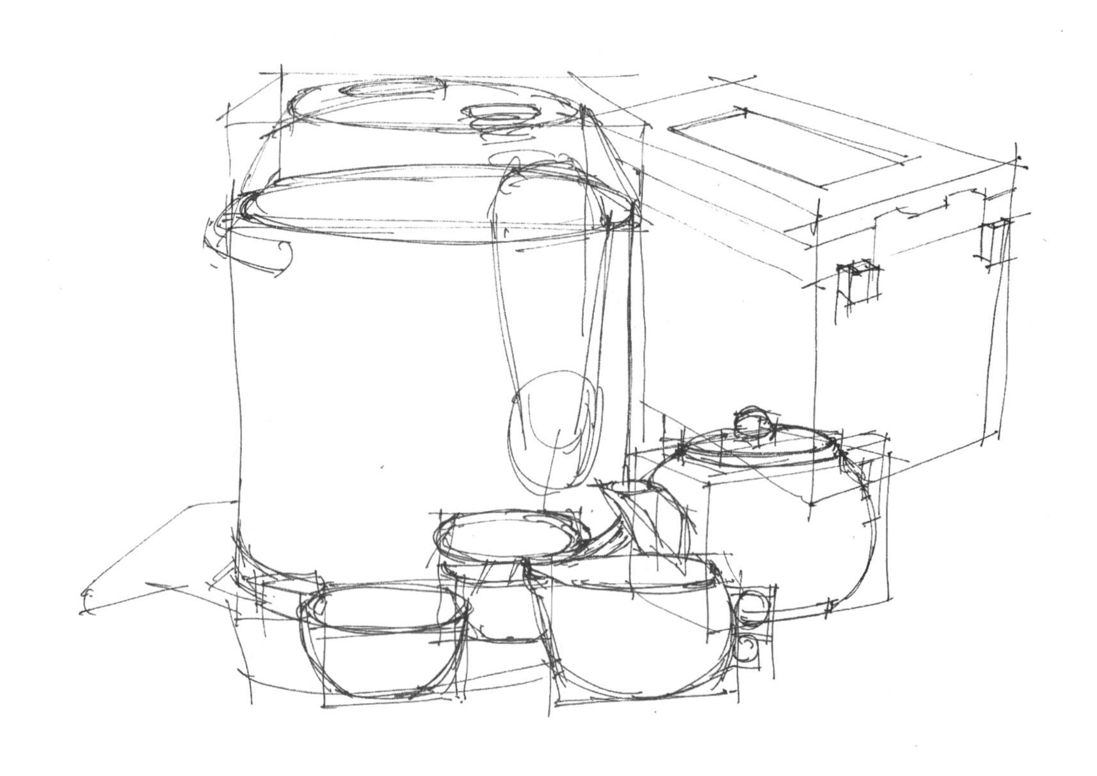

进一步调整物体的关系，逐步确定物体的细部结构。

仔细刻画物体的细部结构，按照物体的结构简单表达出物体的明暗关系，注意钢笔排线的概括性。

画面调整。

细致处理主次关系，在排线的过程中尽量表达出物体的质感。

结构素描完成。

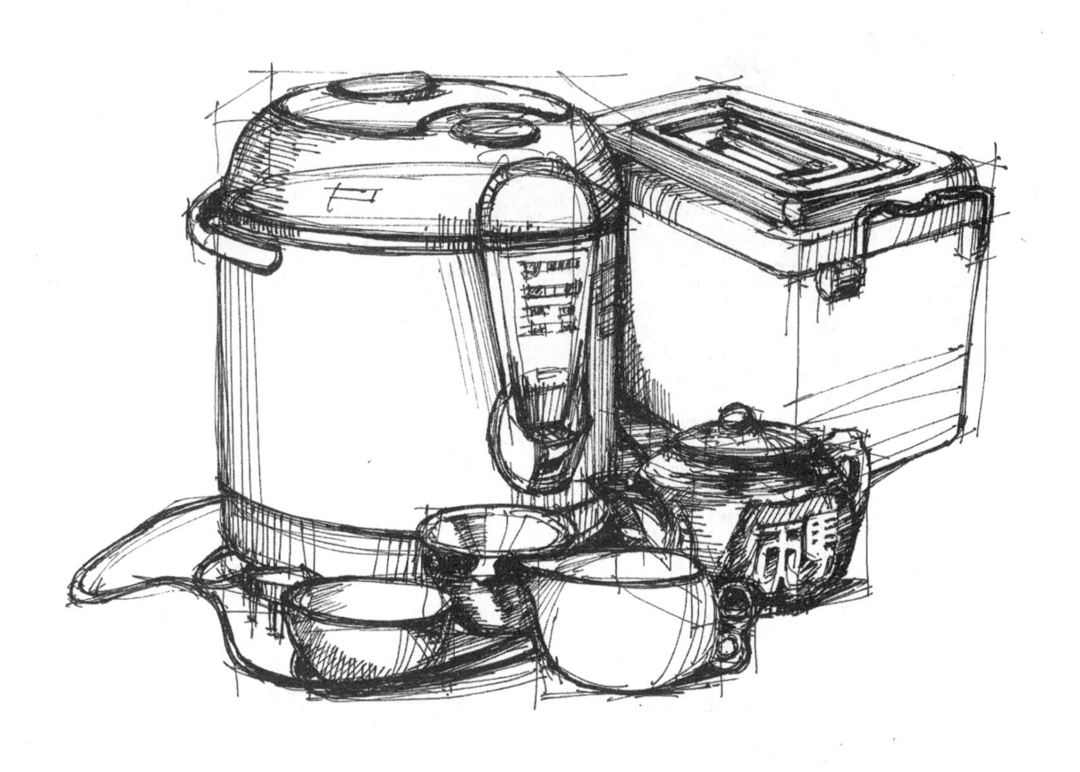

生活中的一切物品都可以成为我们练习结构素描的对象。

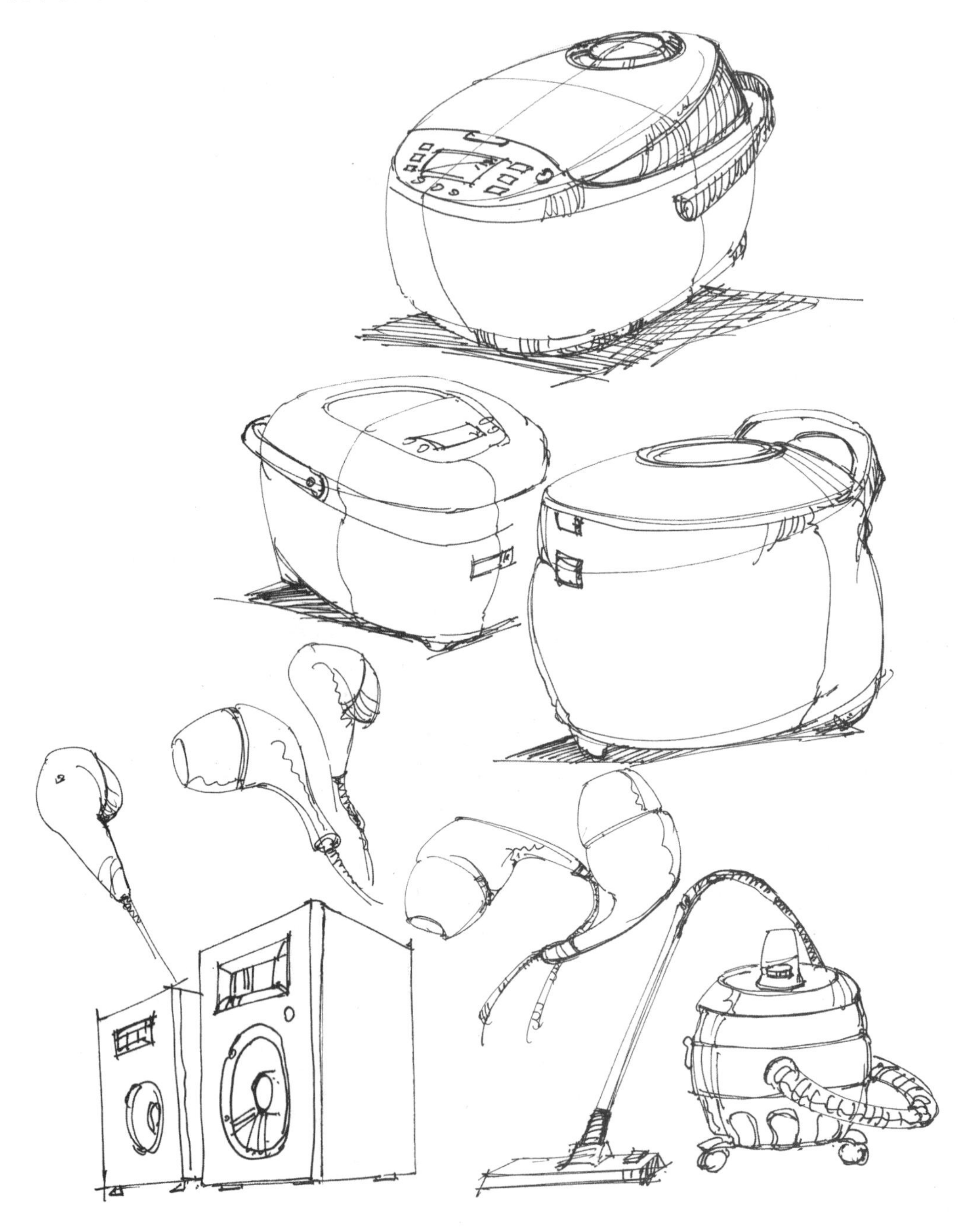

坚持用钢笔和针管笔随手画出物体的结构素描，对我们未来的设计手绘都大有益处。

尽可能多地进行钢笔结构素描练习，认真体会每一个几何体的透视关系，并根据记忆演变出无数的生活用具。

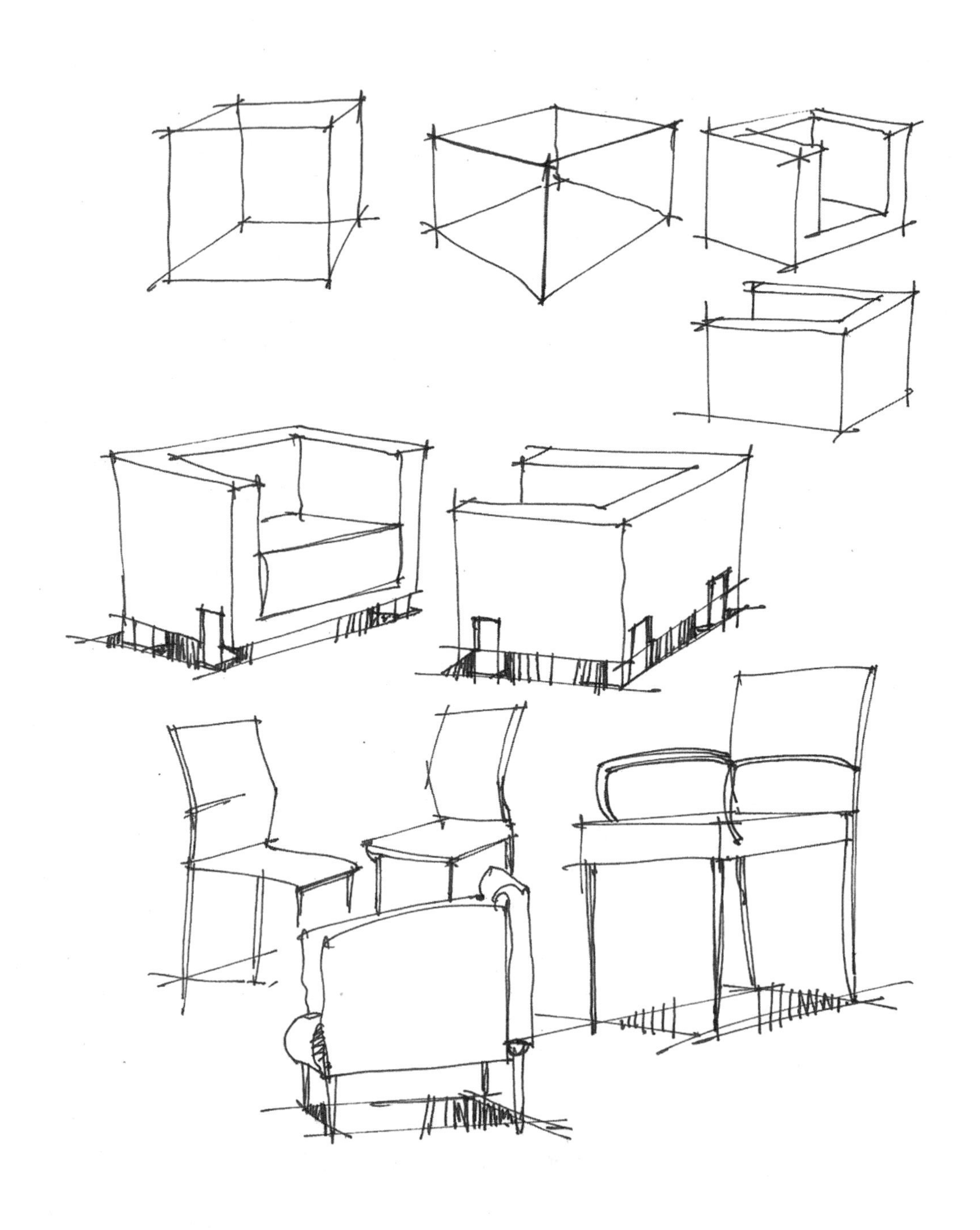

充分熟悉几何体的透视关系，为后面的各种装饰物钢笔徒手表现打好基础。

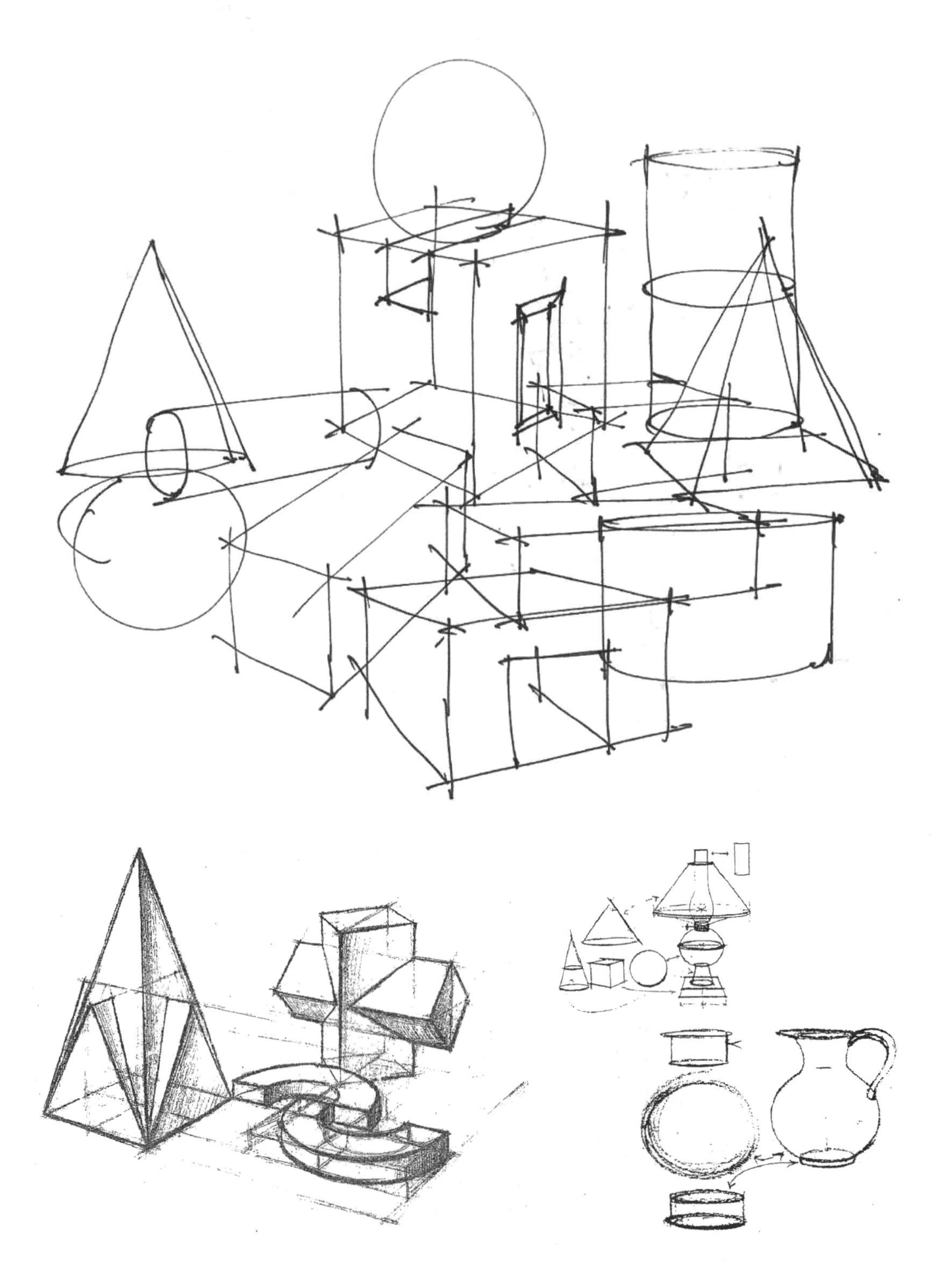

建筑写生

线条的完美表现，可以在建筑写生的训练中得到进一步提高。

室内设计师的写生训练与美术上的风景、人物写生有着很大的不同，其侧重点在于建筑的表现，在复杂的自然环境中提炼并升华建筑在画面中产生的美感，充分挖掘和调动设计师的思想、情感，在画面上赋予建筑以新的生命。

需要明确的是：建筑写生与钢笔表现是不同的，建筑写生可以概括或忽略与建筑本身无关的东西，如树木、人物等。

建筑写生的学习和掌握，对于建筑设计师、室内设计师来说都有着十分重要的意义。它不仅是设计师进行资料收集、造型训练和形象思维的一种手段，还可以为设计师推敲和完善自己的创作和设计方案提供重要途径。

写生是建筑美术教学的主要环节之一。它首先被用来培养学生的绘画技能，要求用简洁的笔法，表现客观物象的形态、结构以及透视和比例关系。要熟练地掌握空间造型能力和各种绘画技巧，即用线、面及线面结合的表现手法，准确地把握形态特征和体面关系。

写生的构图

所谓构图乃是把画家的思想传递给他人的技巧，而作品的全部意义则取决于画面的构图。

——米勒

应该明确的是：在整个画纸的范围内，并不是所有部分都具有同等价值。画面中要有细节、引人入胜、富有表现力的主要部分，又要安排好耐人寻味的次要部分，并通过画者主观的意图和近、中、远景节奏的设计，解决好主次部分间区域转换的自然衔接、和谐对比、变化均衡及各部分占画面的恰当比例和位置，并时时掌握好画面中留白的部位，让它产生画面的整体美感，即“无画处皆成妙境”。

所谓画面的构图，就是指在画面中处理好各种关系，而一幅画面的完整与统一，在很大程度上也取决于画面的构图形式。

建筑写生，首先遇到的问题就是选择哪一部分景物来进行描绘，然后又如何安排画面上的布局，所有这些就构成了取景构图的全部内容。而绘制钢笔徒手建筑画虽然与景物写生有所不同，但在作画之前也应该根据所要表现的建筑形象特点来考虑画面构图问题。由此可见，对于初学者来说，掌握作画的构图规律与基本原则，同样是作画前必须弄清楚的问题。

构图原则主要有以下几个方面：

从整个画面的范围来看，建筑物作为其表现的主体，在画面中所占的大小要合适。

如果建筑物在画面中所占的范围过大，常常会给人一种拥挤与局促的视觉印象；反之，建筑物在画面中所占的范围太小，又会给人一种空旷与稀疏的视觉印象。

裴爱群临摹辛艺峰鄂西土家吊脚楼

从建筑物在画面中的位置看，建筑物过于居中会使人感到呆板，但过于偏向两侧，又会给人带来主题不够突出的感觉。

因此，一般要把建筑物安排在画面中线略偏左侧或右侧一些，特别是在建筑物的正面，即建筑物主要入口所在的一方能留有较大一些的空间，这样给人们的视觉就会显得舒展与顺畅。

视平线（地平线）过高、地面过大会削弱建筑物作为主体在画面中的表现效果。

从建筑物所处地平线的高度看，建筑物所处的地平线应依据表现对象的实际需要来定。一般视线定得高，看到的地面就多；视线定得低，看到的地面就少。

通常地面不宜画得过大，这是因为过大的地面不仅难以处理，并且还会削弱建筑物作为主体在画面中的表现效果。

从建筑配景的处理看，建筑配景在画面中的布局处理也会对构图产生较大的影响。例如在画面的正中画一棵树，或是画一根电线杆，就会将整个画面一分为二，从而破坏整个画面的完整性与统一性；而在不对称的画面两端画两个等高的设施，又会给人带来呆板的视觉感受。此外还要考虑整个画面的平衡问题，这是由于一般建筑表现图在画面中的物体都是近大远小的，如在画面两端不采取措施进行补充，整个画面也会出现轻重悬殊的现象，并使画面失去平衡感。利用建筑配景能丰富画面中的轮廓线，使画面的构图在其内涵上更为深厚。

对于建筑写生的构图原则，初学者在练习中一定要灵活掌握，不可机械地理解与照搬，并用来解决构图中所遇到的一切问题。

由于表现对象的不同，画面的构图也是千变万化的，因此在作画前，可以多作一些画面构图的小样来进行多种方案的比较，以寻求最佳的构图形式来进行画面的表现与具体对象的塑造。

强调视觉中心

九宫格构图

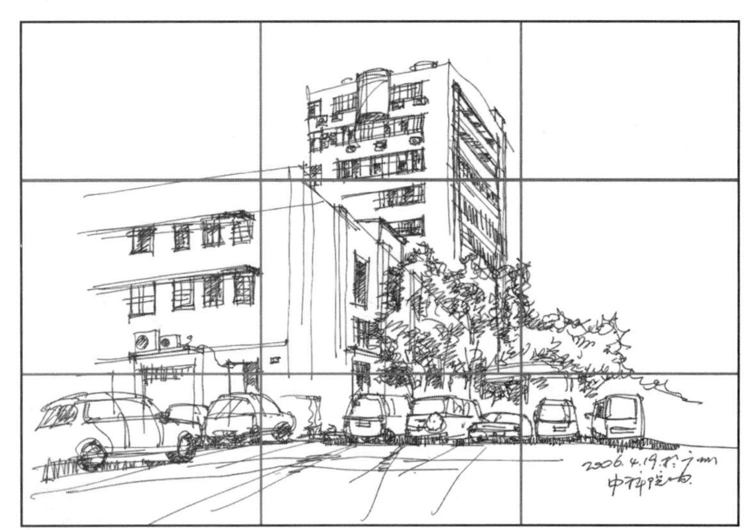

A字形构图

三角形构图

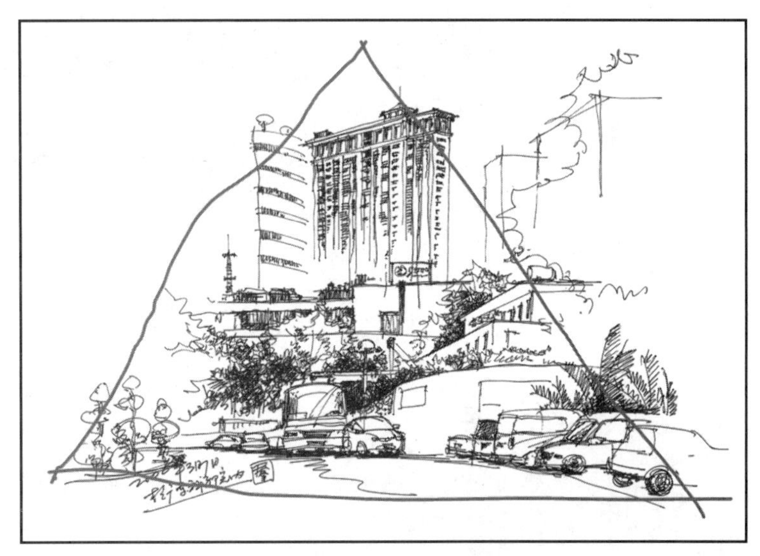

线描画法

线描画法在绘制过程中舍去与削弱了表现对象由光影、明暗对其所造成的复杂关系，专门用线条来表现物象与空间的交接边缘（外轮廓），并用线条来表现其面与面的交接、过渡与衔接（内部关系）。为此，应细心地观察与体验，注意其线条的来龙去脉，线与线是怎样交叉、衔接的，与上下、左右及前后的关系又是怎样的，并通过运笔的快慢、顺逆、顿挫、圆转方折等准确地将所绘物体的形象特征表现出来。

以线描为主的表现手法，除了要注意运笔的方法外，还要研究线条的组织方法。一条线画得再好也只不过是一条漂亮的线，不能反映出任何形象，只有当几条线在一起的时候，才能构成完整的形象。

为此，这些线条中哪些是主要的，应该强化；哪些是次要的，应该减弱；哪些是偶然的，应该舍去——所有这些都要从画面整体上考虑，使之在形体的表现中能充分展示出自身的表现魅力。而线条疏密的组织方法本来就没有一定的程式，若单纯从方法上寻找是不会得到满意答案的。

明暗画法

明暗画法常见于建筑表现画的绘制中。初学者只有把握住明暗变化的规律，才能充分地在画面中表现出建筑的形体转折与空间关系。但是，由于各个画种及其使用工具与材料的差异，表现这种规律的深入程度也有所不同，尤其是对于钢笔徒手画来说，就远不如铅笔画与炭笔画那样表现得深入与细腻，并将其物象深层次的明暗变化关系都表现出来。

对于用明暗画法所作的建筑钢笔徒手画，尤其需要在作画过程中做到重点突出、层次分明。重点突出就是要突出主体建筑物的表现，另外对于主体建筑物各个部分的刻画也应有主有次。当画面重点确定后，首先要使其突出重点的轮廓线能够明确且肯定；其次是加强它的明暗对比，也就是该亮的部分尽量提亮，该暗的地方应该更暗，再就是重点的部分要画得实一些，其余的部分要处理得虚一些。只有将明暗层次处理得恰如其分，才能取得良好的画面效果，画面也才可能有空间感与深度感。为了熟练掌握明暗画法，初学者可根据实景多做练习，也可用照片来对照着进行练习，直至能够掌握这种画法。

综合画法

综合画法又被称为线面结合画法，它是在线描和明暗画法的基础上产生的，其特点是以线描为主，稍加明暗对比作为衬托；也可以明暗为主，稍加部分线条进行勾勒。

正是因为综合画法具有这样的特点，能够扬长避短，对所绘制的物体可进行简练的概括，也可进行充分的刻画，而且在具体的表现之中还能具有更多的灵活性与自由性，所以综合画法的应用范围是非常广泛的。

初学者可在掌握前两种画法的基础上，依据个人的爱好与作画特点对其进行综合，在建筑写生的学习中，逐渐形成自己的表现风格与个性特色。

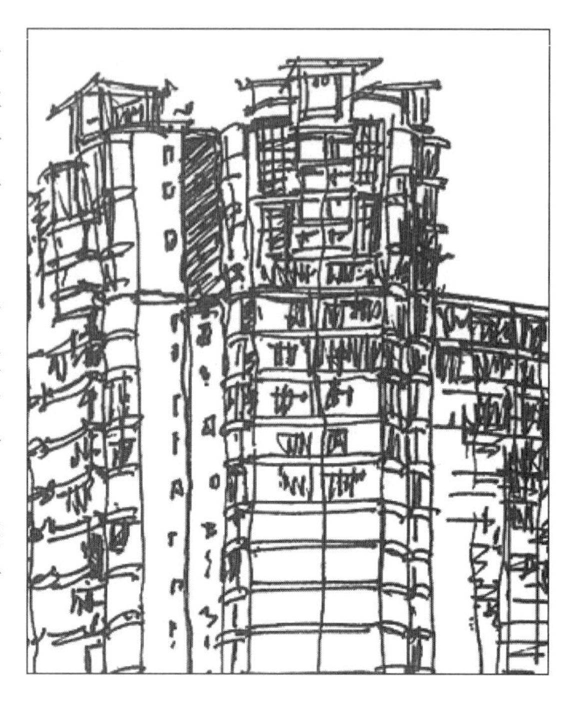

2006.10.31.

建筑写生的画法

建筑写生可以分为以下几个步骤来进行：

勾画大体轮廓。在进行建筑写生时，可先将要表现的建筑物的大体轮廓勾画出来；在进行画面构图布局的同时，还需要进行仔细的观察与分析，明确表现对象的比例关系与透视关系。如果遇到结构比较复杂的建筑物，还要画出该建筑物的部分透视消失线与消失点作为辅助，以使建筑物的轮廓线能勾画得准确，并符合建筑透视的变化规律。

绘制整个画面。在勾画大体轮廓的基础上，将所需表现的建筑物及环境场所的整个画面绘制出来。在这个过程中应注意把握徒手线条的轻重缓急以及前后、穿插、转折等关系，并尽可能在这个阶段将整个画面的形体、空间与环境场所的主体内容表现出来。

局部细致刻画。局部的细致刻画要求能够一次完成，为此在落笔前就必须仔细观察所刻画的表现对象，比较其前、中、远景物的差异，准确地选择所使用的徒手线条及笔触。画面上各部分在绘制过程中的先后顺序及轻重，都要从整个构图的需要出发，做到胸有成竹、有条不紊地进行。另外，在局部刻画中还要始终考虑其与整体的关系，以便于对整个画面关系的把握，最终做到整体之中有深入细致的刻画内容。

画面整体调整。在完成局部刻画以后，就要对整个画面进行整体的调整与处理，以使各个局部之间的关系能够更加协调。画面的调整要从整体出发，通过对画面黑白关系的调整使画面更为完整。在画面调整中还可以将该重的地方进一步加深，由此来加强画面的对比与整体效果。

2008.

Peiaiqun

2008.7.26

故宫角楼

悉心体会用不同的笔触来表现不同风格的建筑场景。

2008.

2008

2006.11.15.

2008.

2006.10.17

2007.04.28.

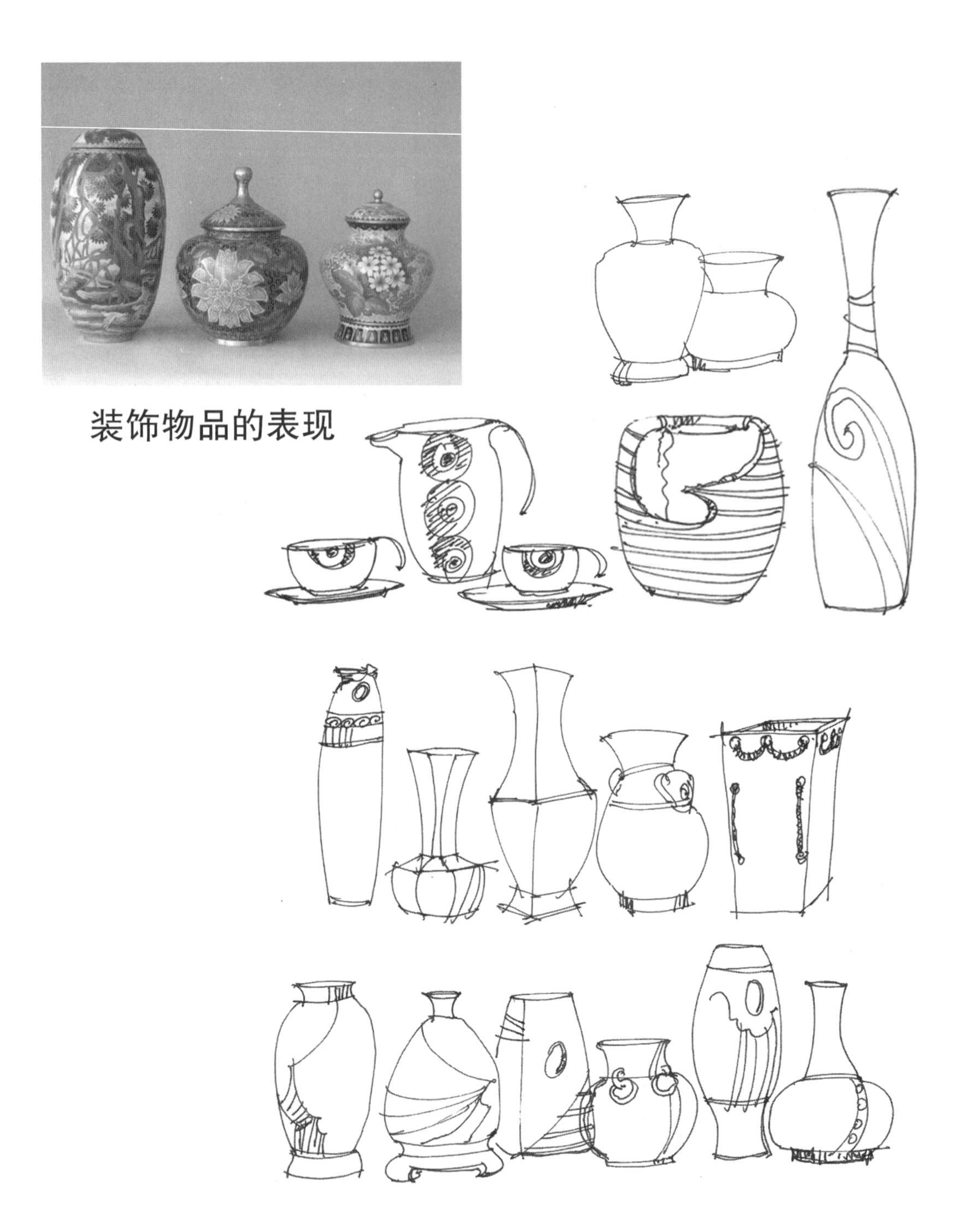

装饰物品的表现

装饰物品的表现对初学者来说要容易一些，同时也是练习各种曲线的一种途径。表现各种圆形的装饰物，要尽可能地运用娴熟、流动、准确、肯定的线条表现出器物丰满、圆润、立体的感觉，避免平面、僵硬、死板。

需要注意的是：装饰物品只是室内设计的配饰，刻画不可过于细腻，以免在方案透视图中产生喧宾夺主的感觉。

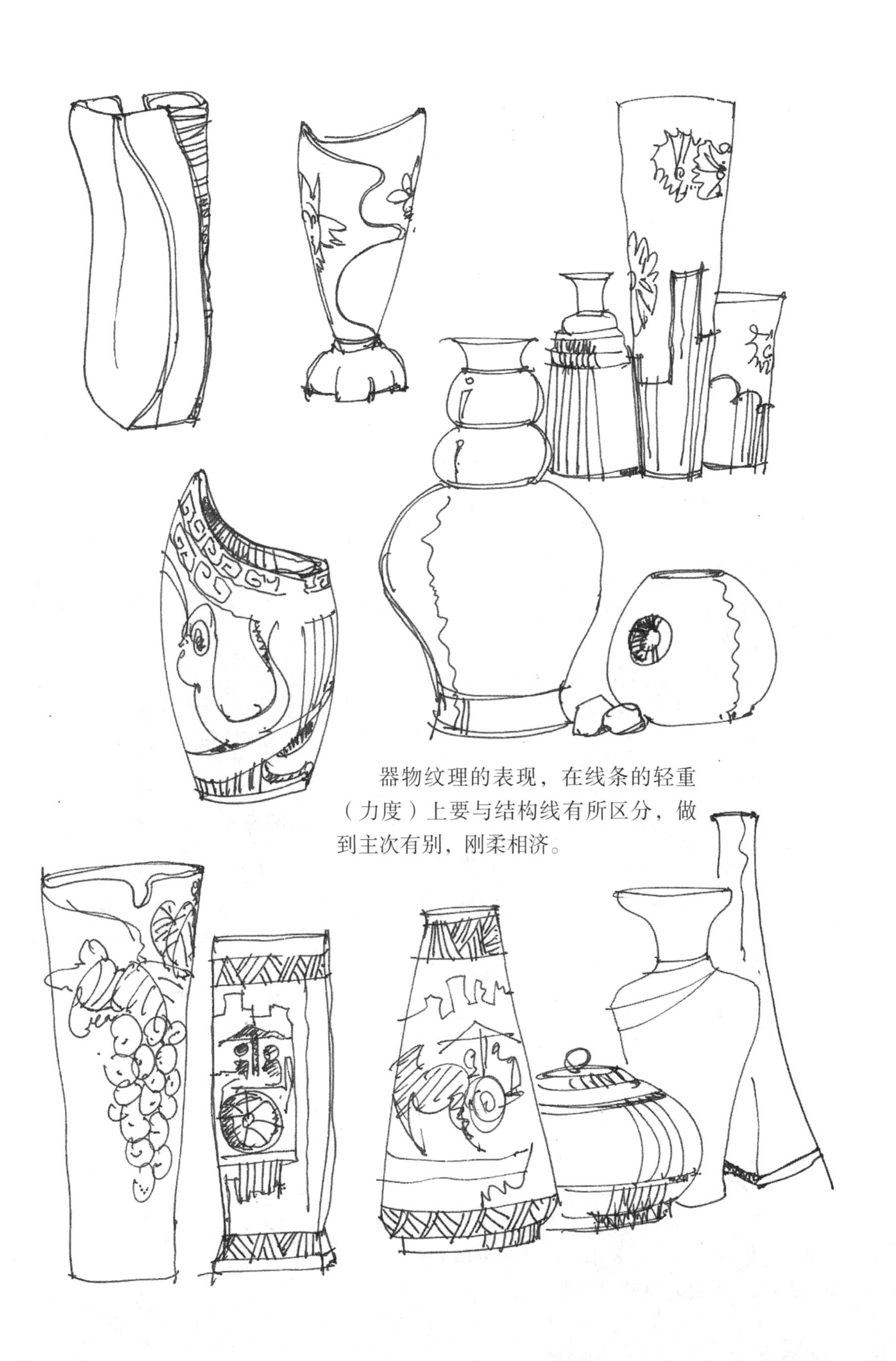

器物纹理的表现，在线条的轻重（力度）上要与结构线有所区分，做到主次有别，刚柔相济。

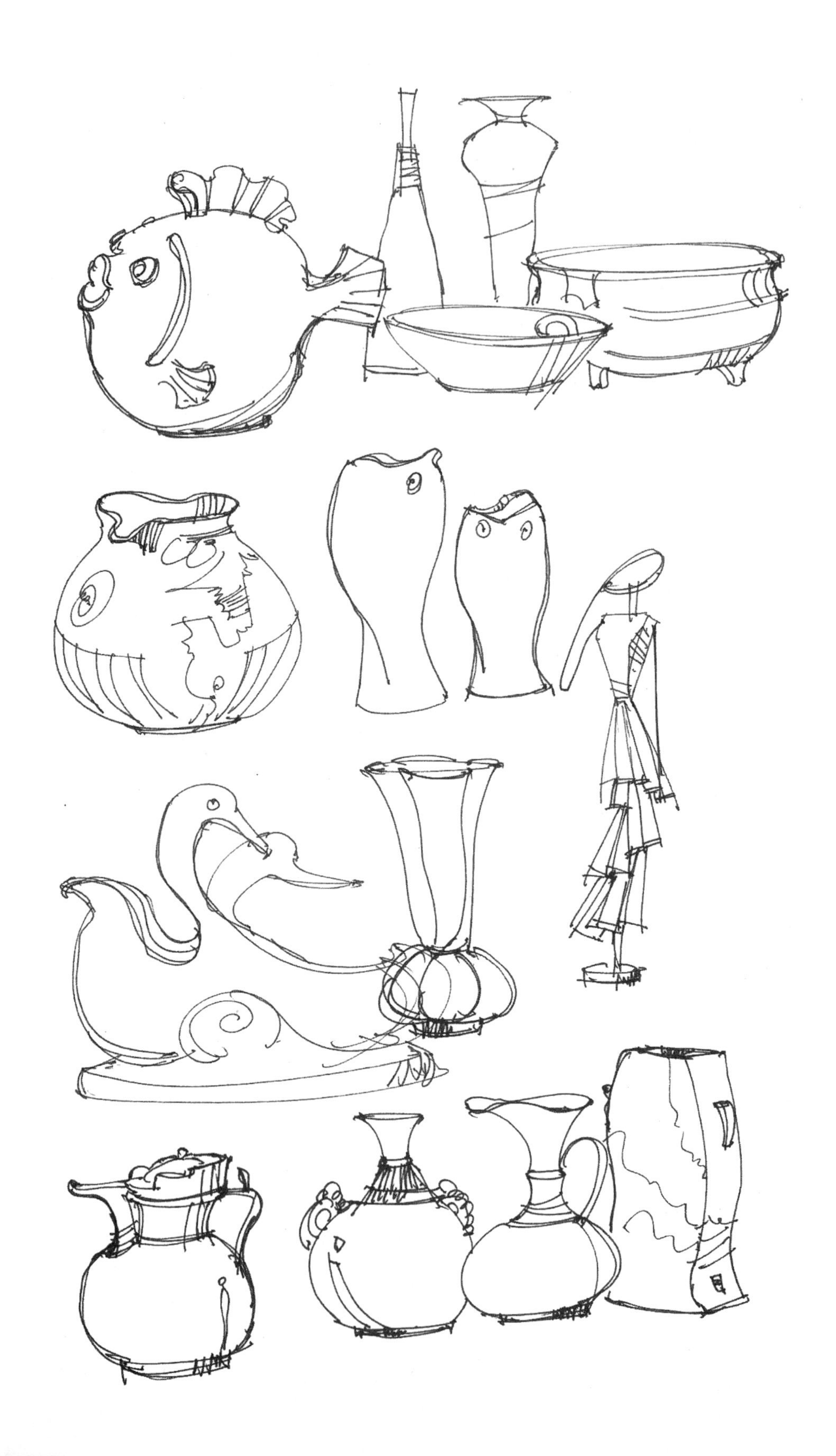

室内装饰物的用处众多，餐桌、茶几、博古架、书柜、床头等无处不在。装饰物的多样性、趣味性、艺术性显得格外重要。

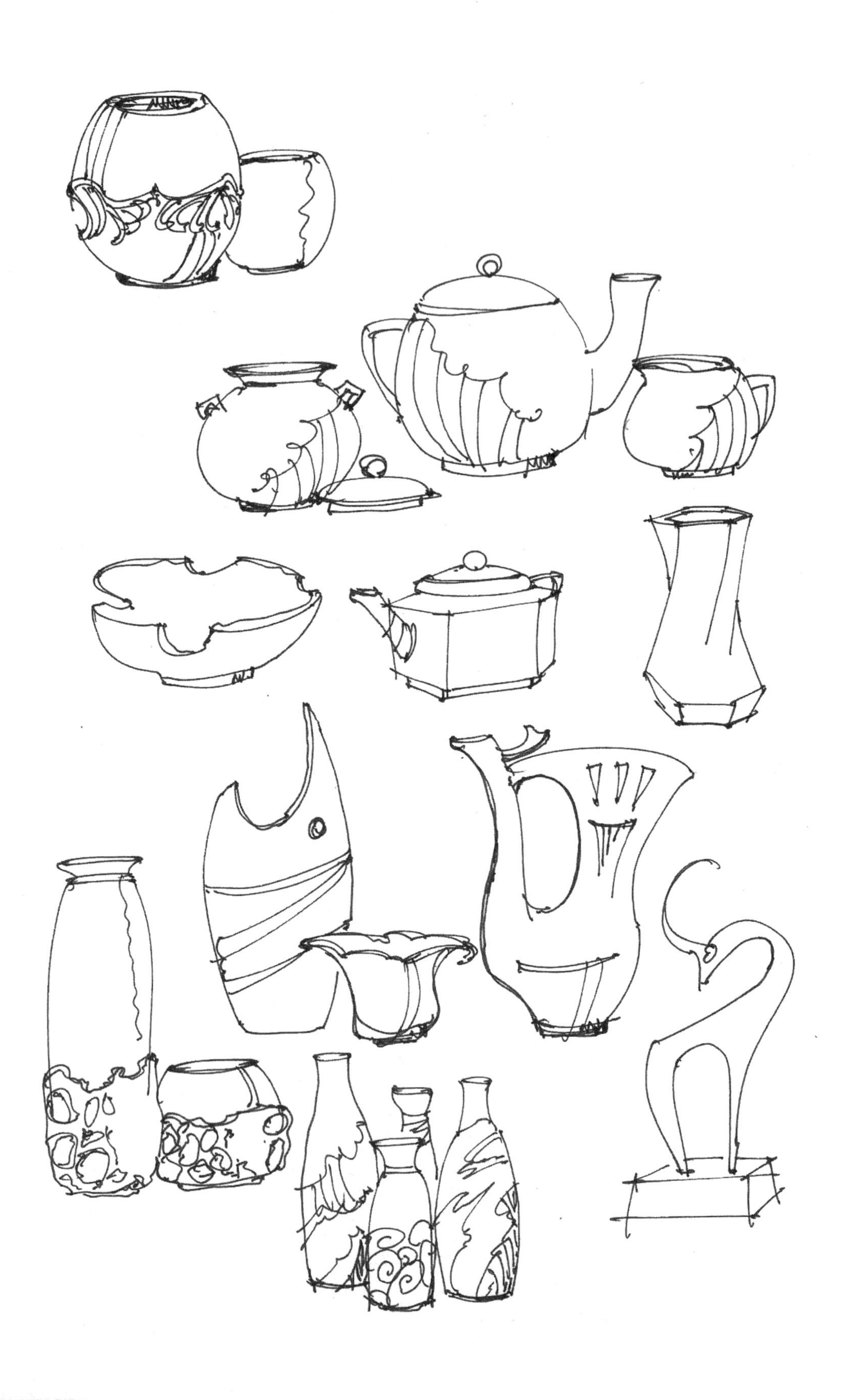

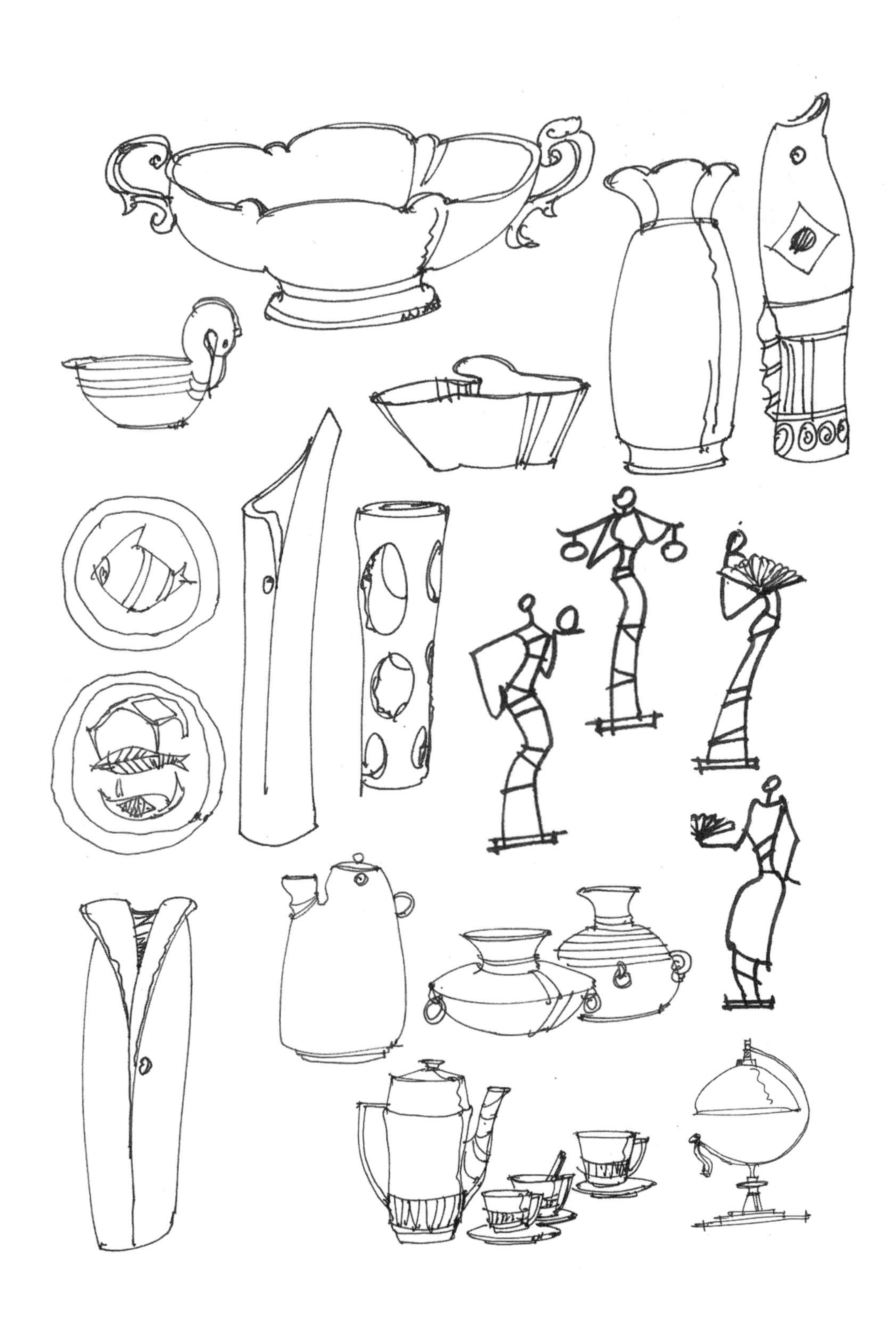

沙发是室内设计中最为常用的家具。古今中外的沙发风格迥异，材质多样，种类繁多，变化万千。

练习时可从透视关系明确、样式简单的沙发入手，逐步掌握和提高表现技能。

沙发的表现

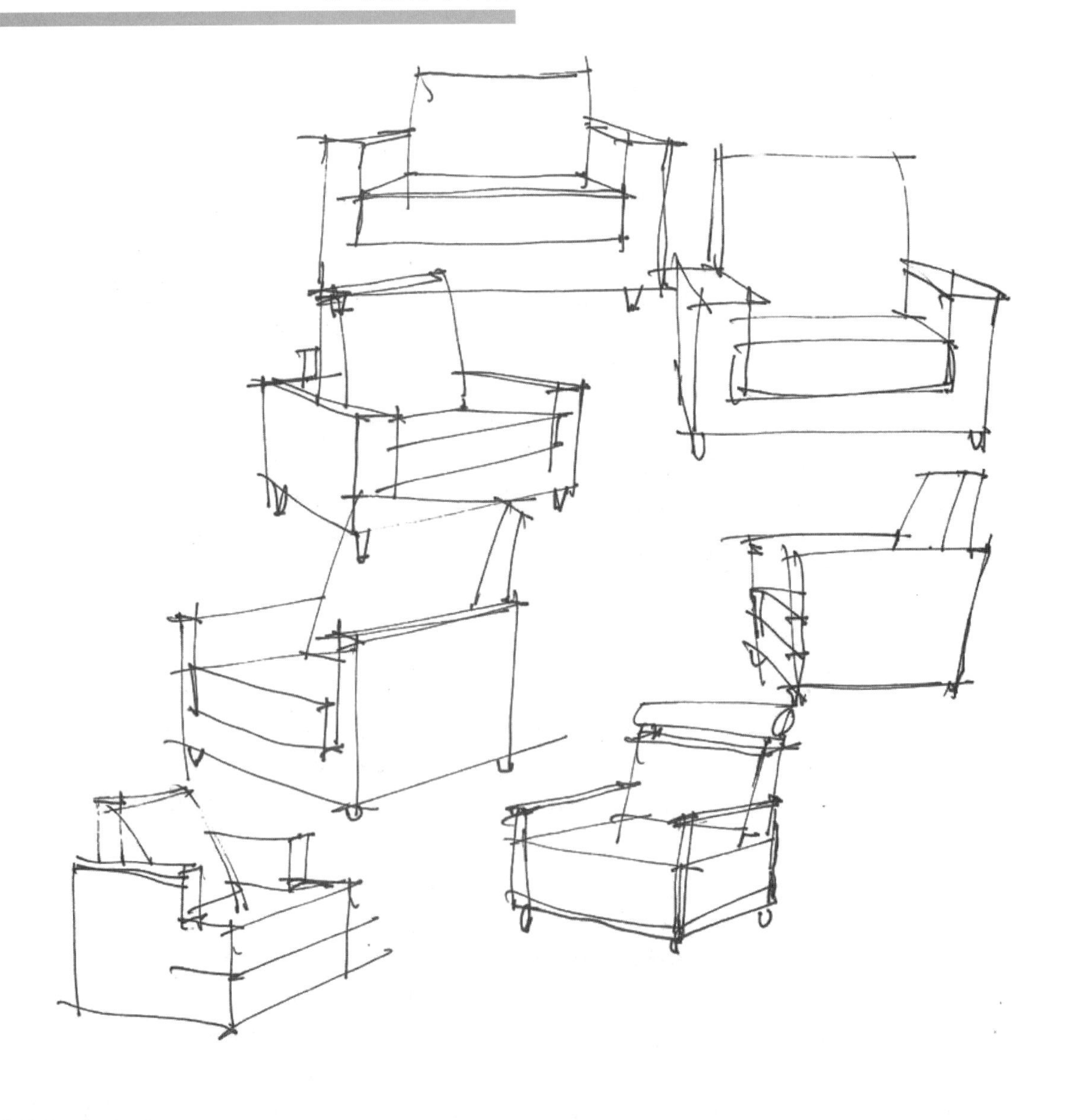

徒手画异形沙发的步骤和方法。

（注：本方法仅是一种练习提示，可以根据自己的能力和基础灵活掌握。）

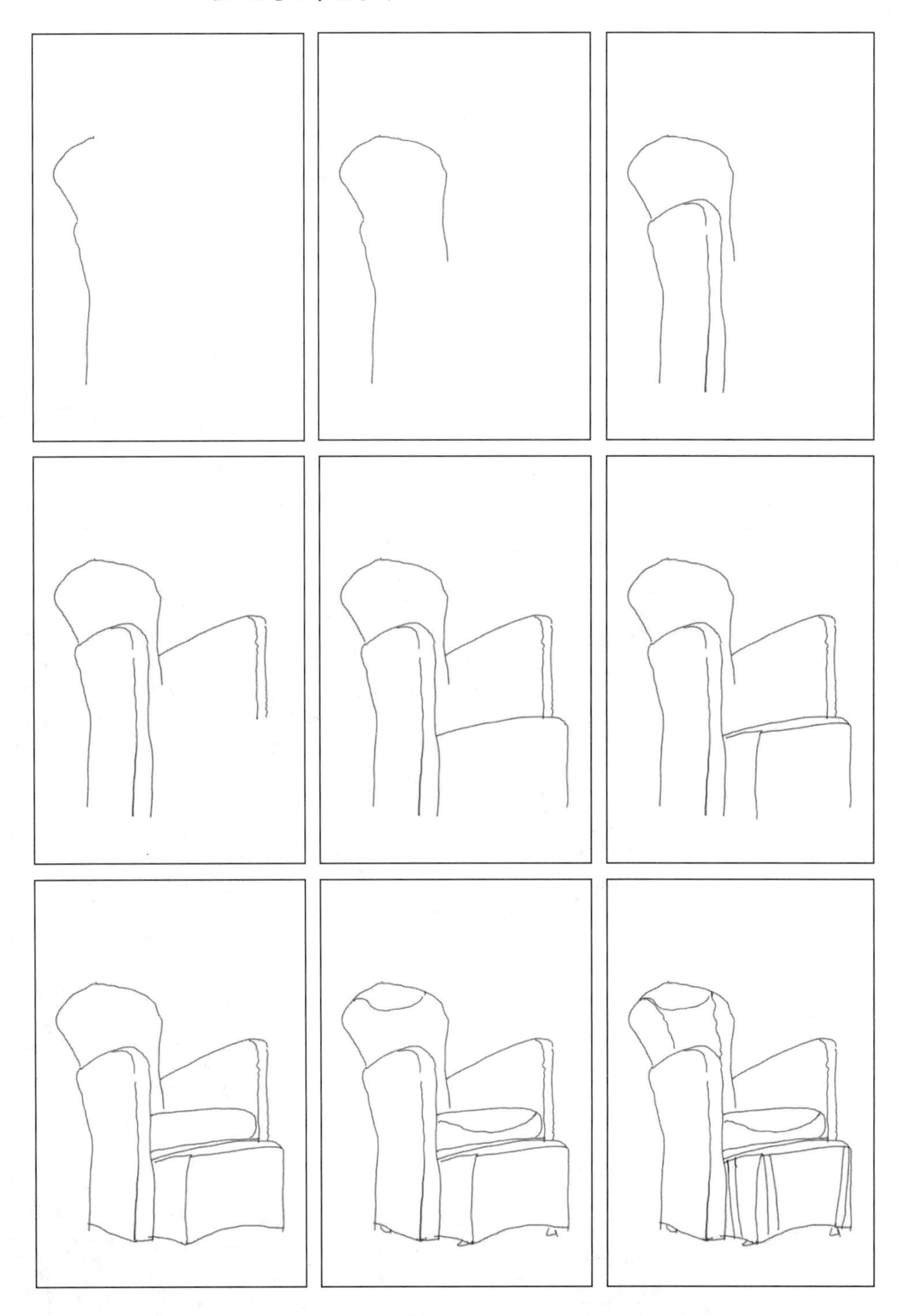

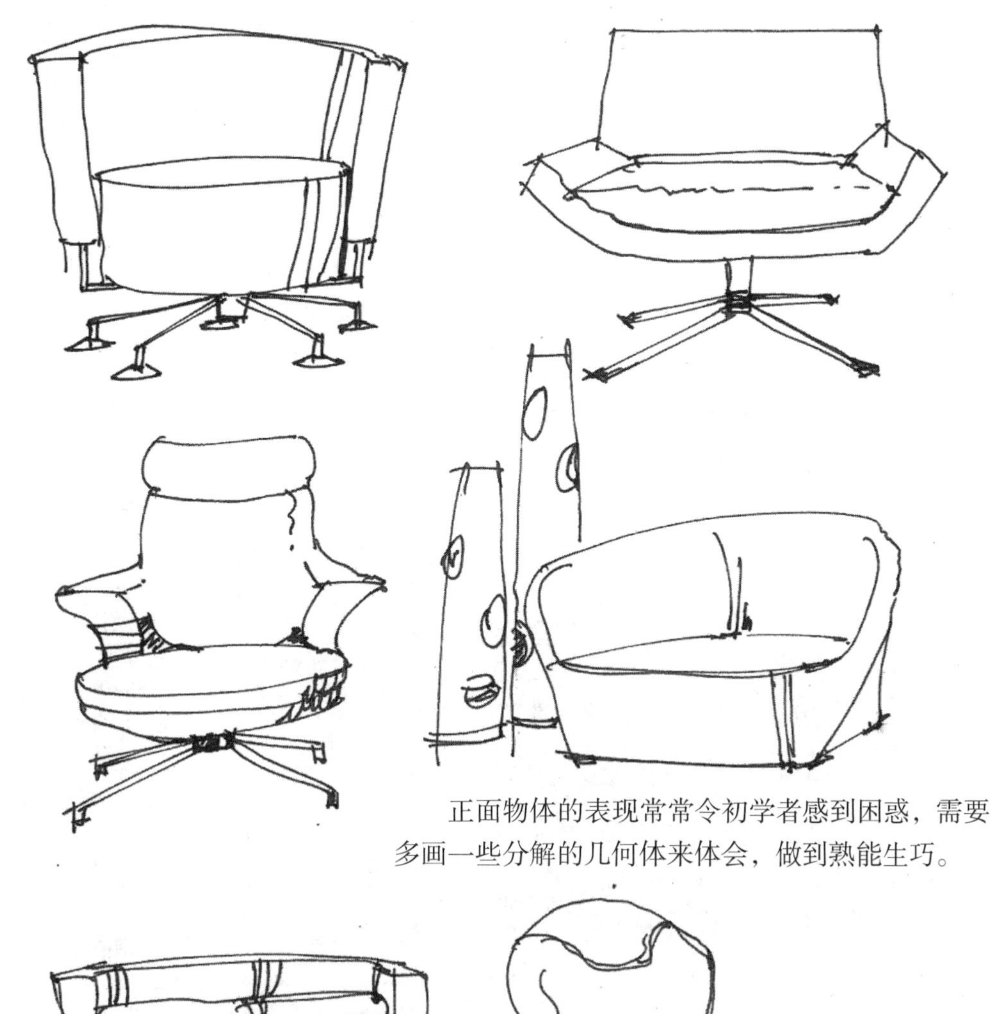

正面物体的表现常常令初学者感到困惑，需要多画一些分解的几何体来体会，做到熟能生巧。

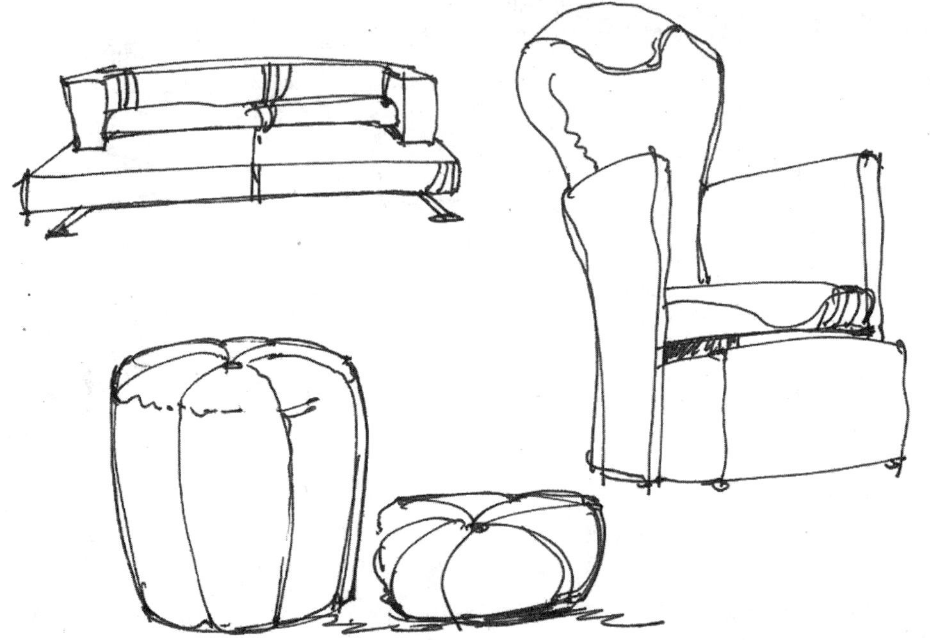

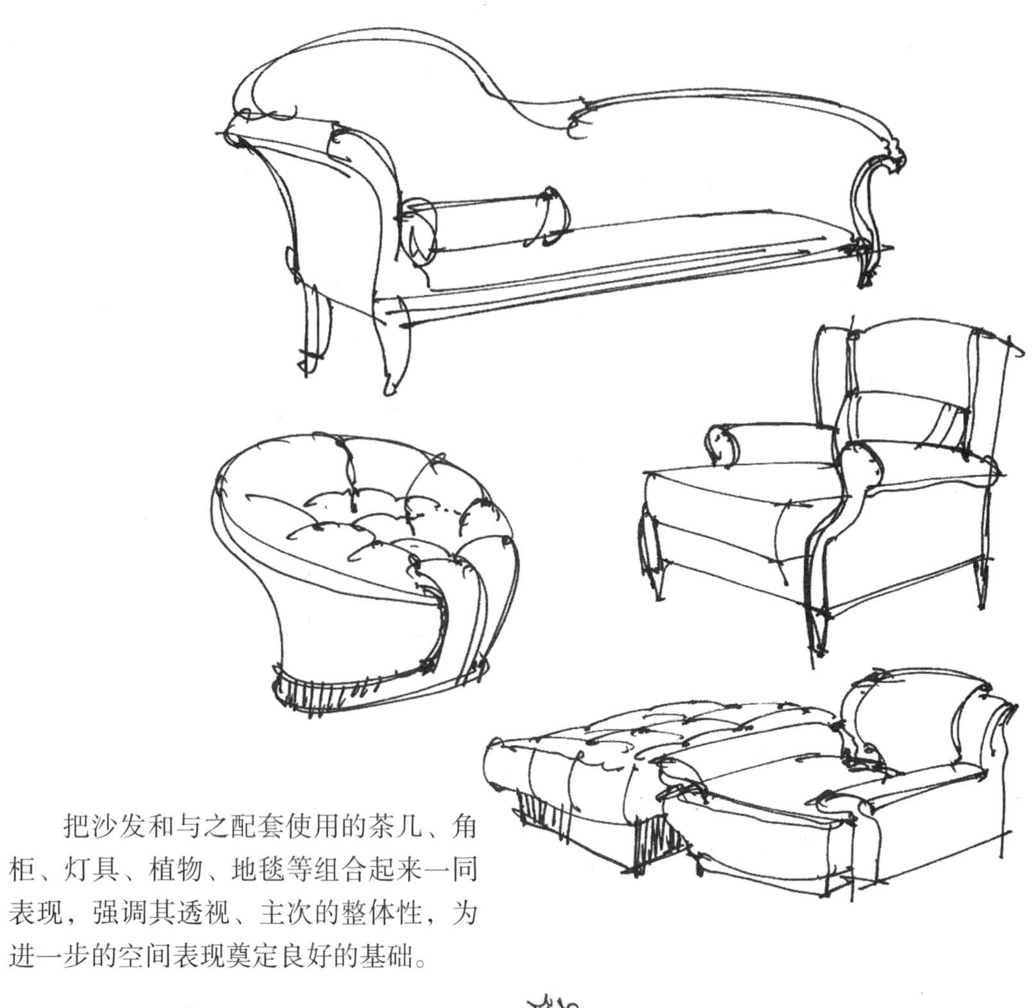

把沙发和与之配套使用的茶几、角柜、灯具、植物、地毯等组合起来一同表现，强调其透视、主次的整体性，为进一步的空间表现奠定良好的基础。

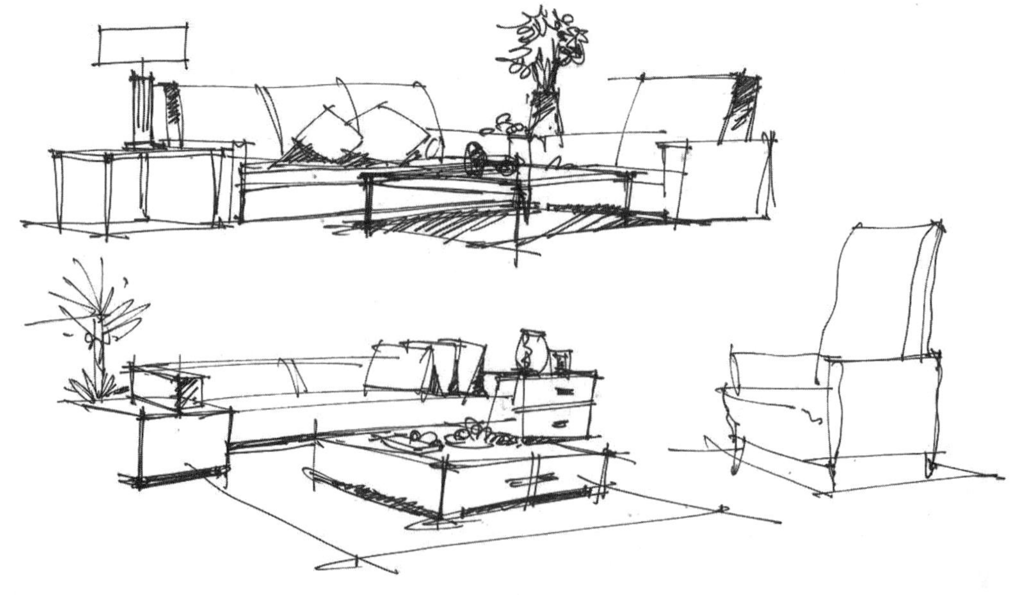

古典和欧式家具雍容华贵，细节复杂，多以浮雕、立体曲线、镶金嵌银等手段来体现其装饰的细腻与豪华气质。设计师在室内设计表现中要概括性地表现其外在的大致形态，切勿过分追求细节，造成家具与空间的轻重失调、风格不一。

藤、竹、麻类家具不要过分刻画纹理图样，要敢于概括和留白，即使是局部的线条密排也要“透气”。

表现布艺等工艺家具时，要多用曲线来塑造结构，追求“灵动”“温暖”“阴柔”的美感。

椅子的表现

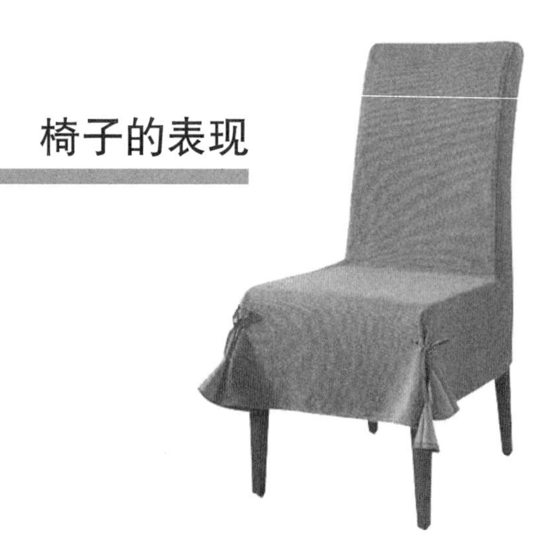

椅子和沙发一样是室内设计中最为常用的家具。

大多款式的椅子都具有明确的透视关系，练习的过程中可从透视关系明确、样式简单的椅子入手，逐步过渡到相对繁琐、细节多变的古典椅子上。

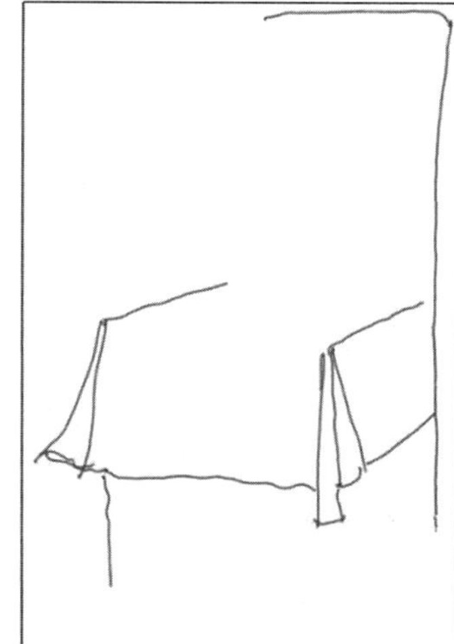

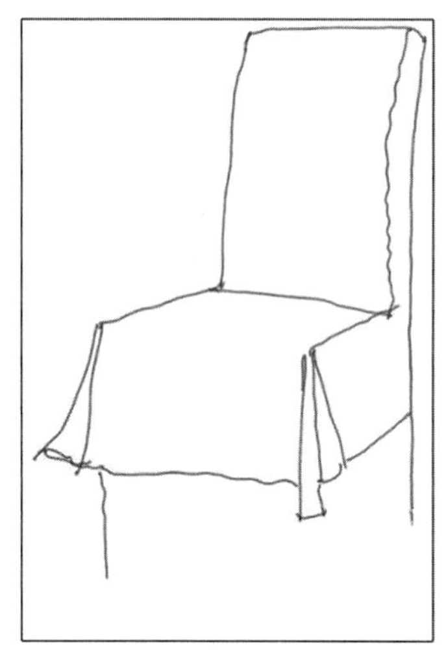

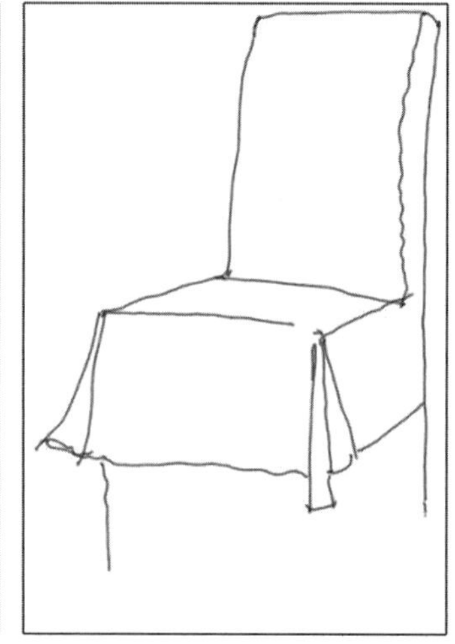

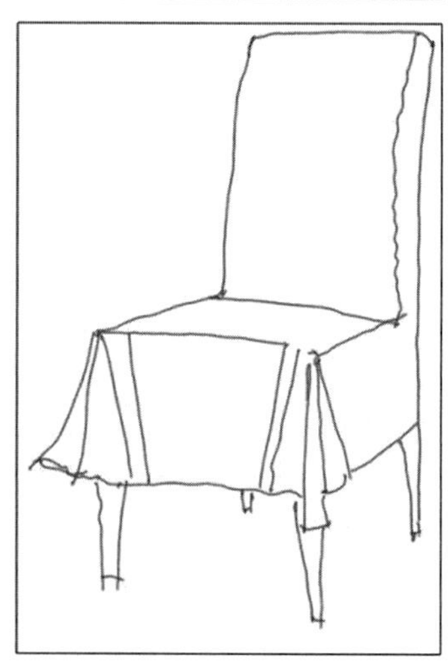

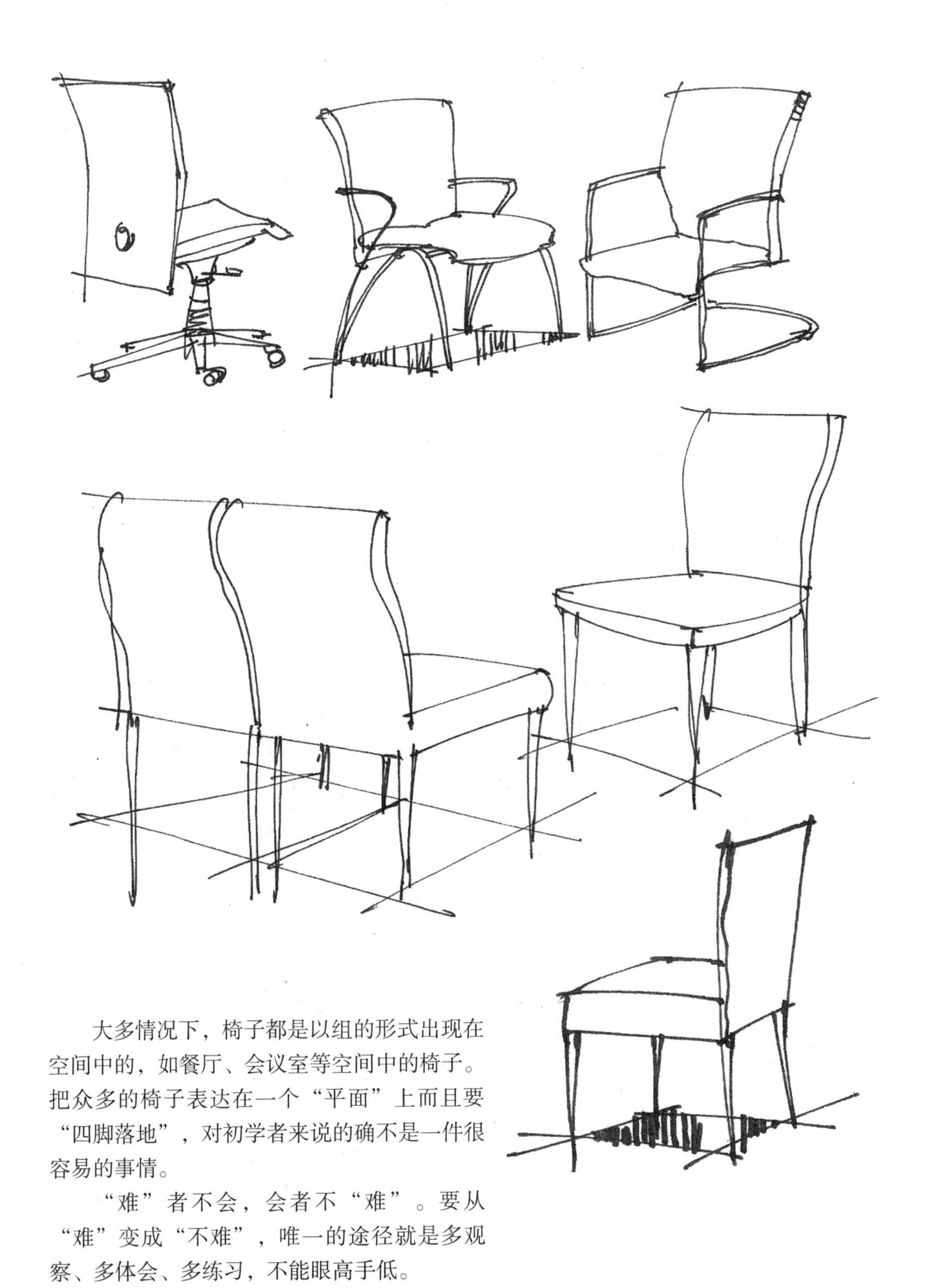

大多情况下，椅子都是以组的形式出现在空间中的，如餐厅、会议室等空间中的椅子。把众多的椅子表达在一个“平面”上而且要“四脚落地”，对初学者来说的确不是一件很容易的事情。

“难”者不会，会者不“难”。要从“难”变成“不难”，唯一的途径就是多观察、多体会、多练习，不能眼高手低。

在练习画椅子和沙发等家具的时候，根据一款椅子或沙发的样式画出不同视觉角度的摆放。

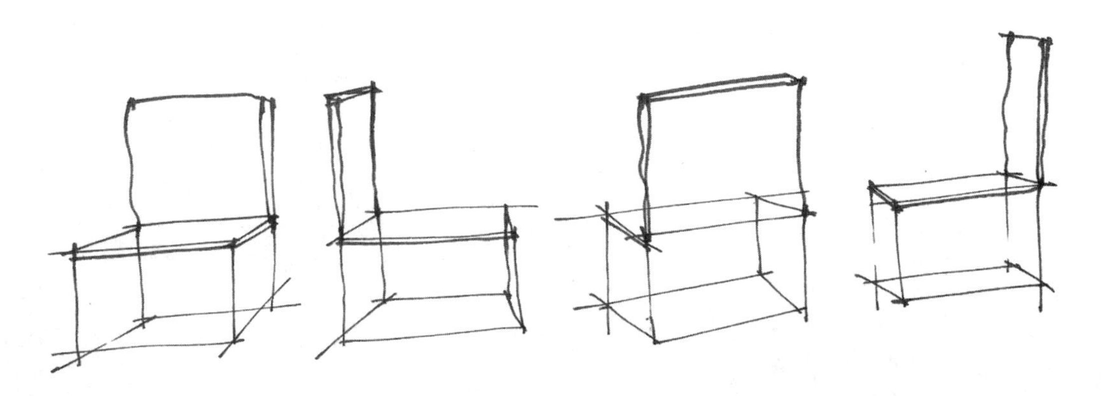

对于成组的椅子，要注意大小与虚实关系的变化。

练习把家具组合起来。

几款中国古典椅子的表现

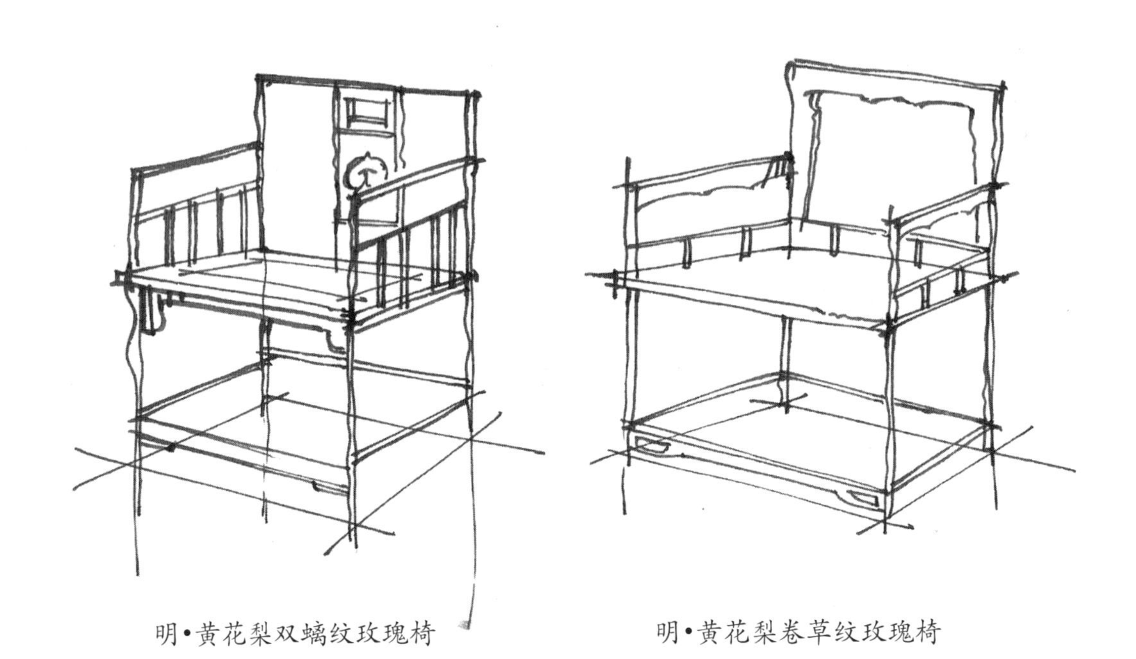

明•黄花梨双螭纹玫瑰椅　　明•黄花梨卷草纹玫瑰椅

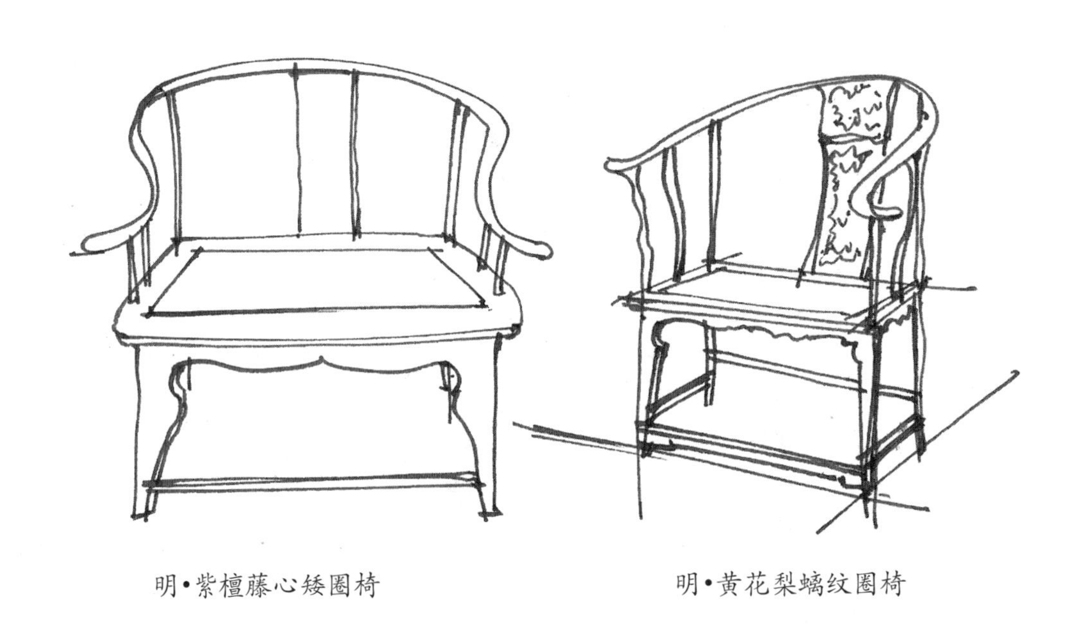

明•紫檀藤心矮圈椅　　明•黄花梨螭纹圈椅

明•黄花梨寿字纹扶手椅

明•花梨四出头官帽椅

明•黄花梨六方扶手椅

明•黄花梨卷书式圈椅

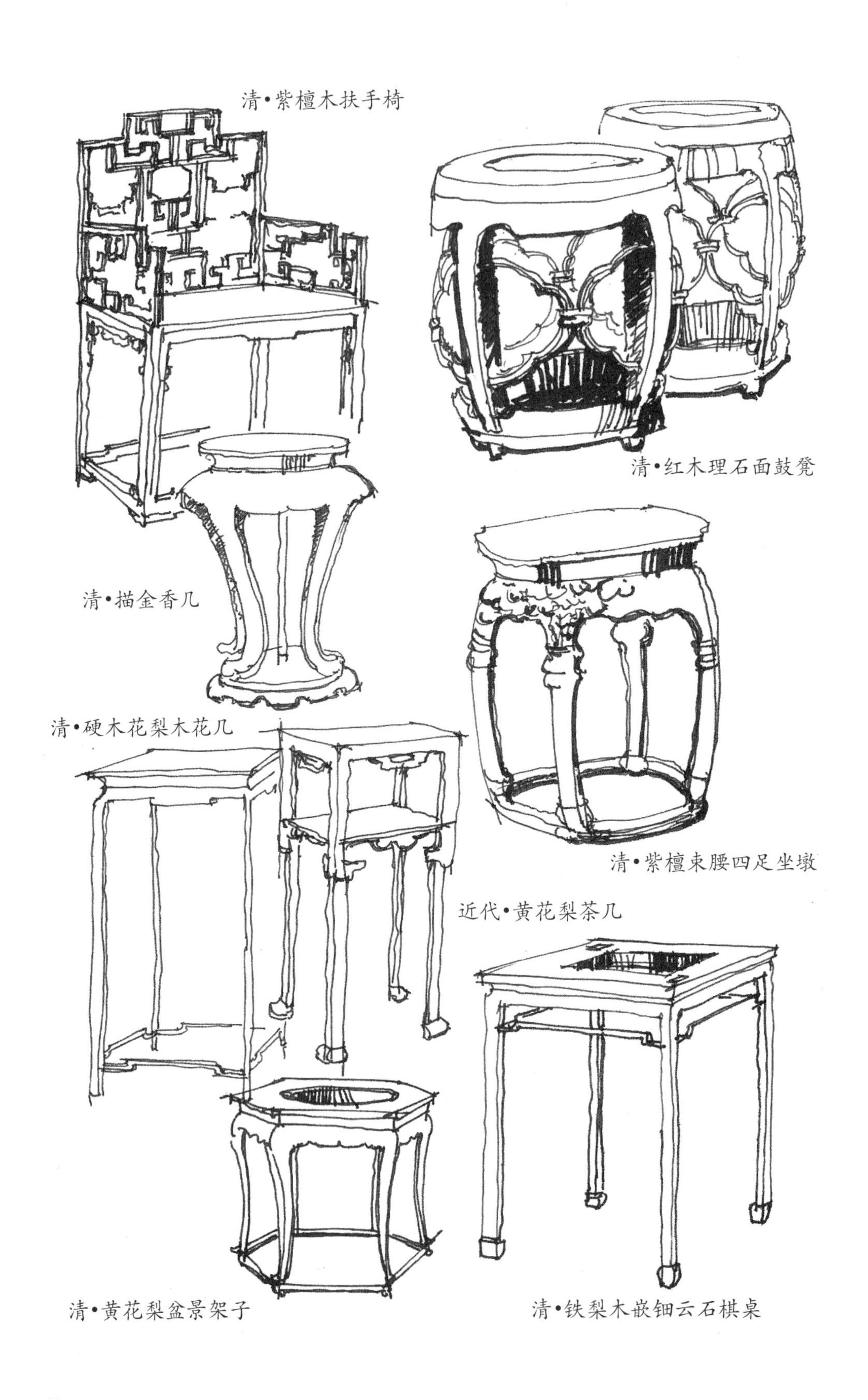
清•紫檀木扶手椅
清•红木理石面鼓凳
清•描金香几
清•硬木花梨木花几
清•紫檀束腰四足坐墩
近代•黄花梨茶几
清•黄花梨盆景架子
清•铁梨木嵌钿云石棋桌

清•红木雕龙弯腿香几

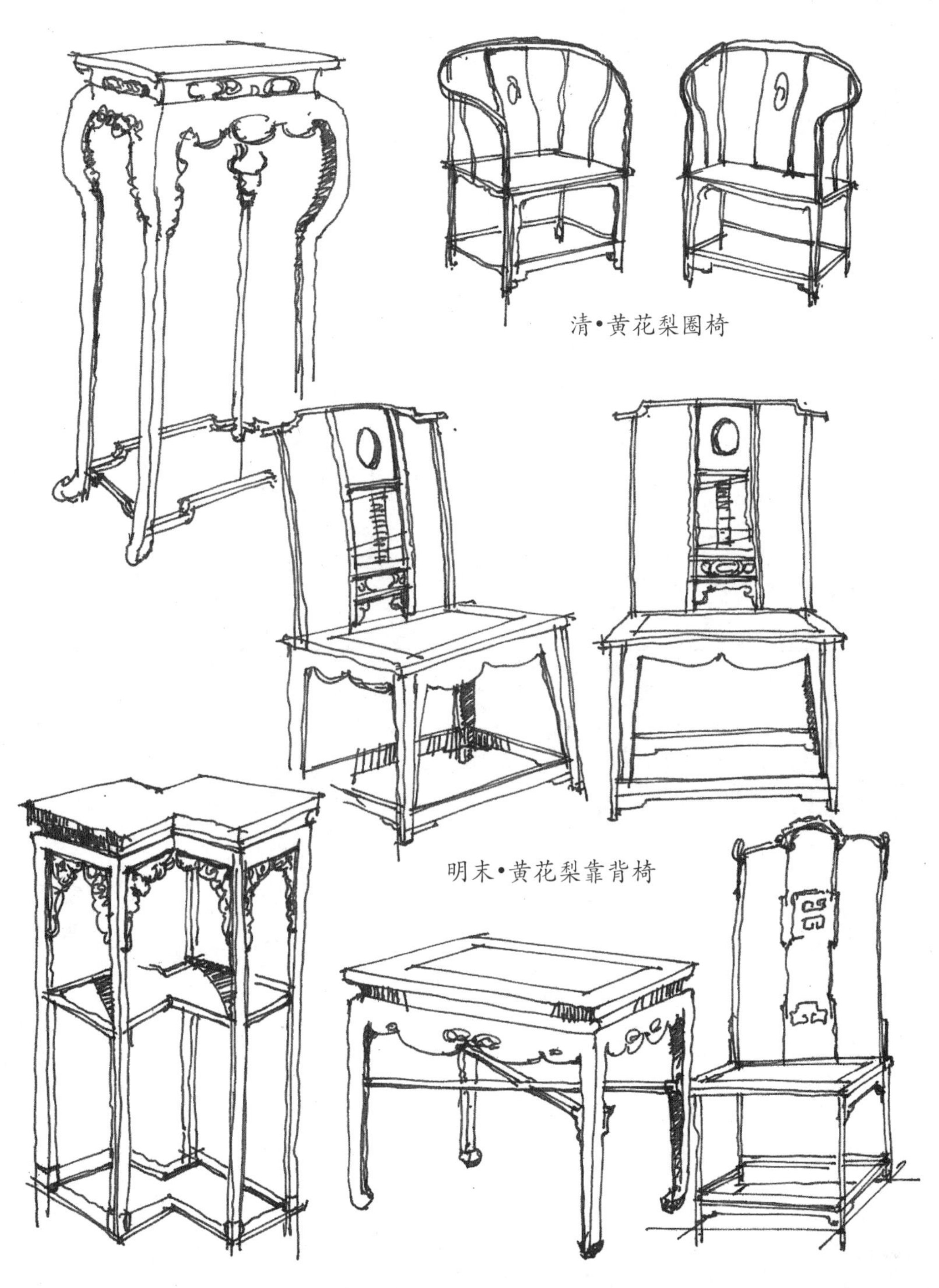

清•黄花梨圈椅

明末•黄花梨靠背椅

清•红木方形香几

清•黄花梨束腰方凳

清•黄花梨拐子纹靠背椅

床的表现

《广雅》云：“栖，谓之床。”在古代，床是供人坐卧的，与今天只用来睡卧不同。

床，是人们每天都离不开的最基本的家具。人们除了讲究其色彩和样式的美观之外，更注重的是其结构的合理性和使用的舒适性。

人们对床的熟悉程度，近似于对自己手指的了解，因此室内设计师在绘制各种床的造型时必须胸有成竹并娴熟至极。由于每个人对事物的理解不同、习惯不同，在绘制时就会有不同的行笔次序。下面的分解步骤仅供练习时参考：

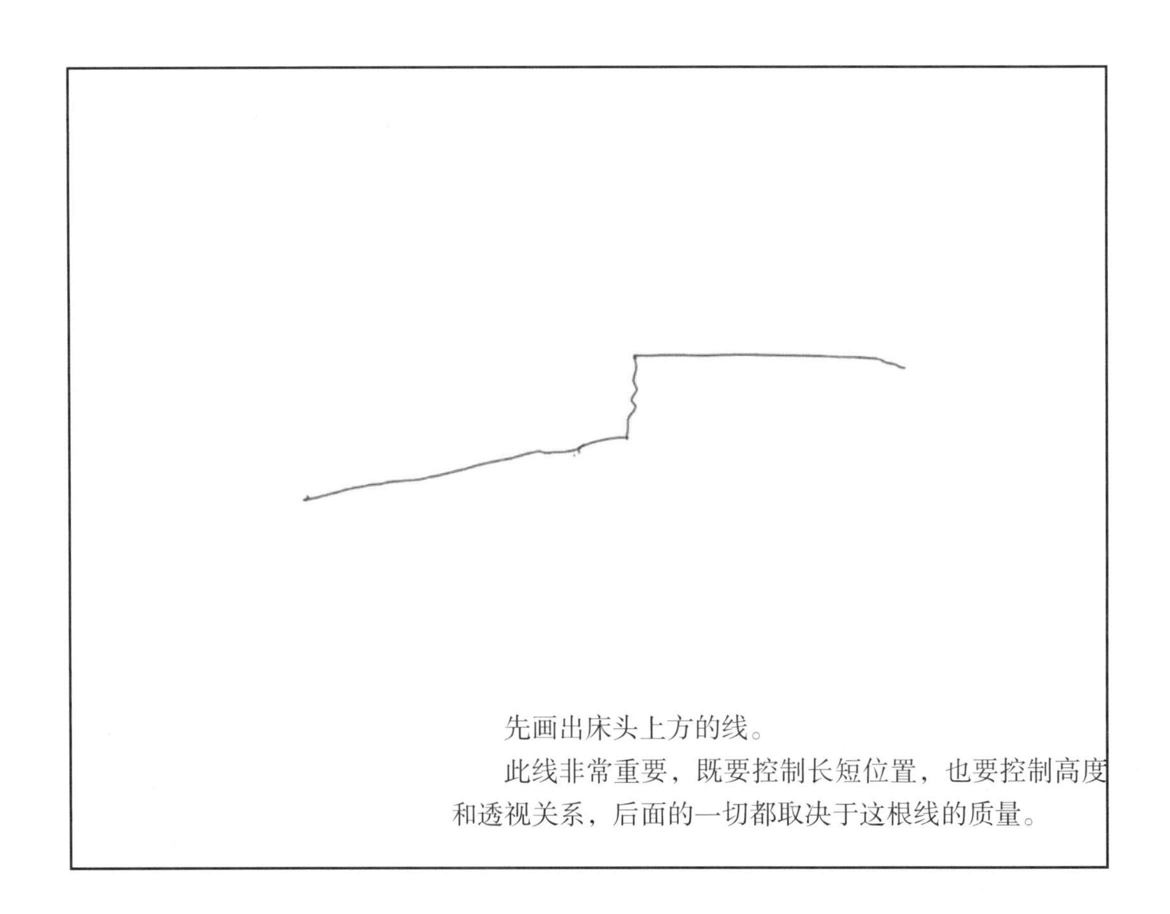

先画出床头上方的线。

此线非常重要，既要控制长短位置，也要控制高度和透视关系，后面的一切都取决于这根线的质量。

画出床尾。

床尾的线要与床头上方的线趋向同一个灭点（消失点），注意控制床面不要过大，充分反映床的立体效果。在线条的表现上，要与木质、金属等硬质家具有所不同，既要体现床的柔软效果，还要表达出严谨的内部构架。

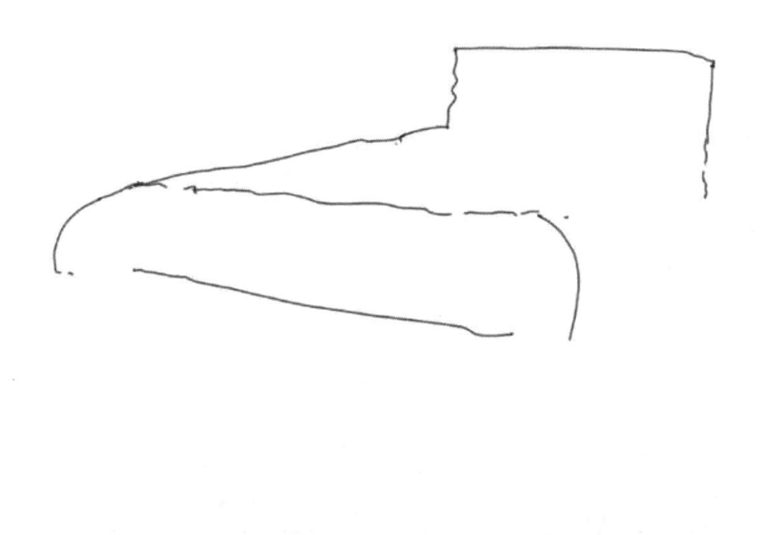

画出枕头和床头柜的正面位置。注意床头柜的高度和透视关系与床体的一致性，注意枕头与床体的关系。

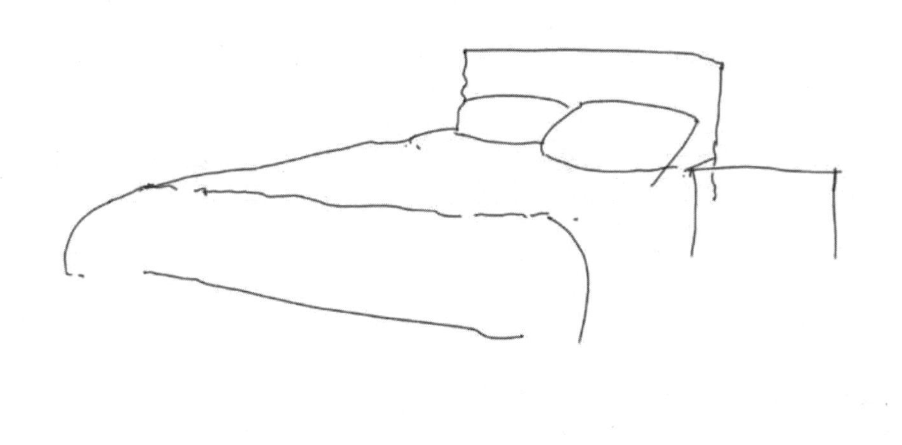

画出床的底边，完成床的完整关系。
补充被子的自然纹理。

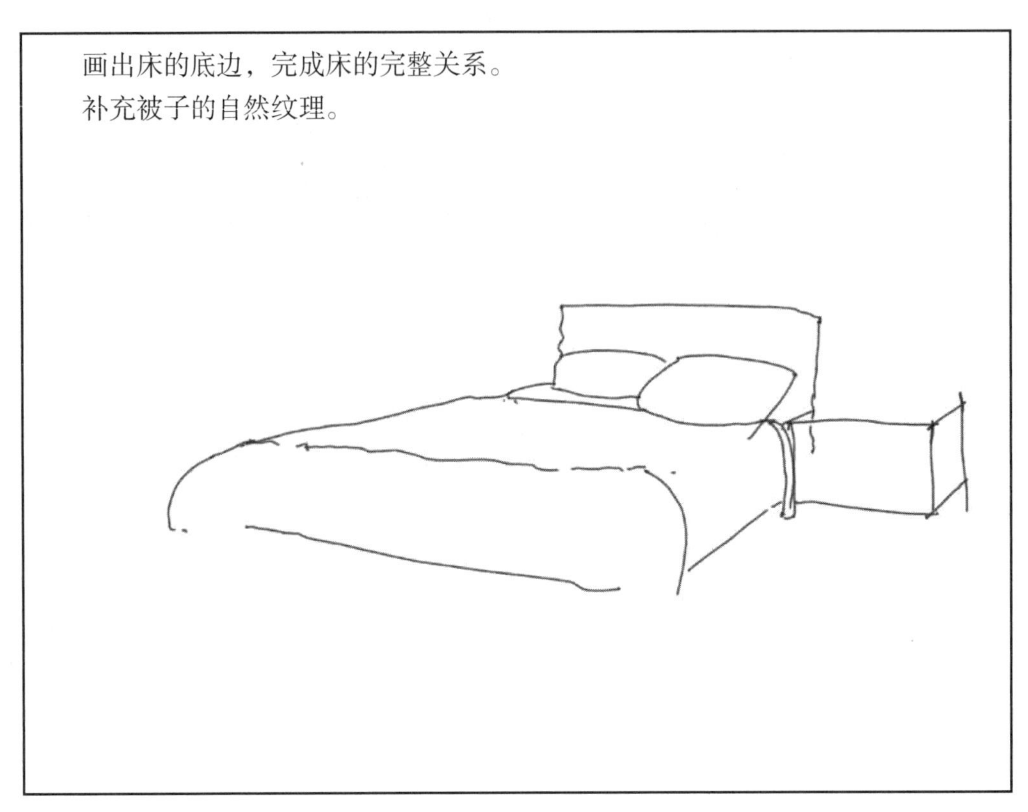

进一步画出枕头、床头和床体本身的质感纹理。注意线条的角度变化和密度变化。

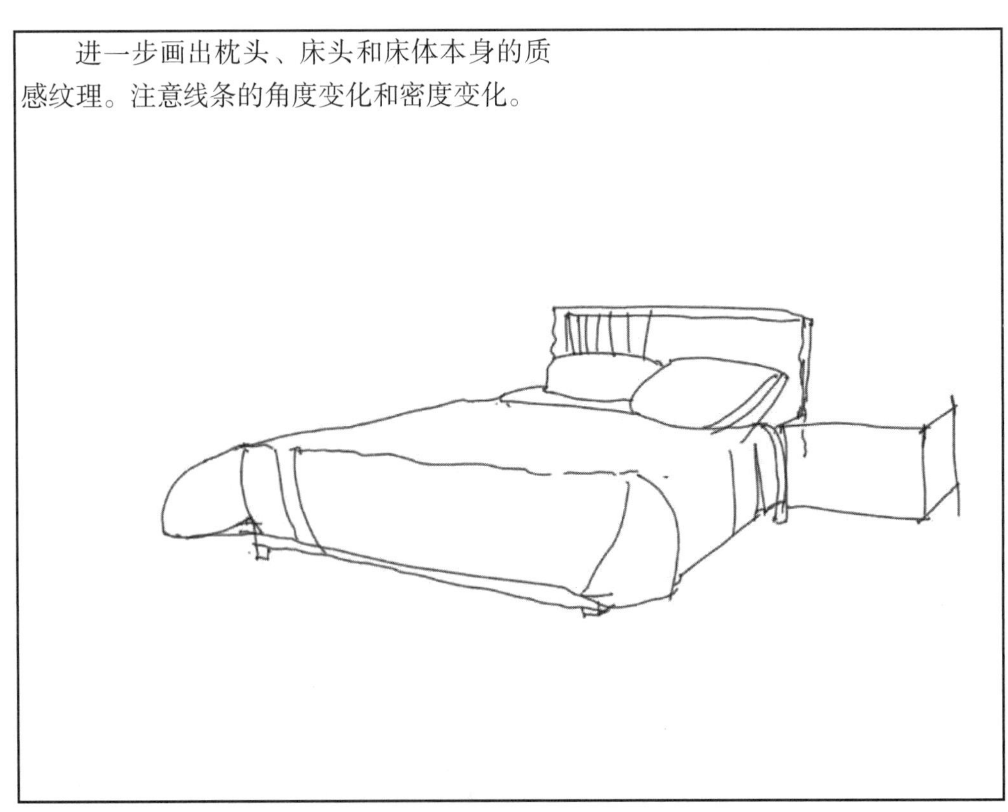

画出灯具并完善床头柜的结构。

画出床脚以及床体另一侧的相关物体（注意虚实与主次关系）。

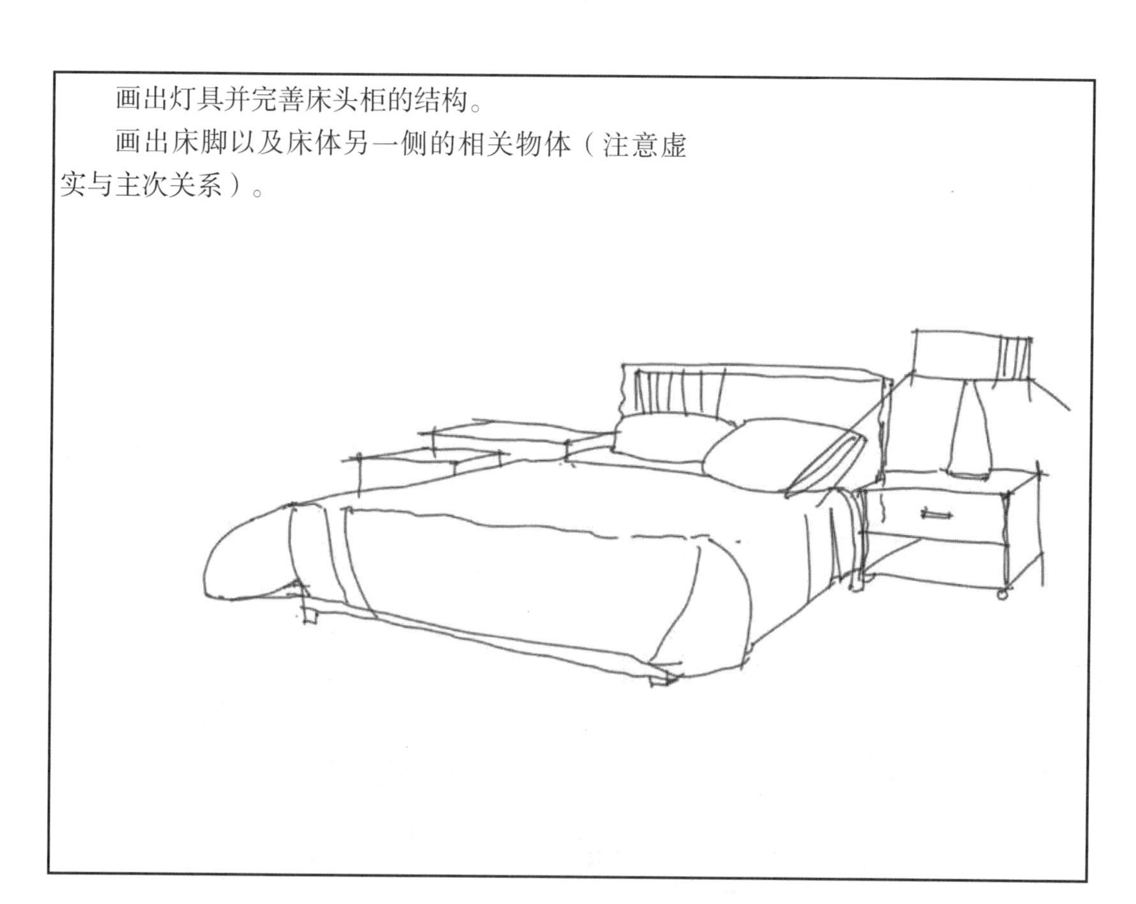

补充地毯。

视觉调整。

通过概括性地强调部分明暗关系，达到强调主次的目的。

完成效果如图：

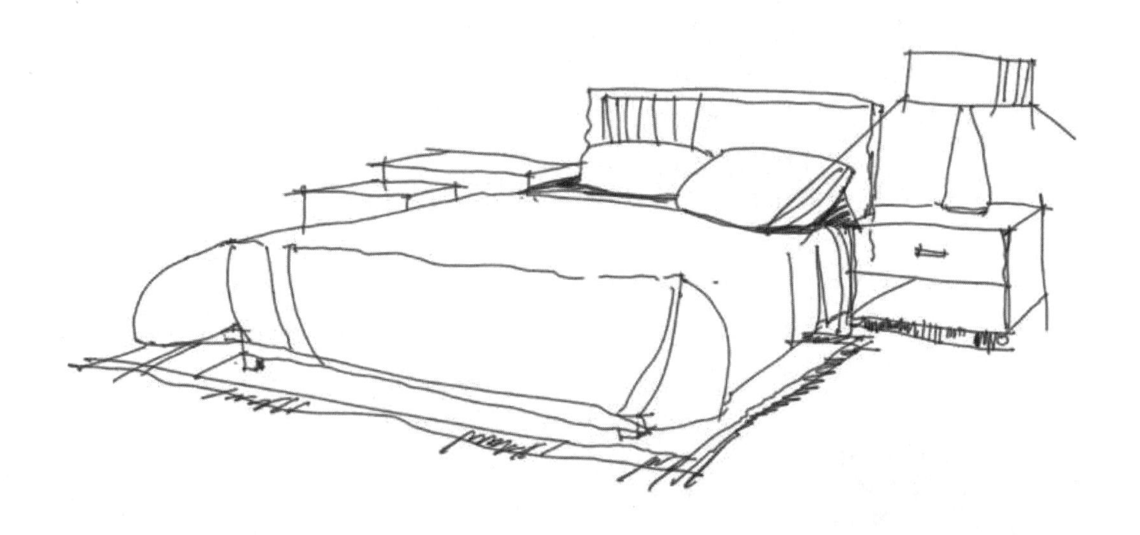

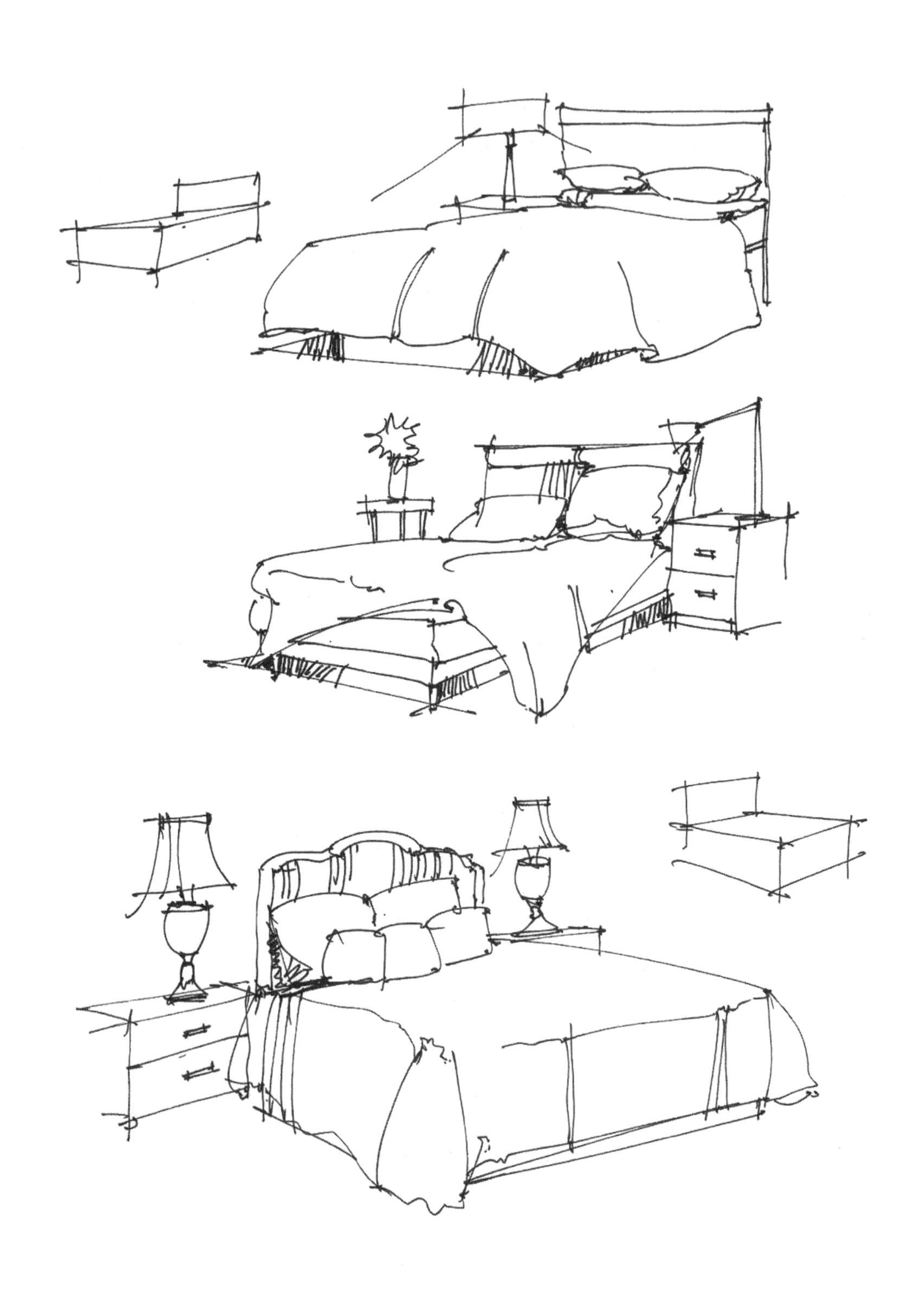

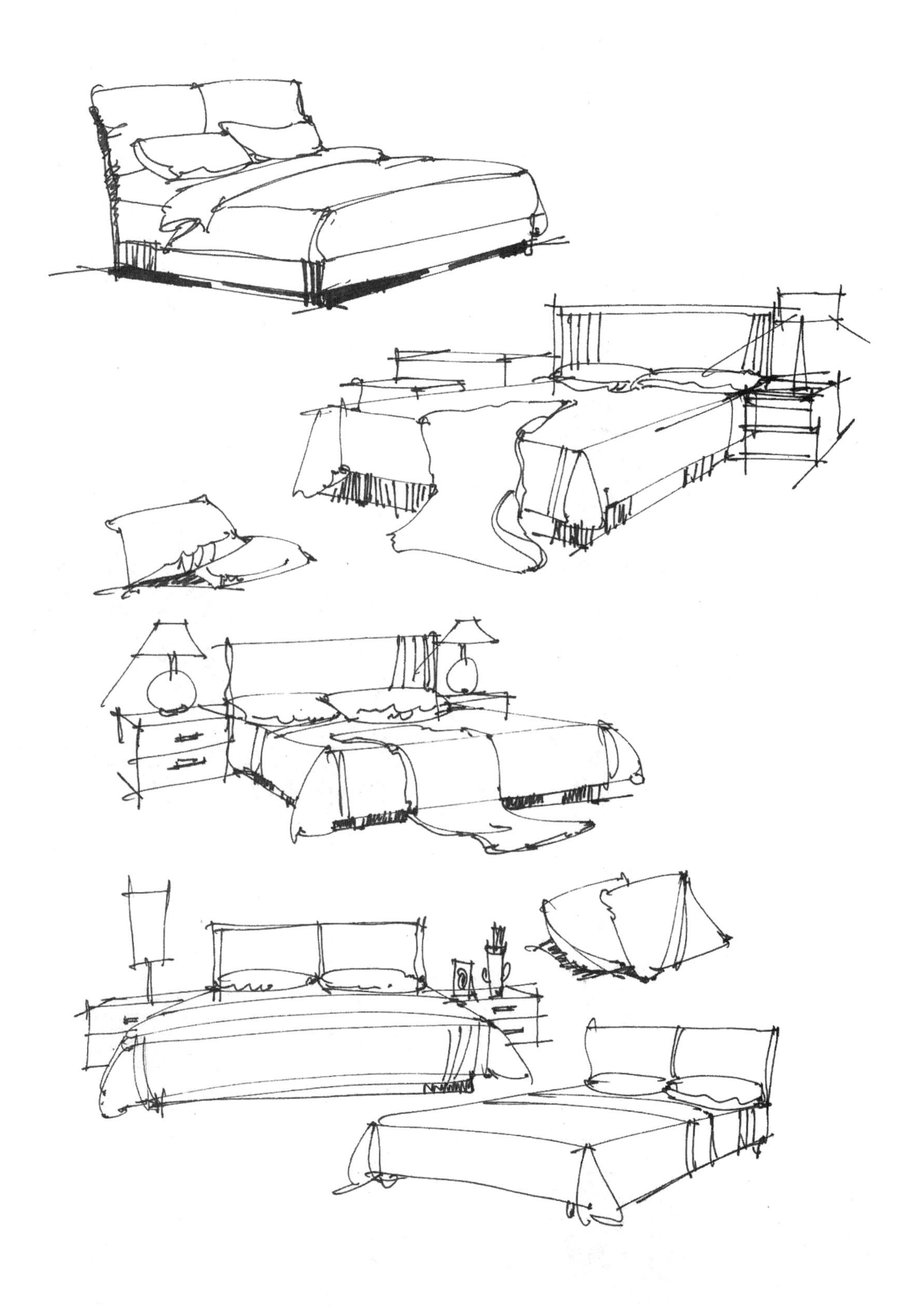

灯饰的表现

人类的生活离不开照明。火把、油灯、蜡烛、电灯……照明方式的每一次改变，无不体现着科技的进步。

然而，今日的照明用具绝不仅仅是单纯满足用光的需求，其已经成为科技与艺术的完美结合。人们在满足照明的同时，更注重的是灯具的样式、色彩、材料、造型等附属视觉效果，更看重的是灯具的装饰性。因此，我们习惯把人们常说的灯具称为“灯饰”。

室内设计手绘中灯饰的表现，主要是表达其艺术装饰性。

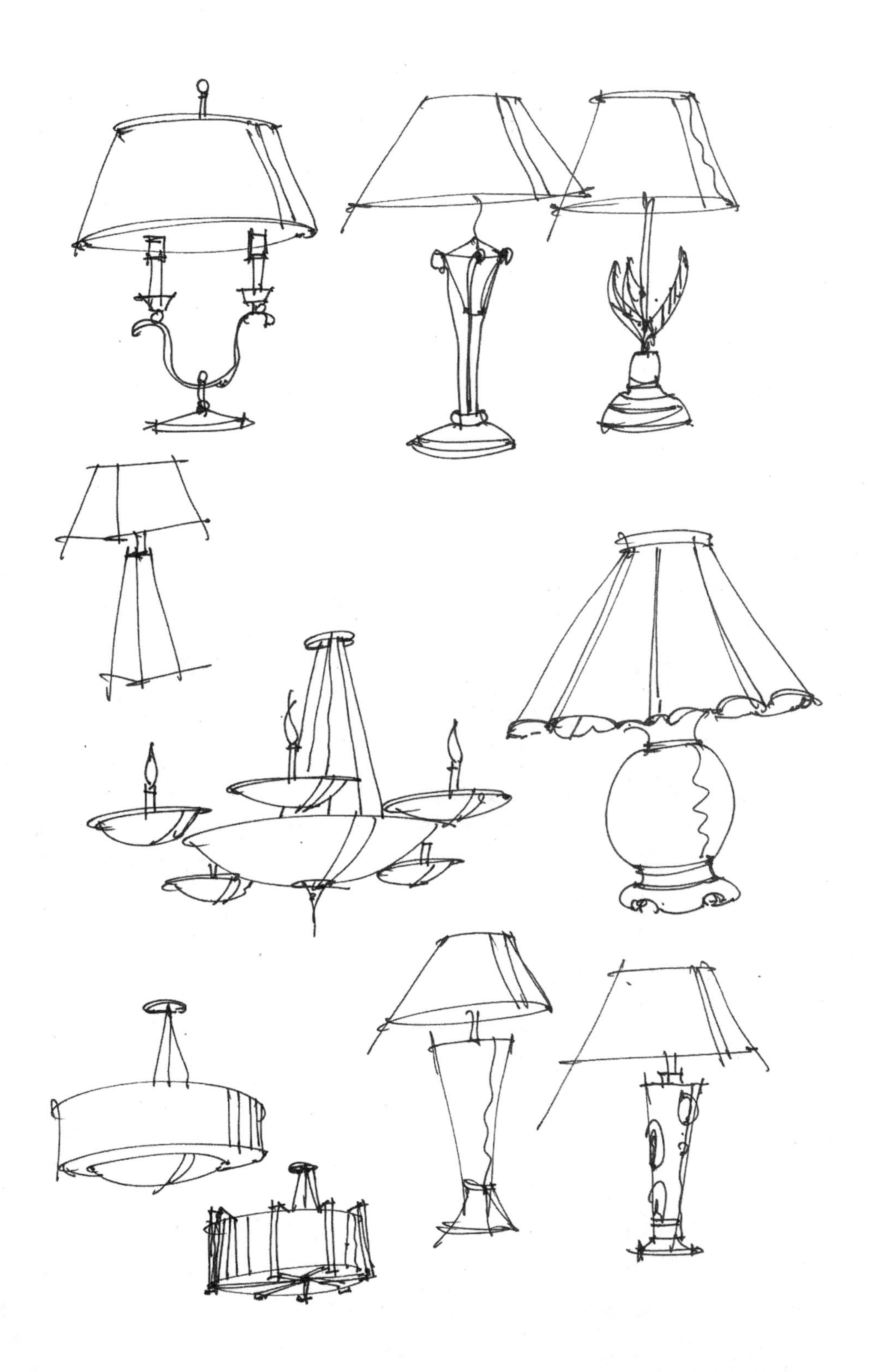

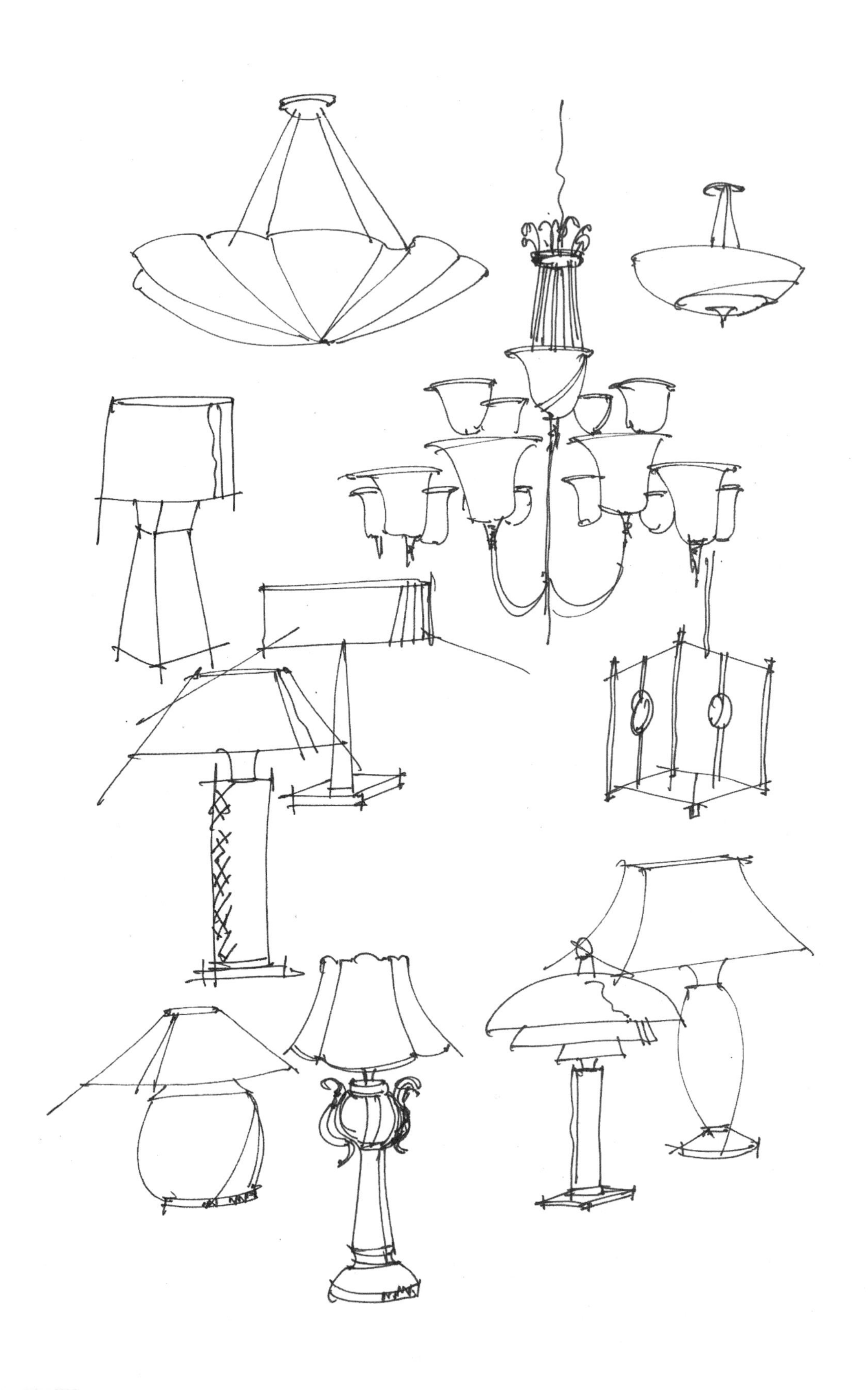

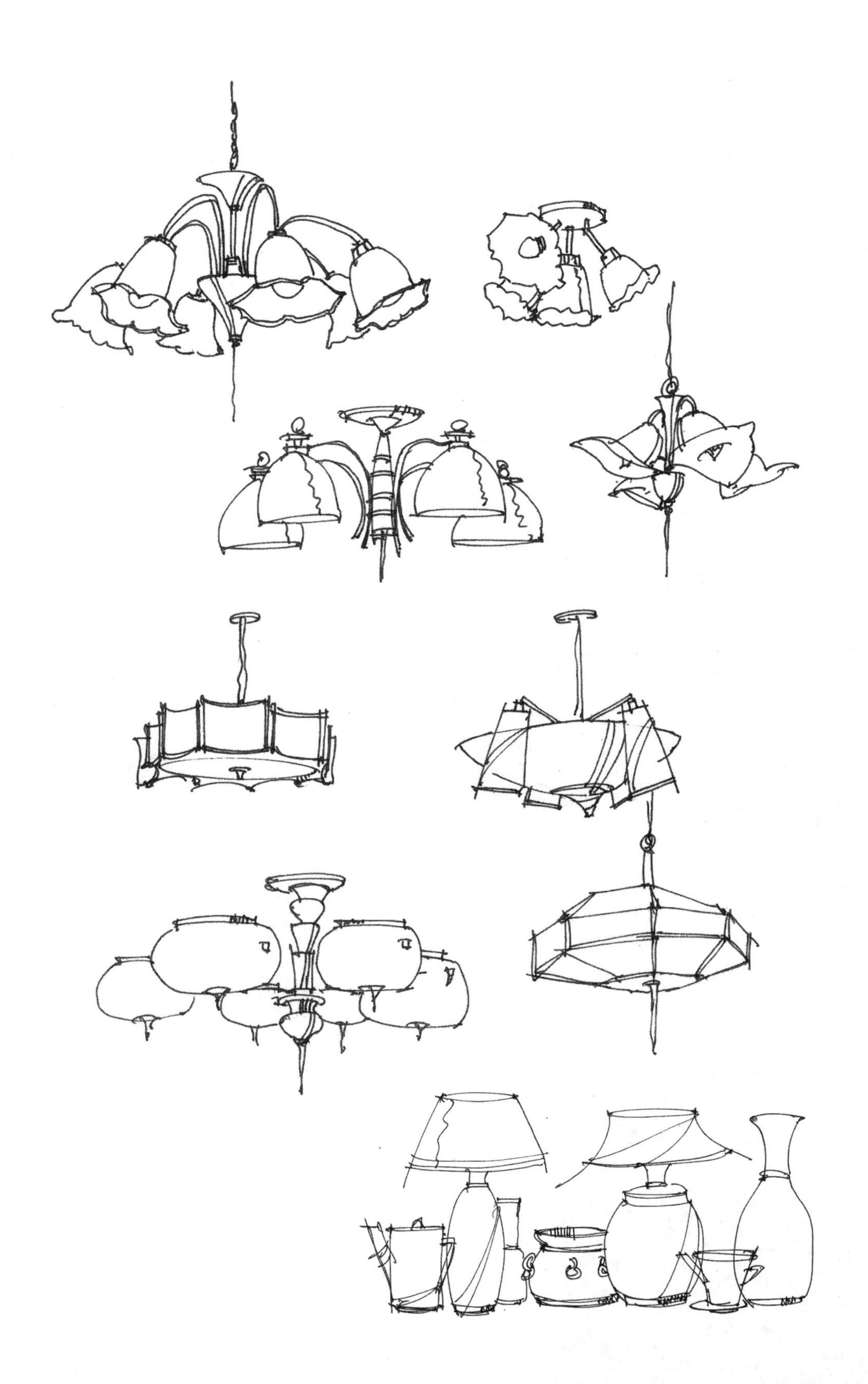

电脑与电视机的表现

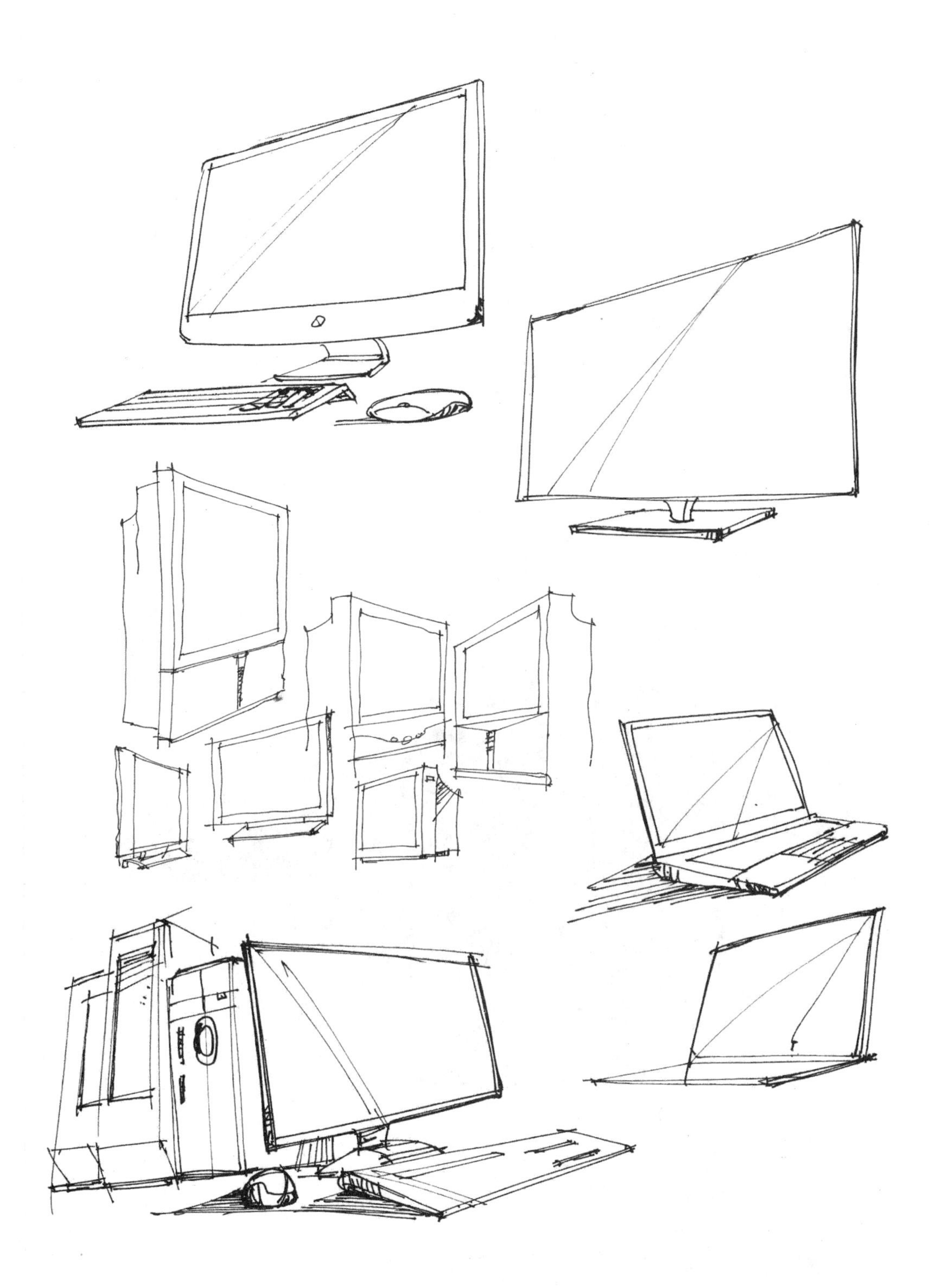

室内植物的种类众多。室内设计中的植物运用，是美化空间必不可少的，器皿的样式、植物的自然形状是室内设计实用手绘的主导表现。

美观与自然是我们的需求。

室内植物的表现

卫生洁具的表现

卫生洁具大多以玻璃、陶瓷、玛瑙等光亮硬质材料为主。

设计手绘的表现，意在表现卫生洁具外部的形状和质感，因此用线必须光滑、流畅、简洁、肯定，不拖泥带水。

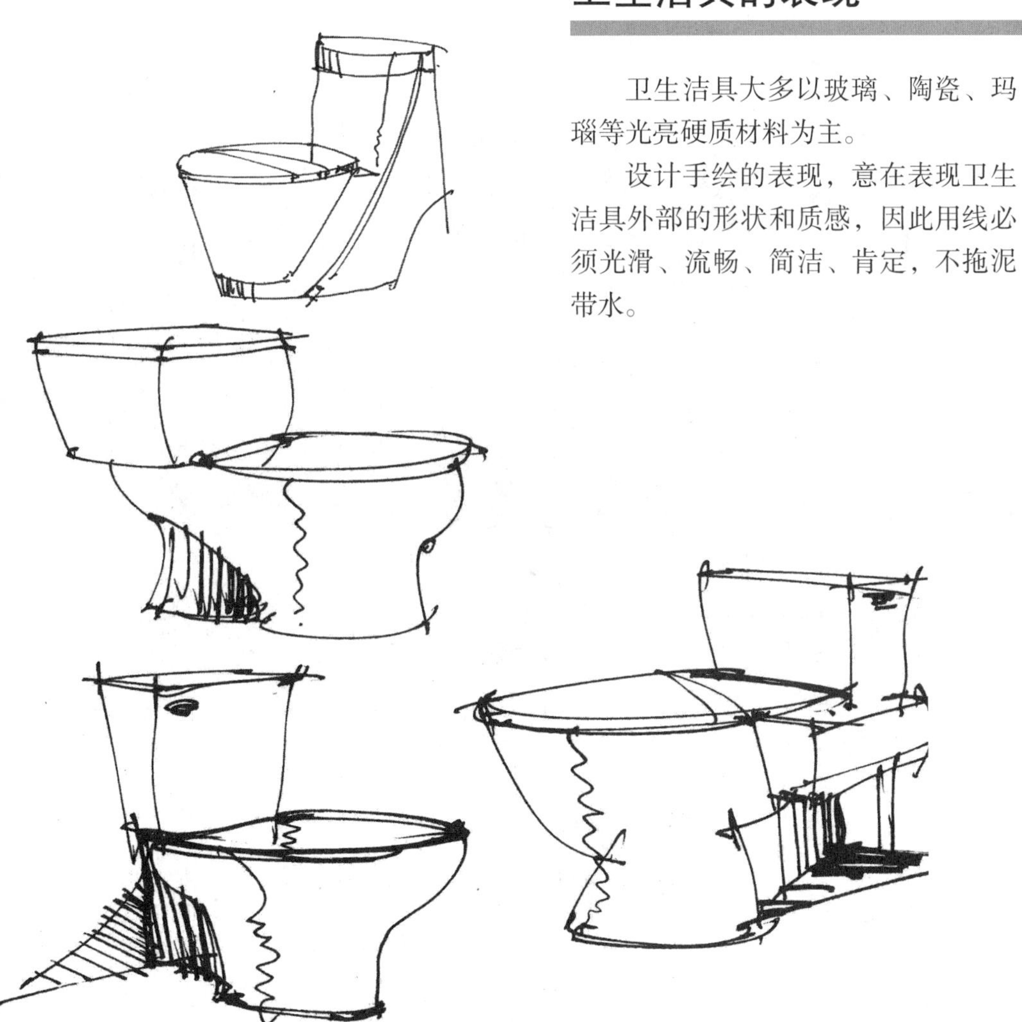

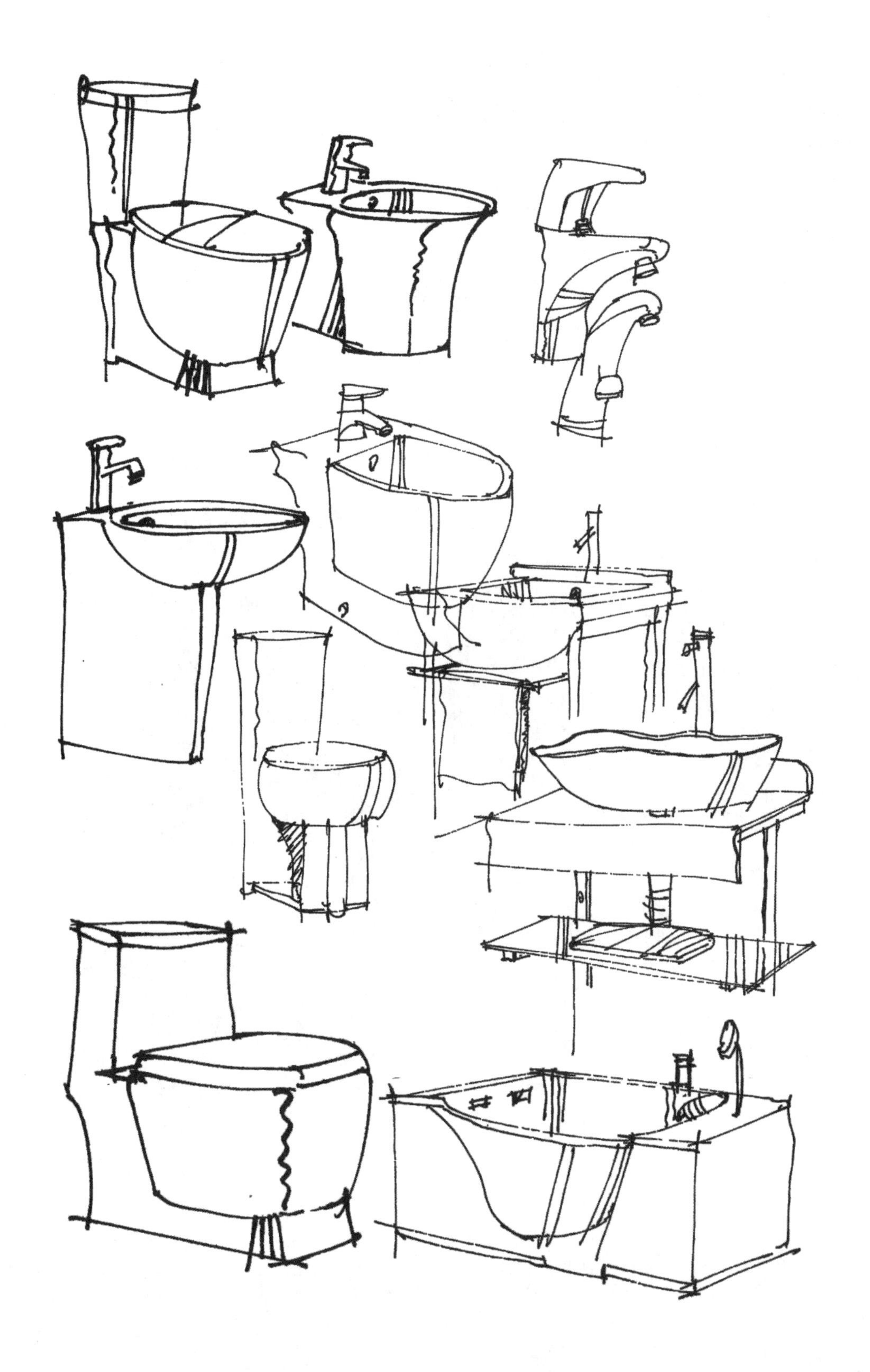

室内设计中的窗帘占有很大面积，其颜色、样式、安装方式等都影响着设计的品位。

层次分明、线条流畅、结构清楚是手绘表现窗帘的要点。

窗帘的表现

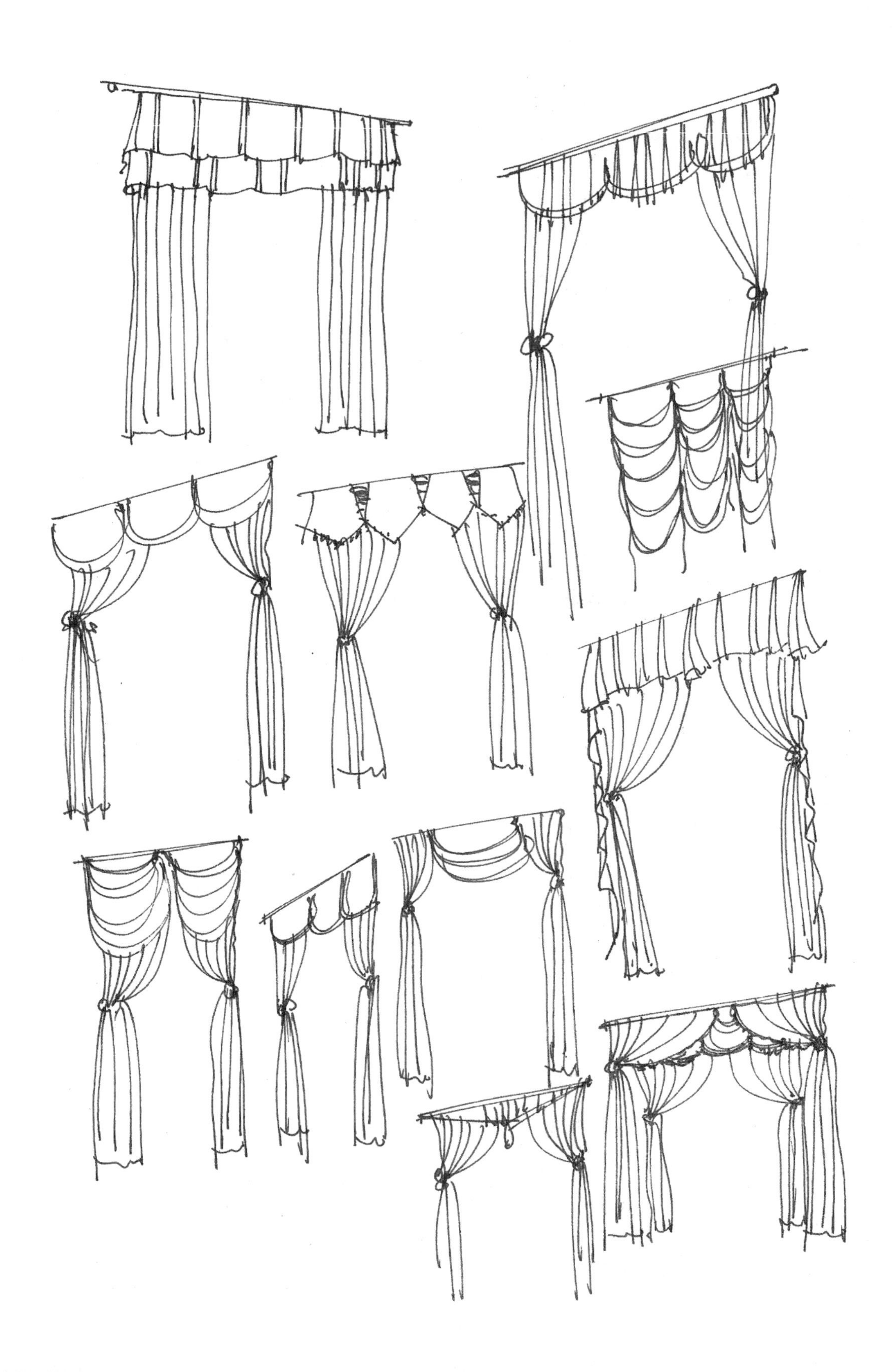

人物的表现

室内设计中的人物表现，主要体现在人与空间的相对舒适性上。相对空间而言，人物只是视觉空间的一个参照物。

由于家庭装饰装修的空间相对狭小，一般不适宜画入人物。

室内设计的人物表现只要把握三条原则就够了：分清成人和儿童；分清是男是女；入多出少。

第二版

室内设计手绘很简单，把握和处理好透视和比例两大关系就够了。

用理论来指导实践，会让我们少走很多弯路。

坚持室内设计手绘表现的“四项基本原则”（真实性、科学性、实用性、艺术性），是室内设计师手绘表达的立足之本。

一概而论的所谓“设计手绘”是一种误导。

室内设计实用手绘既不同于“美术”，也不同于“摄影”，是具有强烈的科学独立性的一门学科，像其他学科一样具有科学、系统、完整的理论体系，绝不是只用《光影透视学》和《画法几何学》等就能诠释的。

关于“室内设计手绘基础理论的十大误区”，本人在之前出版的《室内设计实用手绘教程》一书中已经做过全面的剖析和论证，并逐步在行业中得到认同。作为《室内设计实用手绘教程》的姊妹篇，本书不另赘述。

一点透视

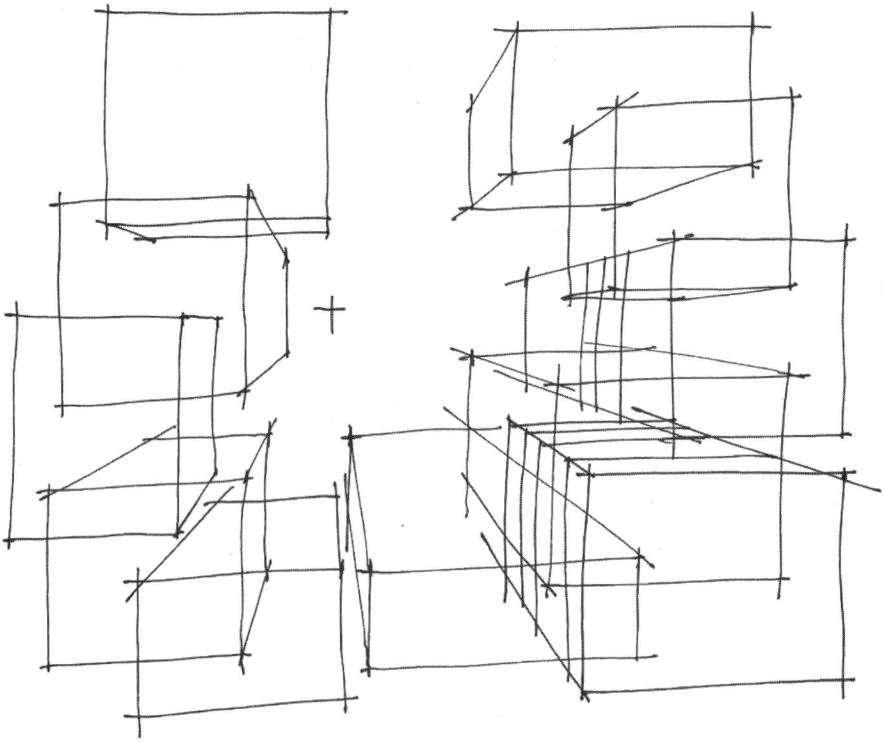

所谓“一点透视”，只是“一点平行透视”的简称，因此也有众多人称其为“平行透视”。

对空间或物体而言，一点透视关系的成立具有明确的限定条件，那就是空间或物体的相邻结构线必须是垂直关系，并且必有一结构面与画面绝对平行。

一点透视是室内设计手绘的基础，其特征也非常明确：一是具有一个消失点（也称灭点）；二是空间及室内的物体仅有三种方向的线（绝对的水平、绝对的垂直、消失于灭点）。

对于初学者来说，必须分清各线与物体的对应关系。

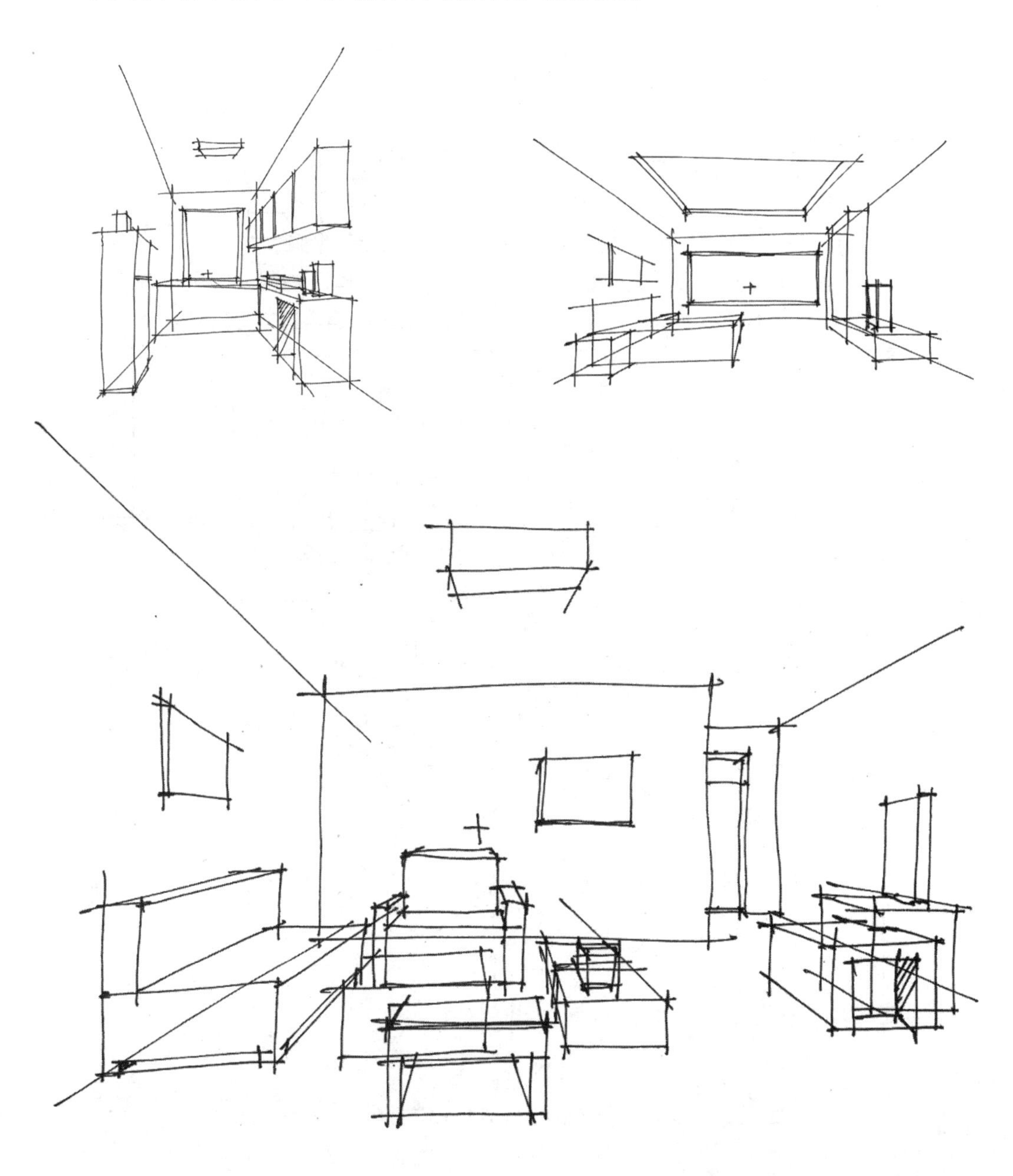

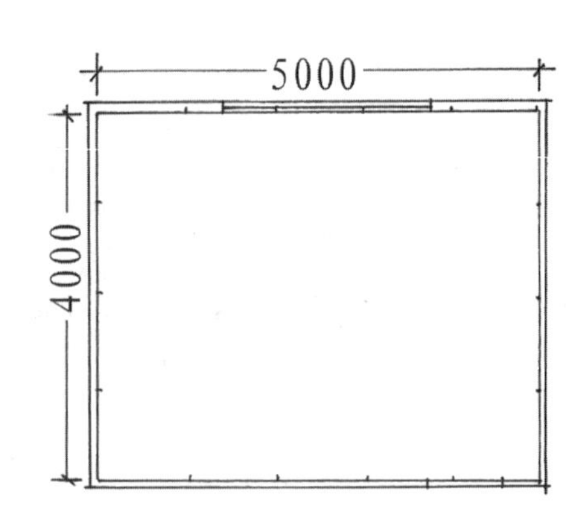

空间的控制之一

室内设计手绘所要表现的空间具有明确的尺度约束、特定的长、特定的宽、特定的高。把握和控制空间，对室内设计手绘表现至关重要。

把小空间画大，把大空间画小，都是室内设计手绘的大忌。

按照目前大多使用的“光影透视学”和“画法几何学”理论，一个特定的空间就可以表现出无数种空间视觉。这些空间的表现，哪一个才是真正接近我们正常视觉的呢?

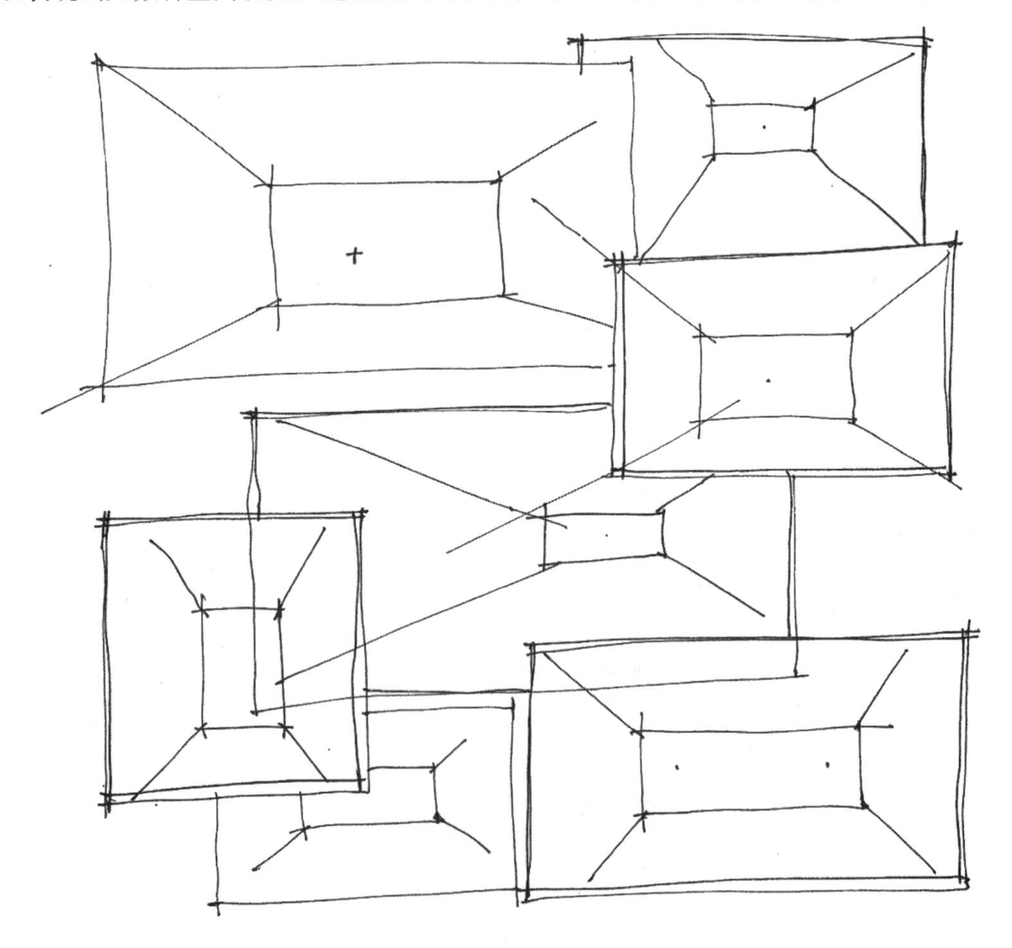

游戏的变化万千、趣味无穷，在于不同的游戏有不同的规则，这是每一个参与者必须遵守的。

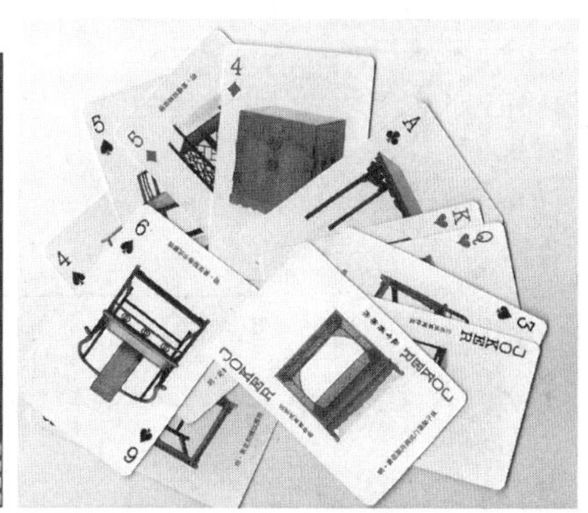

“光影透视学”和“画法几何学”，就是在“摄影”和“美术”领域里的“游戏规则”。

而当我们把这个规则应用于室内设计手绘的时候，竟是如此混乱，这是本人在几十年的学术研究中早已论证过的不争事实。

当一种学科被借鉴和运用于另一种学科的时候，一定要考虑到相关的制约因素！要借鉴理论，而不是照搬理论！

如何把握和控制空间？现根据前页空间平面图，按“**裴爱群作图法则**”分步讲解。

注：本书全部尺寸，均以毫米（mm）为单位，不另行说明。

1. 依据房间平面图的尺寸（假定房间净高3000）画出对面墙体代表5000 × 3000的矩形，用“点”来标示出宽度与高度每个尺寸位置（每个点与点的间距代表1000）；画出视平线（一般情况下高度要偏低一些）；为使画面效果均衡，在已经确定的视平线上，房间墙体界线内中部的三分之一范围内任意选取一个点作为灭点vp（消失点）；

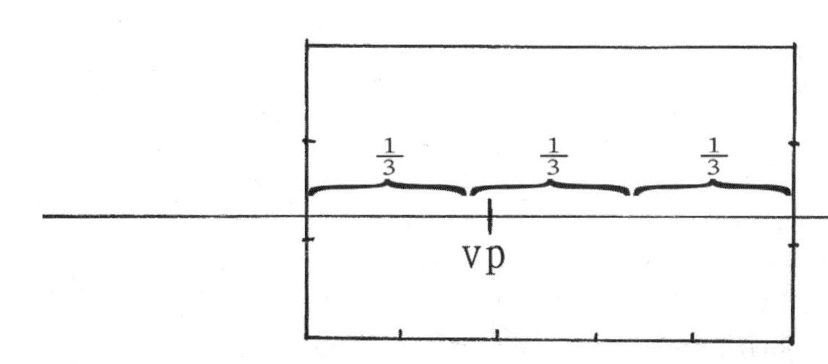

2．分别经过墙面矩形的4个节点，对应灭点（vp）向左上、右上、左下、右下4个方向画出墙与地面和顶棚的角线；至此空间的对面、左墙、右墙、顶棚、地面5个界面的透视关系完成。

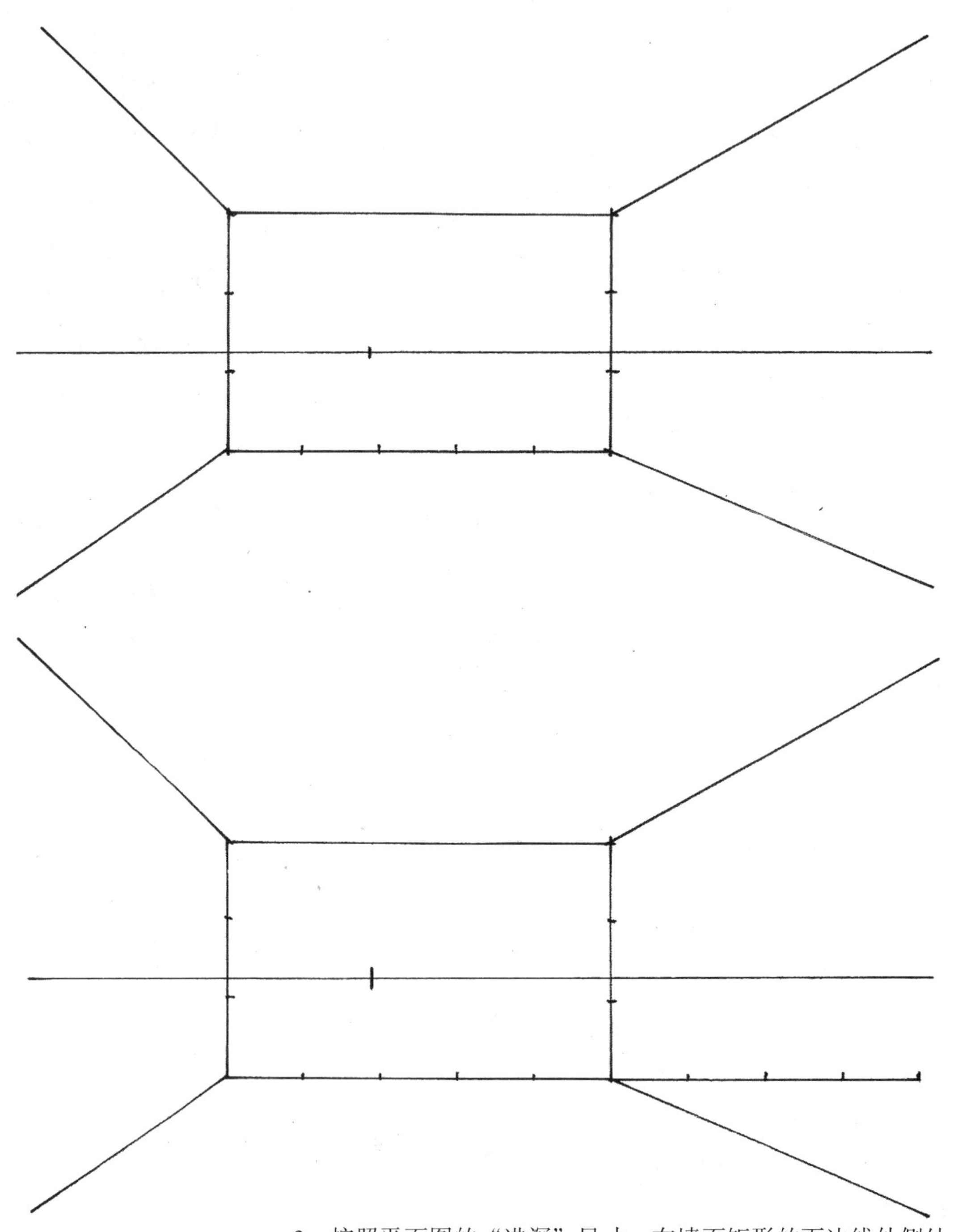

3．按照平面图的“进深”尺寸，在墙面矩形的下边线外侧处延长所需要的尺寸（4000），并标示出相应的节点。

4. 在标出的最外端节点处画一垂直线，此线与视平线相交后产生一个新的点，称为“测点”（英文代号M）；经测点分别与上步已经延长的线上的节点连接并延长，分别在墙与地的角线上交出等数量的点（此线上得到的点与点的间距分别代表不同远处的每一段距离点），由此确定了房间的进深尺寸。

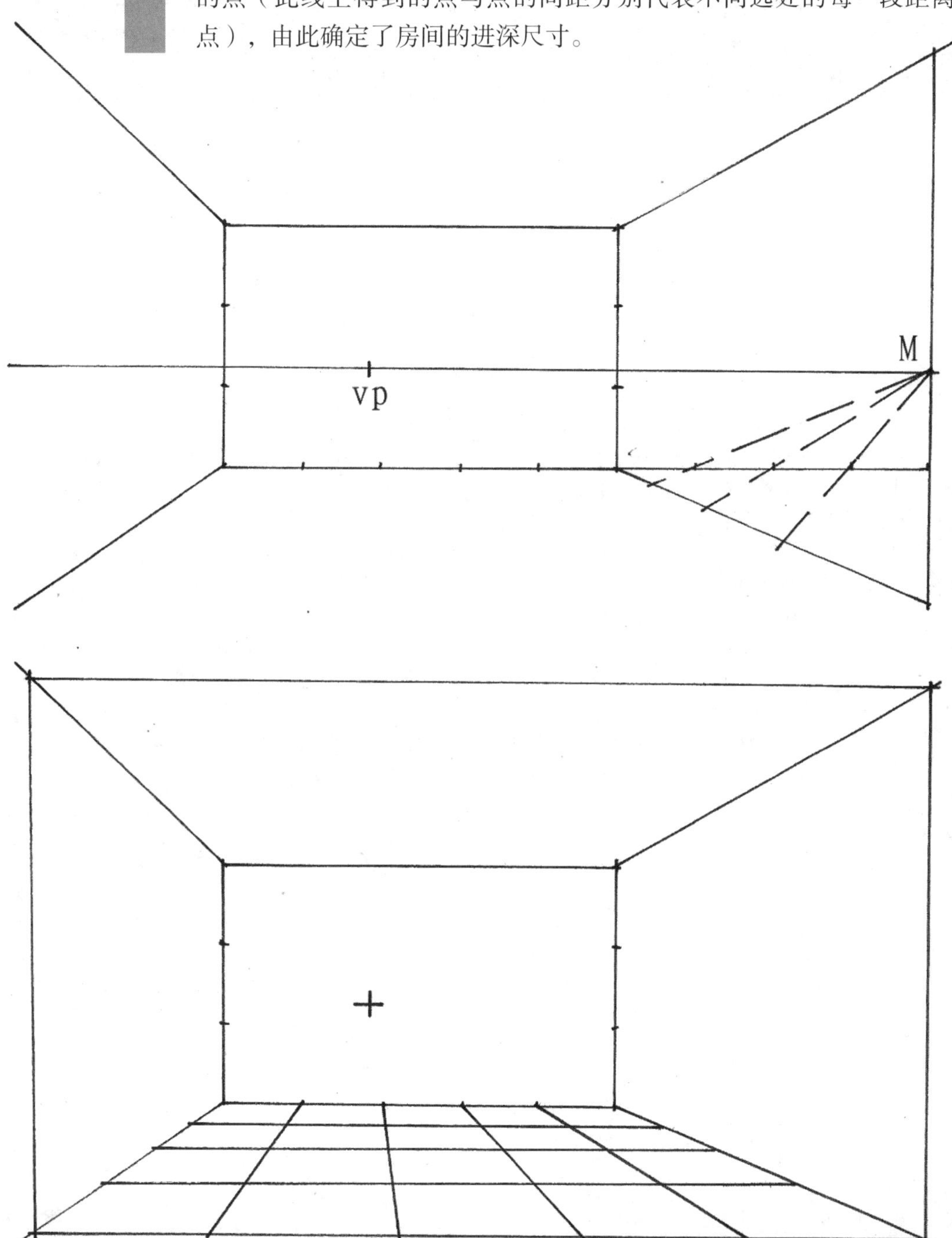

5. 利用直尺，按照已经确认的进深节点分别画出水平线和进深方向的线，形成空间。

重要提示：

请仔细观察下面的图，按照很多其他教材里的方法会得到这样一个奇怪的空间效果。

“皮之不存，毛将焉附”，空间都不正确，后面的一切努力都将没有意义。

详见裴爱群编著的《室内设计实用手绘教程》论述。

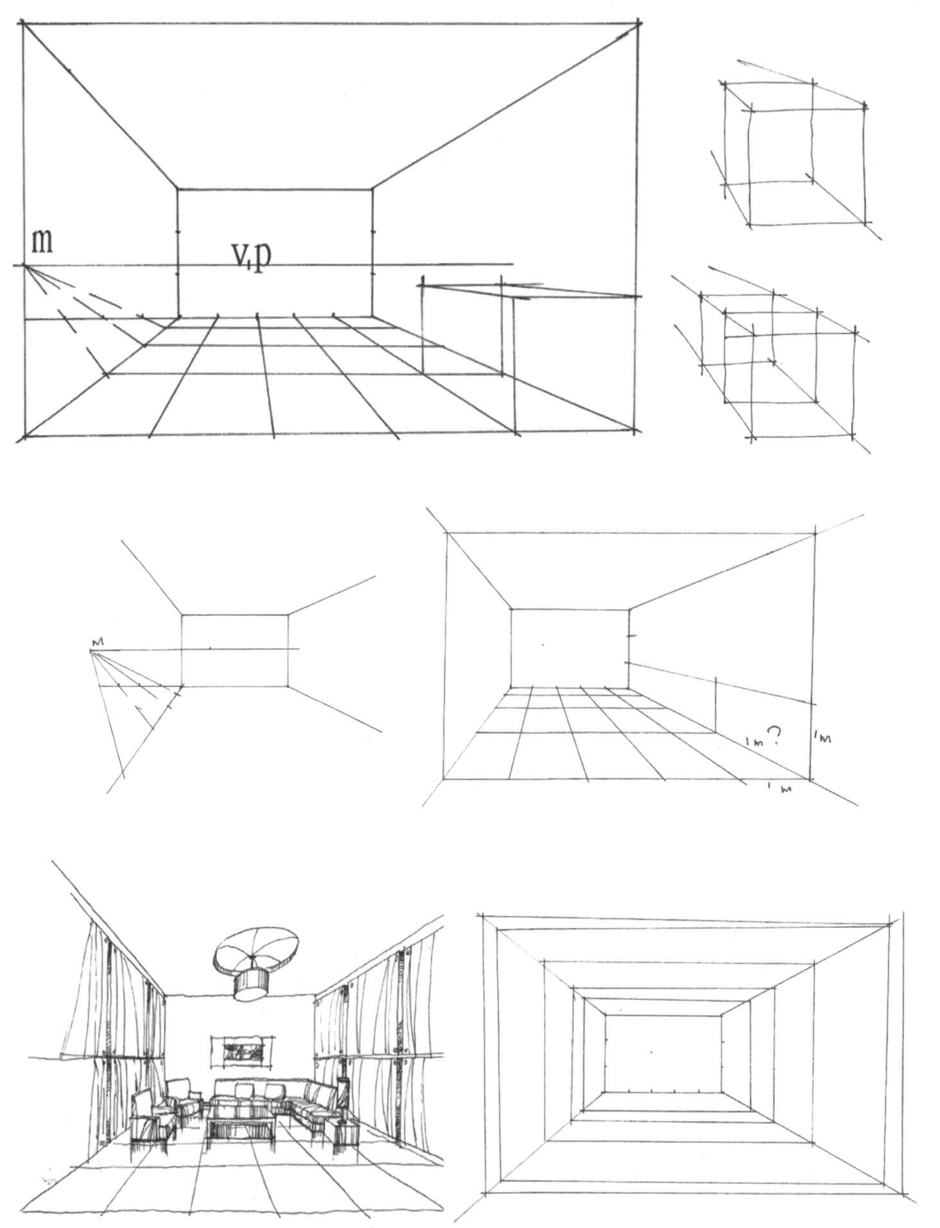

依赖“光影透视学”和“画法几何学”，会得到无数的空间。这也是室内设计手绘最大的误区。

家具高度的控制

由于在透视状态下会产生“近大远小”的视觉变化，空间内的任何家具尺寸都要按照透视关系来确定。

家具的宽度和进深可以通过“地格”来确定，而高度要依靠墙体的净高线来确定。

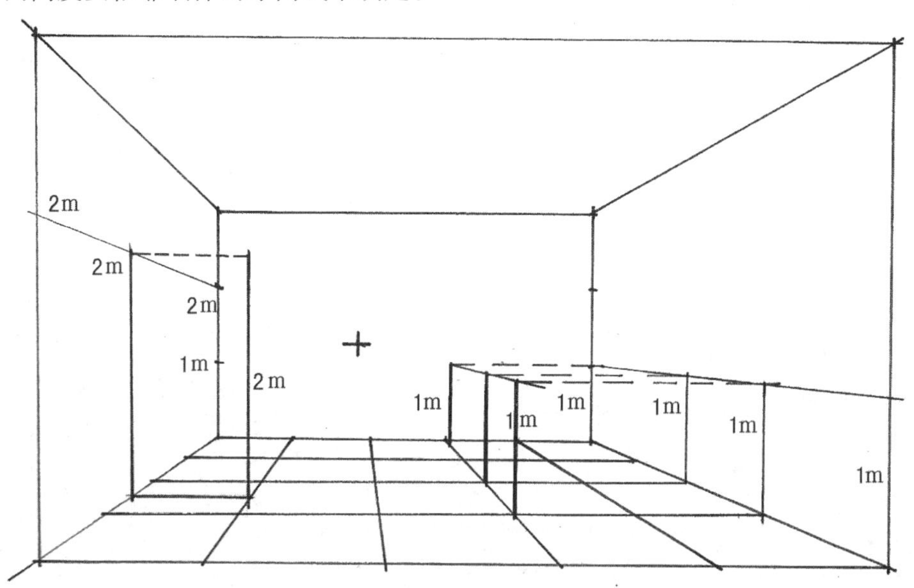

（一）依据墙体的净高线，利用左右墙面的透视高度变化来确定空间内任意物体或线段的高度。

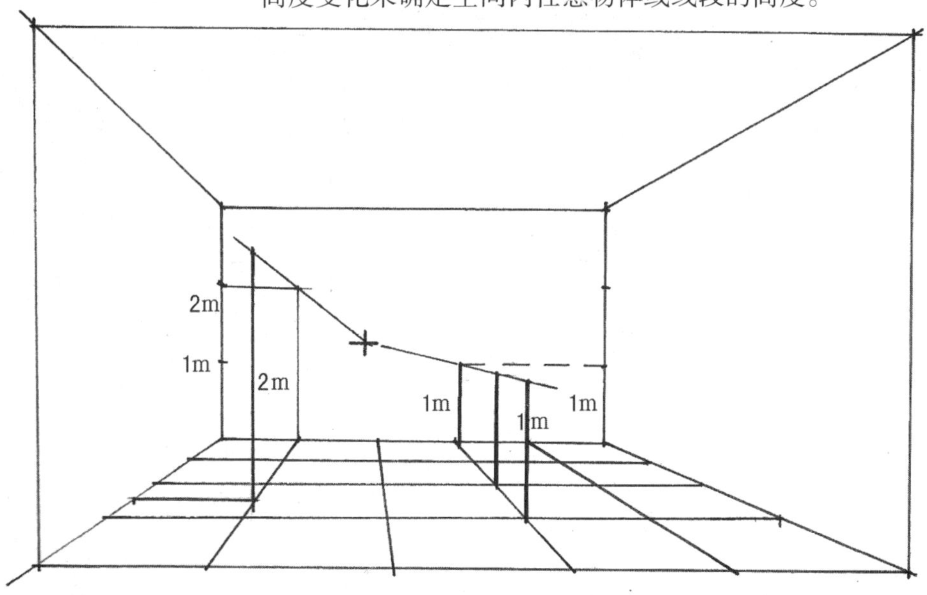

（二）依据墙体的净高线，在正面墙面上确认同高度，按照任意物体或线段在正面墙上的投影透视来确定高度。

示范：按照下面的平面图和立面图画出一点透视图。

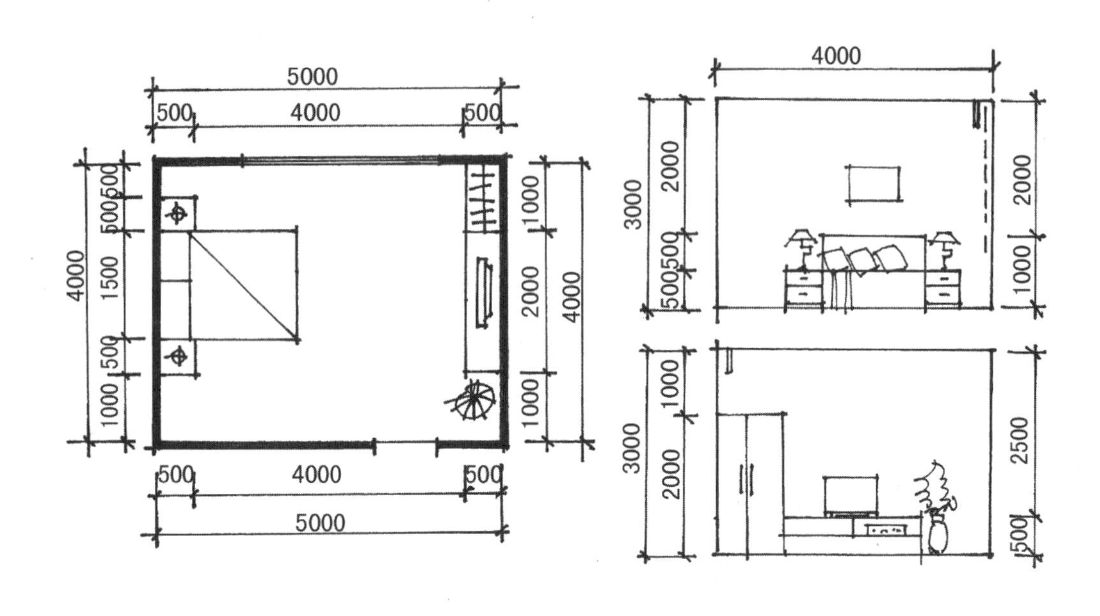

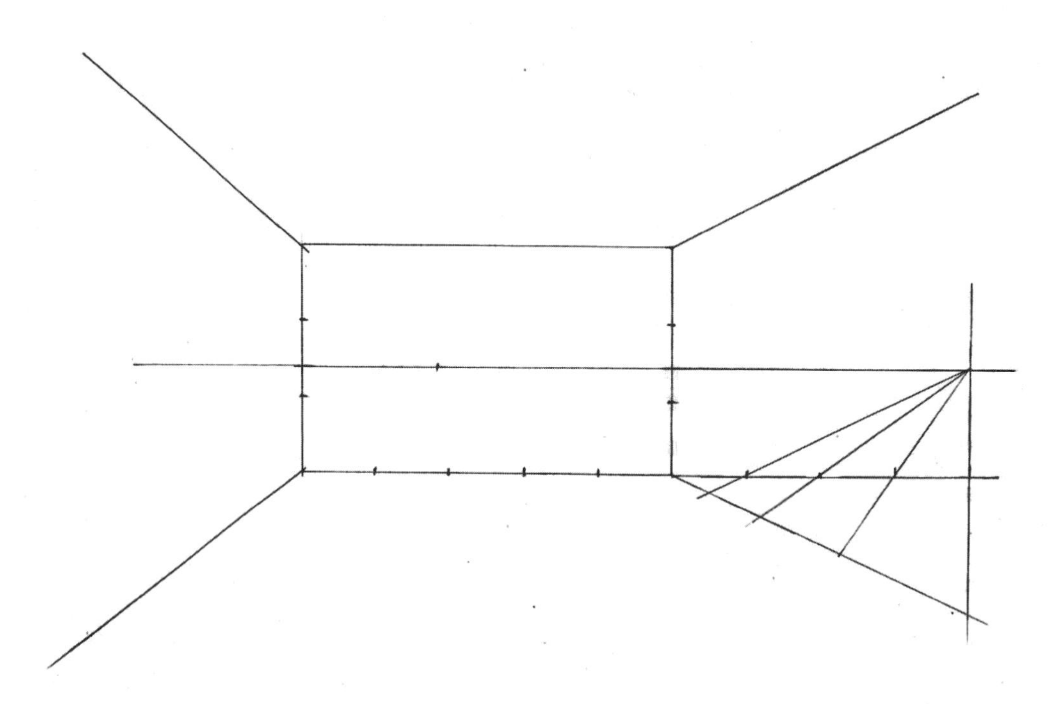

借助直尺按尺寸建立对面墙体，设定视平线，确定灭点（房间内三分之一范围内任选），建立房间，利用测点截取房间进深；

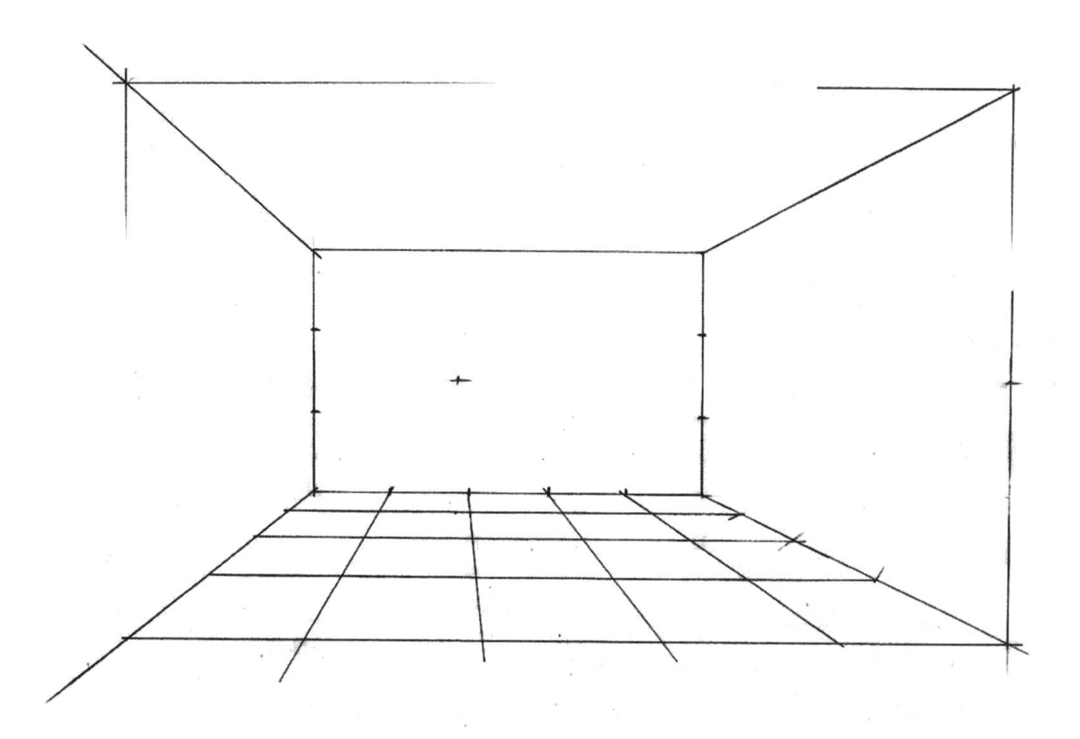

画出房间地格，方便室内空间物体位置的确定；

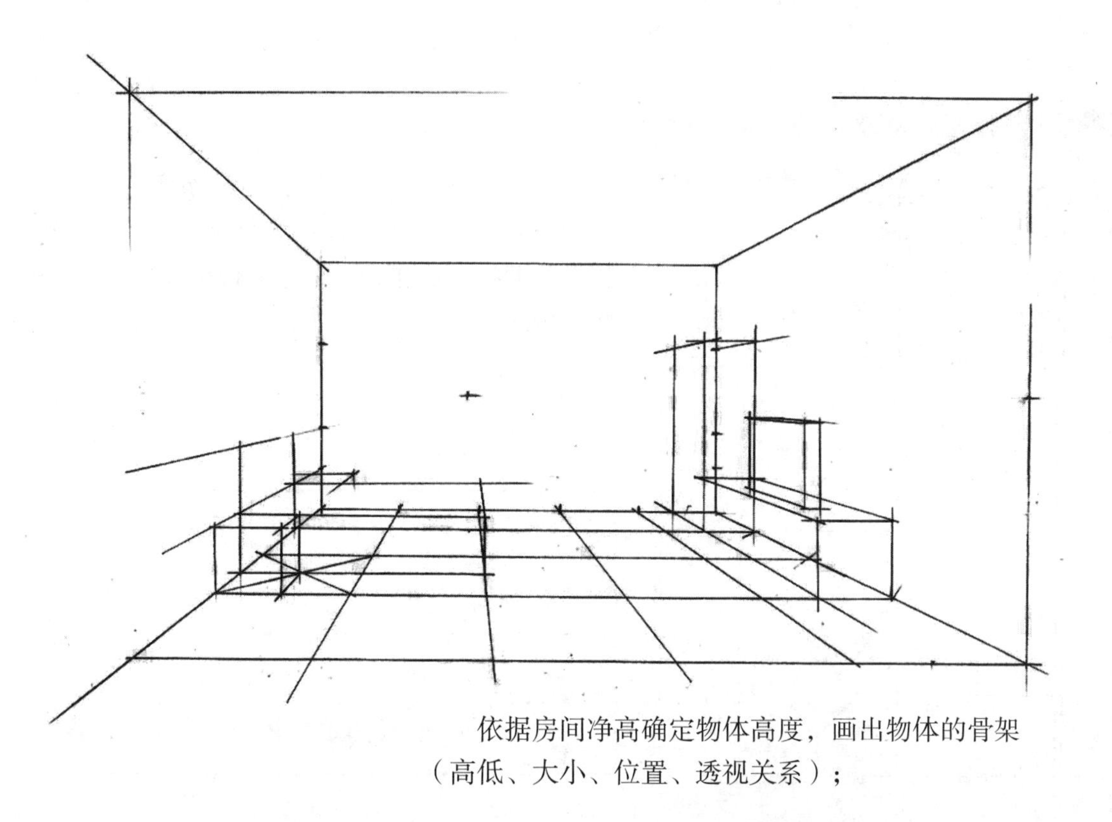

依据房间净高确定物体高度，画出物体的骨架（高低、大小、位置、透视关系）；

完成效果如下（仅供参考）：

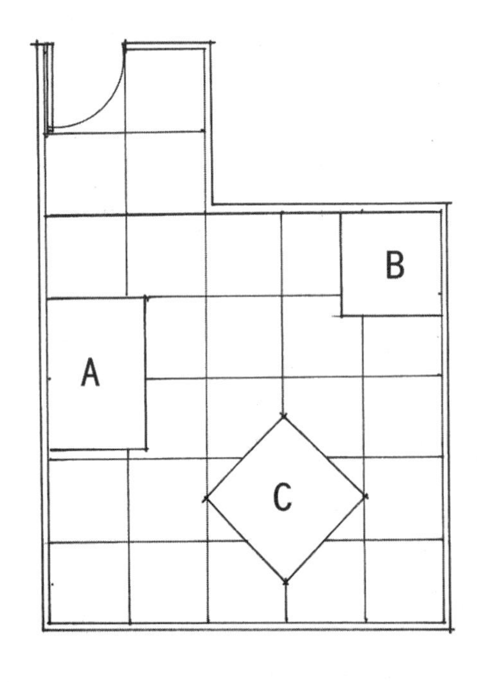

示范：某空间如图，净高为2800，地砖尺寸为800×800，门高2000。假定视高为1500，视点在平面图下方，准确画出此空间及A、B、C三物体的透视图。

物　体	长	宽	高
A	1500	1000	1200
B	1000	1000	1800
C	相关各线段的中点		500

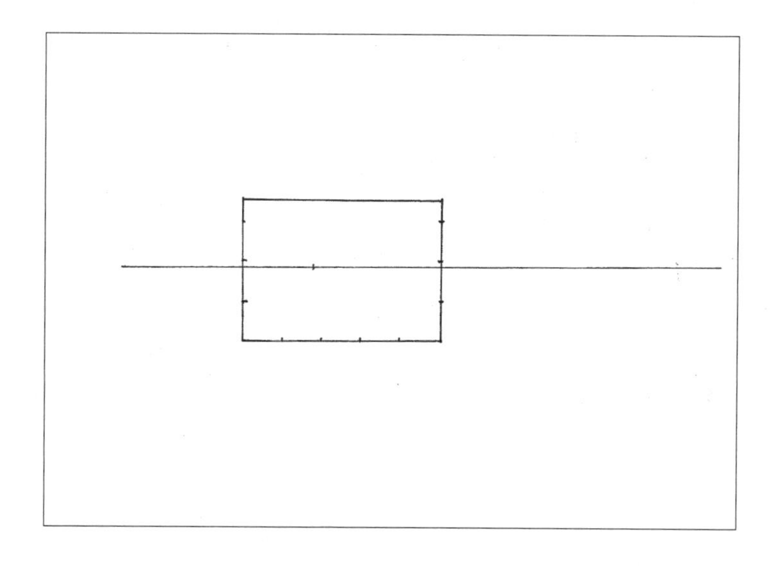

按平面图提示，画出对面墙体矩形（横5格，高3.5格）并标示出各点；

在高度1500位置画出视平线；

在墙体界线内视平线中部三分之一范围内确定消失点（为明确空间结构，本图消失点定位在左侧处）；

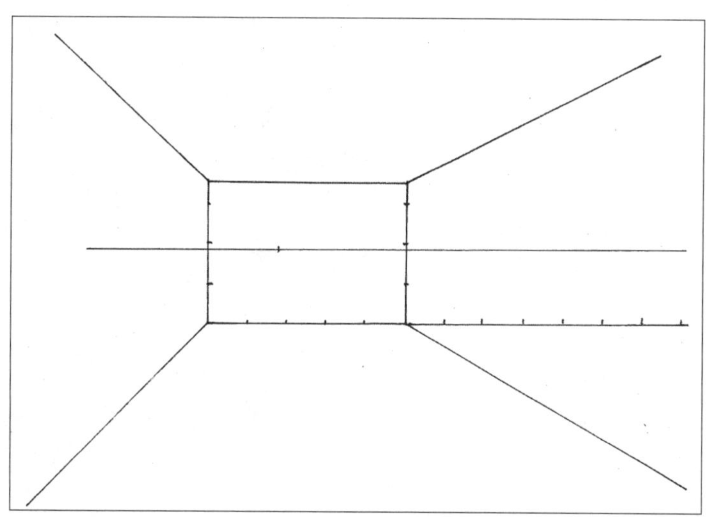

经消失点和墙体矩形边框的4个角，画出左右墙面与地面和顶棚的墙角线；

在正面墙体底线位置向右侧延长辅助线7个格长度，以确定参考进深，并标示出各节点位置；

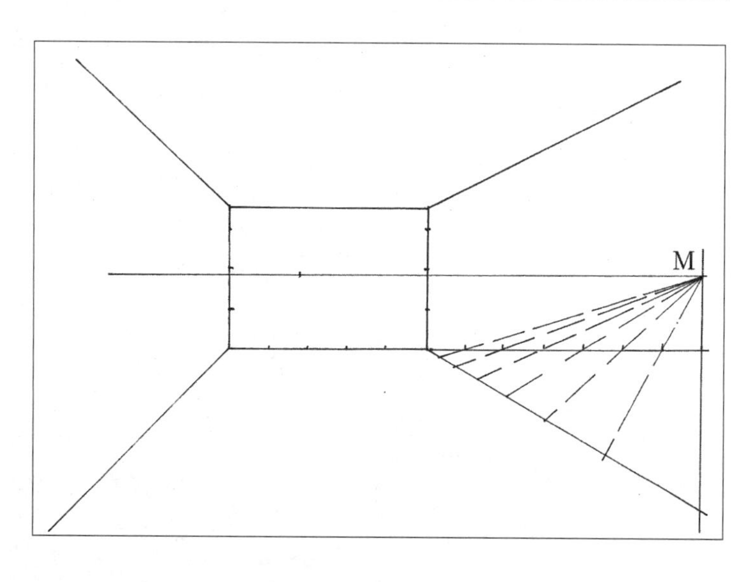

在第7个格长度（5600）位置画垂直线与视平线相交，得到测点（M点）；

经测点，分别与延长线上的7个单位节点处连线并延长到墙角线上，得到进深方向的各个节点（每个节点间的距离代表一个单位，长度为800）；

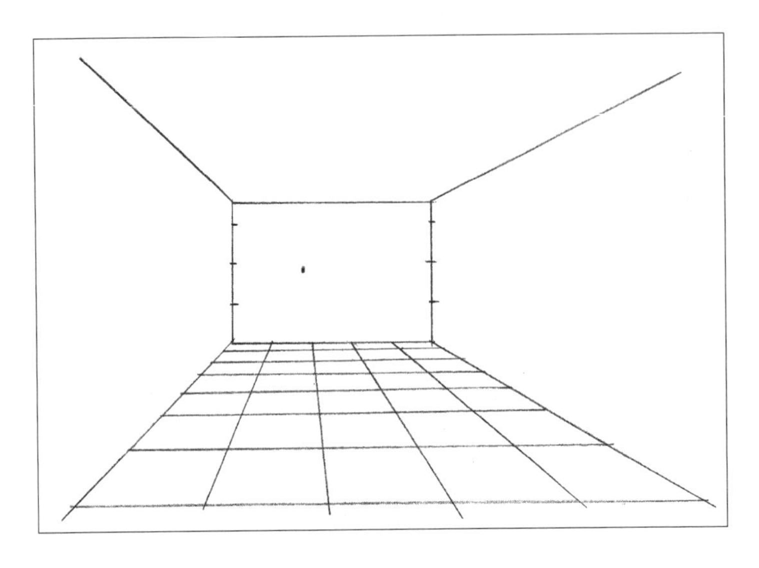

依据进深方向已经确定的各个节点画出横向线；

经消失点分别与对面墙体矩形底线的标示点画出进深方向的线，与已经完成的横线形成“地格”（相当于地面上的坐标）；

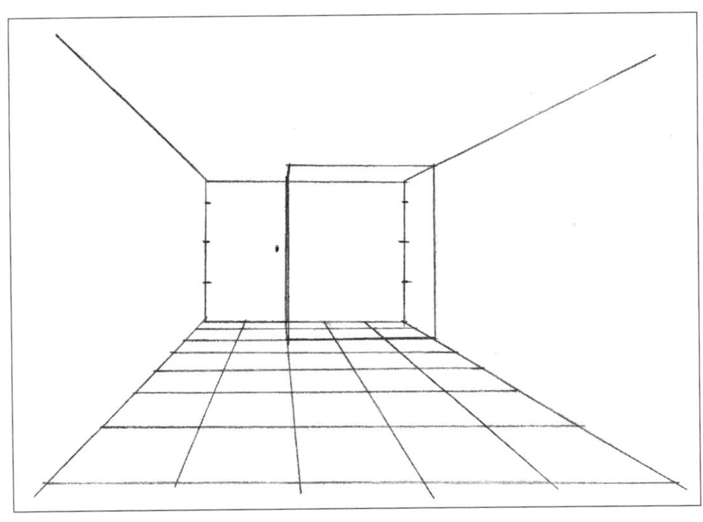

按照平面图尺寸和地格，画出对面位置的转角墙面结构，至此空间透视完成；

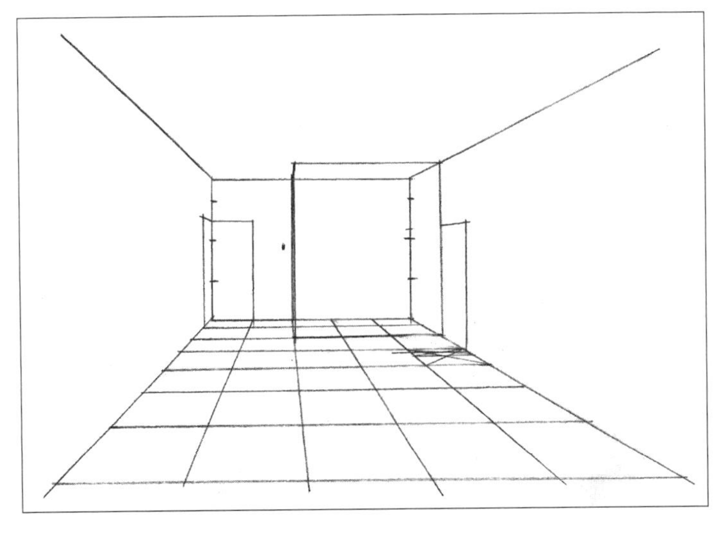

按透视关系和尺寸，画出门框和打开的门；

确定B物体在地面和右侧墙面上的投影；B物体在地面上的位置确定，以在地砖上画对角线的方法分割尺寸，确定1000的位置；

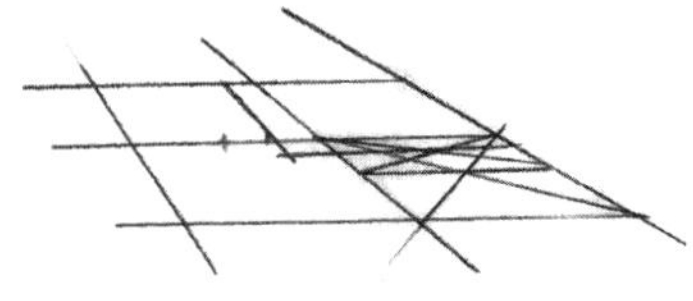

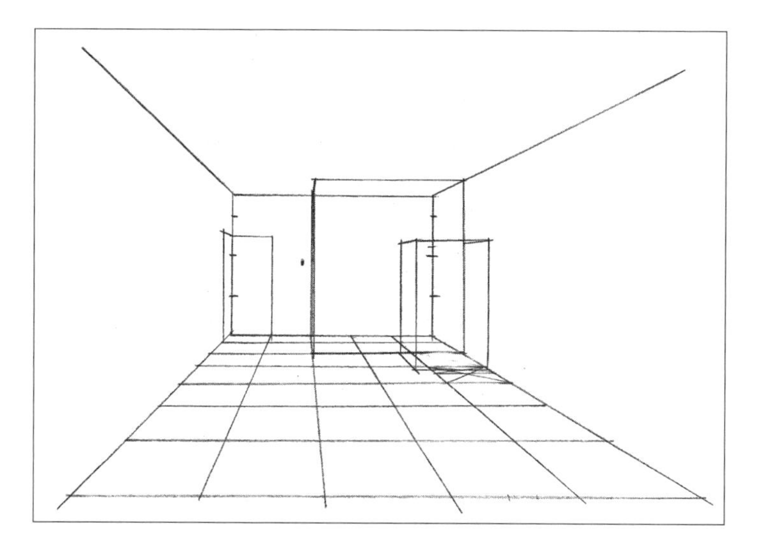

按照确定的投影和透视关系画出B物体；

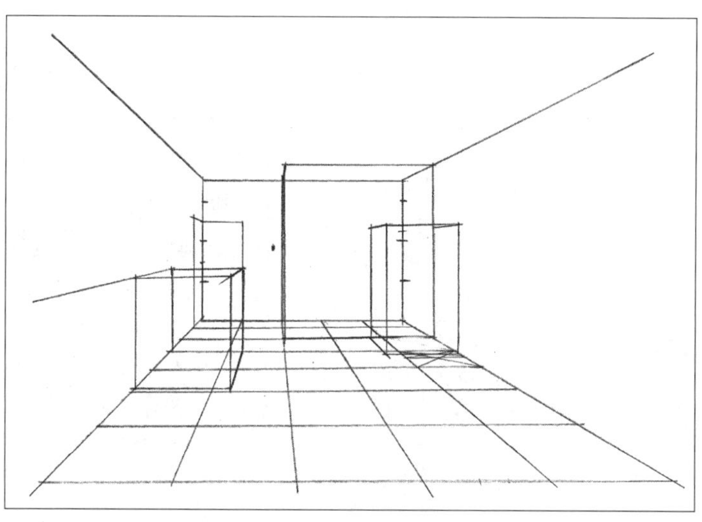

按照上述方法画出A物体；

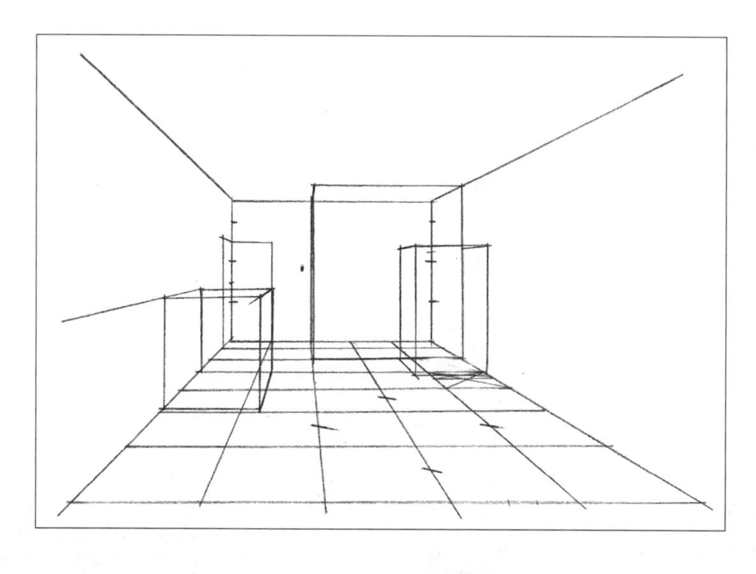

用对角线的方法，在相关的地格上确定C物体在地面上的节点位置；

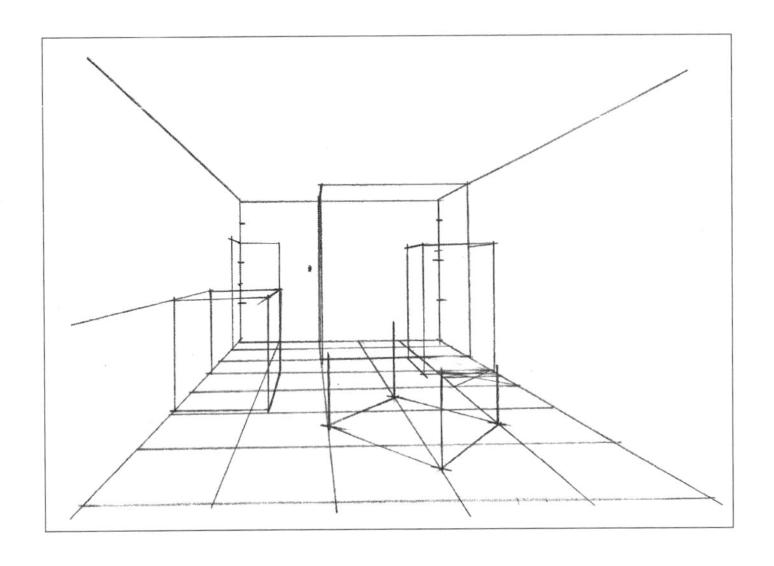

因C物体不是一点透视，故而4条垂直于地面的线（500）在透视状态下就会发生近大远小的视觉关系。

画出C物体的4条垂直于地面的线，高度待定；

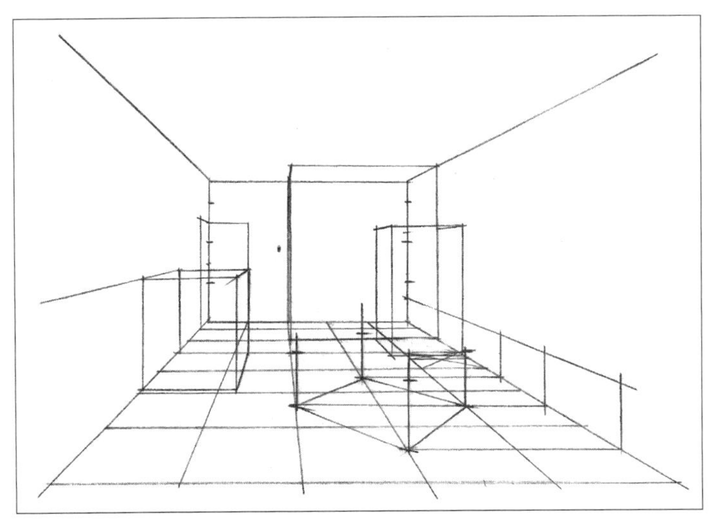

经原有对面墙的净高线确定500高的点，并在右侧（或左侧）画出代表500高的透视线，根据C物体4条垂直于地面上线的进深位置确定每一条线的高度（500）；

连接4个已经确认了高度的点，形成C物体的透视；

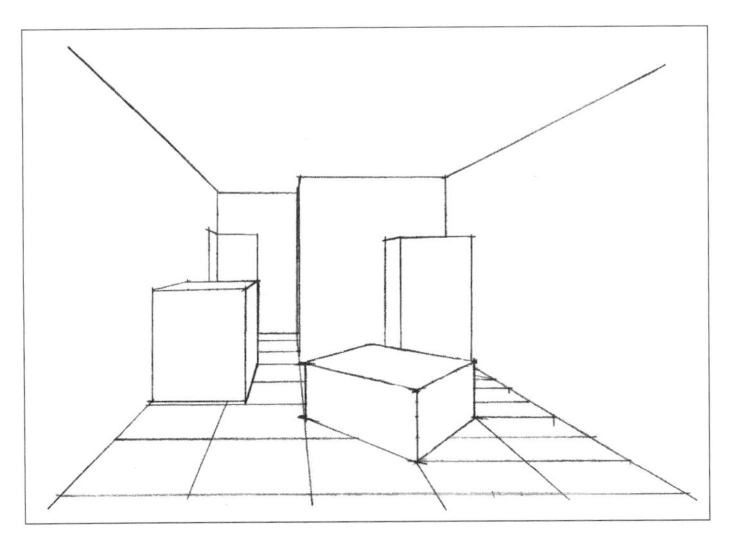

除去各辅助线，得到完成的透视效果图。

裴爱群作图法则

1、灭点可以在室内视平线中间的三分之一范围内任意选定，测点M固定为房间界面外线与视平线的垂直交叉点上。

2、当灭点在视平线上任意选取后，必然在所绘场景中产生大小不同的左右两个界面，其测点M必须在大的界面方向上设定。

此法则对一点透视和微角透视都起到约束和控制作用。是“光影透视学”和“画法几何学”在室内设计手绘应用中的重要补充。

空间的控制之二

对于空间的控制，前面所讲的方法对进深相对较小的空间非常方便，而对进深尺寸相对较大的空间而言，完成后的画面大小就难以控制，因此我们可以采用下面的办法来控制空间。

以假定空间宽度为4000、高度3000、进深10000为例。

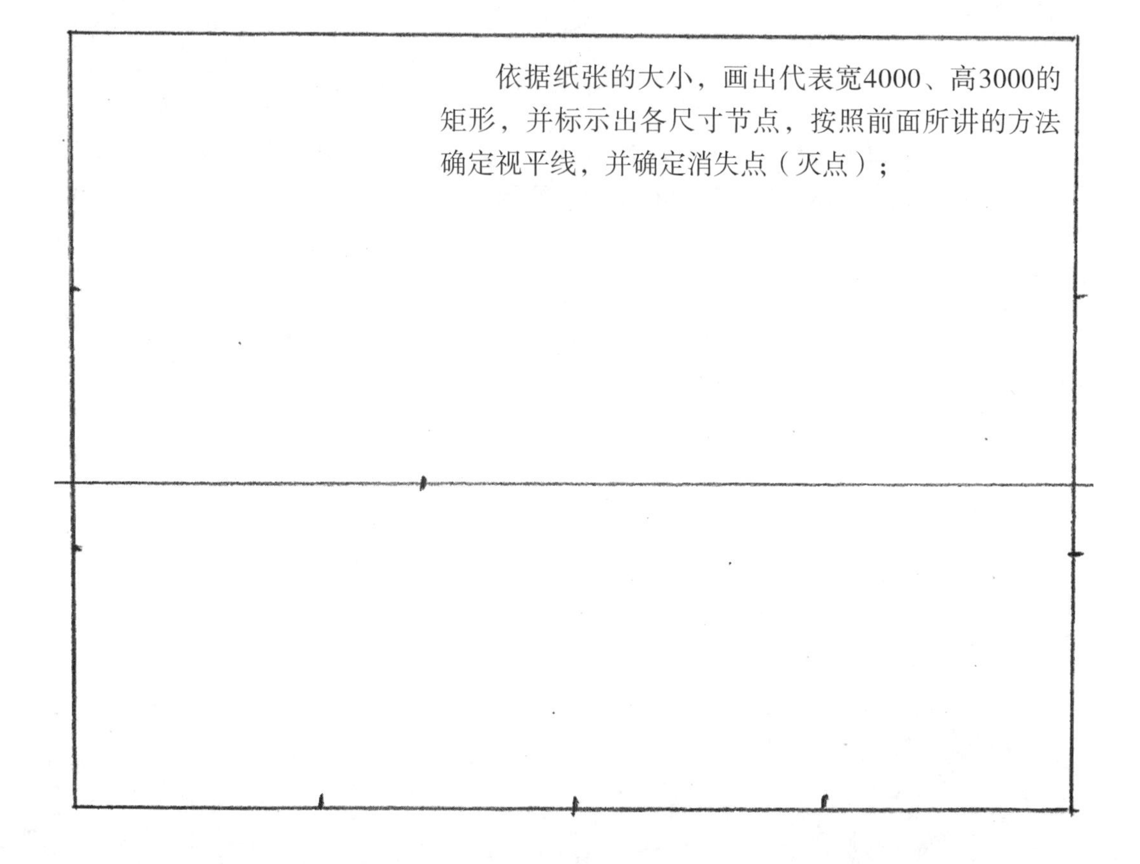

依据纸张的大小，画出代表宽4000、高3000的矩形，并标示出各尺寸节点，按照前面所讲的方法确定视平线，并确定消失点（灭点）；

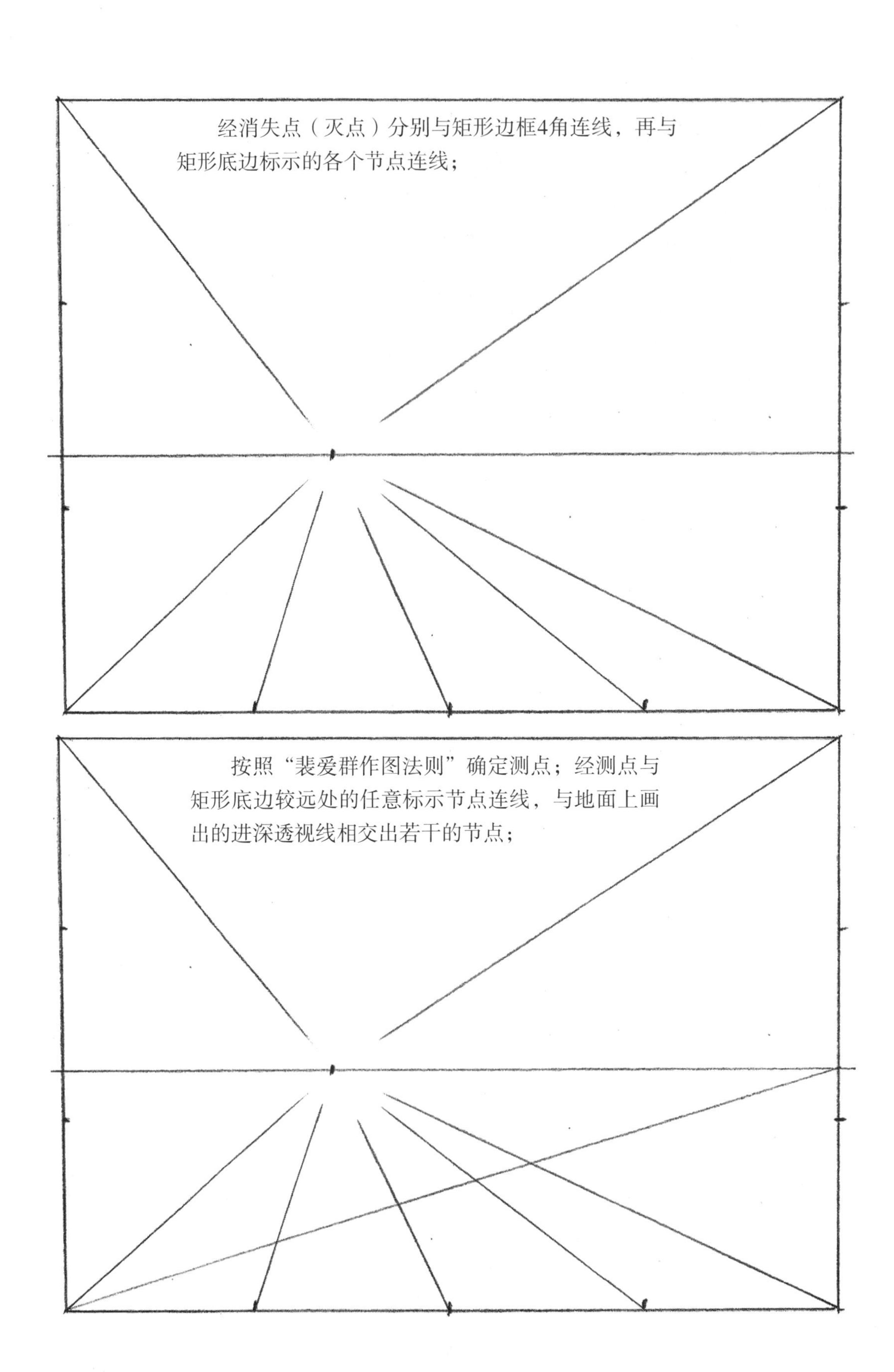
经消失点（灭点）分别与矩形边框4角连线，再与矩形底边标示的各个节点连线；
按照“裴爱群作图法则”确定测点；经测点与矩形底边较远处的任意标示节点连线，与地面上画出的进深透视线相交出若干的节点；

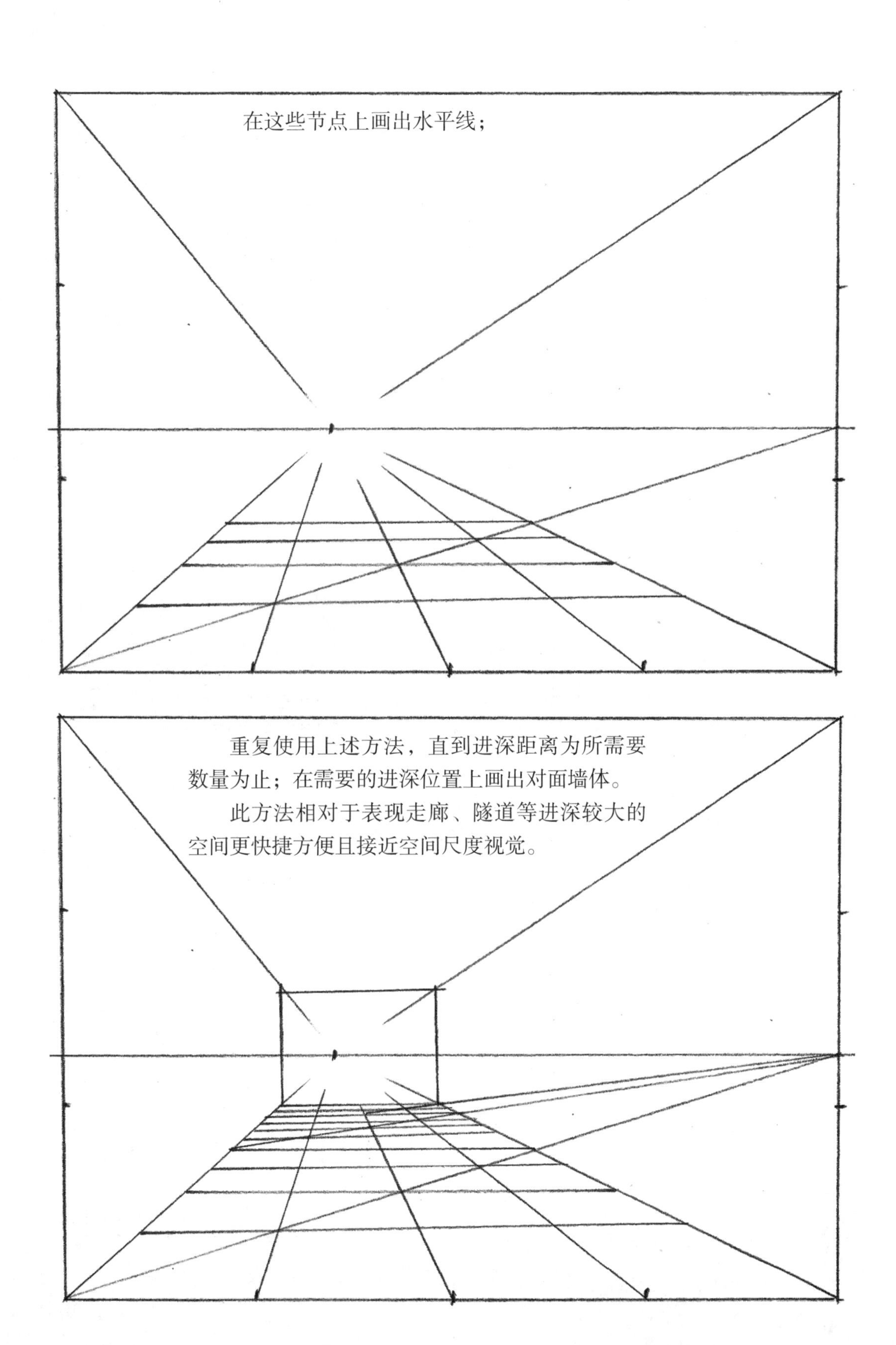
在这些节点上画出水平线；
重复使用上述方法，直到进深距离为所需要数量为止；在需要的进深位置上画出对面墙体。
此方法相对于表现走廊、隧道等进深较大的空间更快捷方便且接近空间尺度视觉。

消失点的控制

手绘透视效果图是空间最直接的视觉表现。除空间尺度的视觉准确性外，画面的视觉舒适性也显示着设计师的审美和控制能力。画面既要反映出空间的主次关系，又要克服呆板，做到控制合理，消失点的位置确定起到了关键性的作用。

认真研究下图，这对我们的设计手绘非常重要。

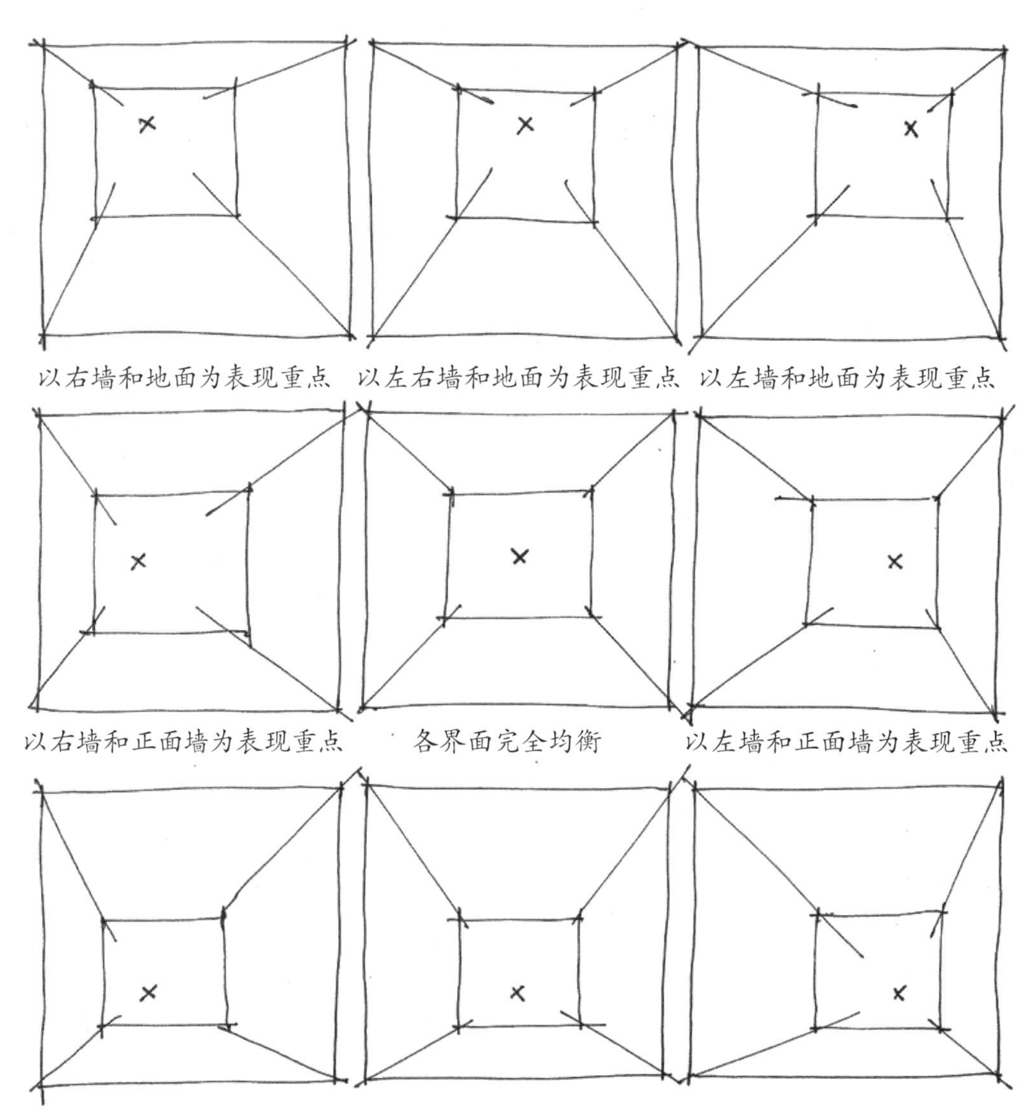

以右墙和地面为表现重点　以左右墙和地面为表现重点　以左墙和地面为表现重点

以右墙和正面墙为表现重点　各界面完全均衡　以左墙和正面墙为表现重点

以右墙和顶棚为表现重点　以左右墙和顶棚为表现重点　以左墙和顶棚为表现重点

室内设计手绘不是以临摹为最终目的的。

临摹是提高设计师手绘表达能力的一个重要途径，通过一定量（数量、质量）的临摹训练，可以快速提高设计师及初学者的观察能力、综合判断能力和画面控制能力，使我们的眼睛、大脑和手得到整体的协调和配合，为我们未来记录、推敲、研讨设计方案打下坚实的基础。

临摹，是在没有平面尺寸的情况下进行的，这就为临摹带来一定的难度，而这正是我们通过一定量的临摹练习所要解决的问题。

临摹的重中之重是空间尺度和透视关系的把握。

临摹训练

临摹示范之一：

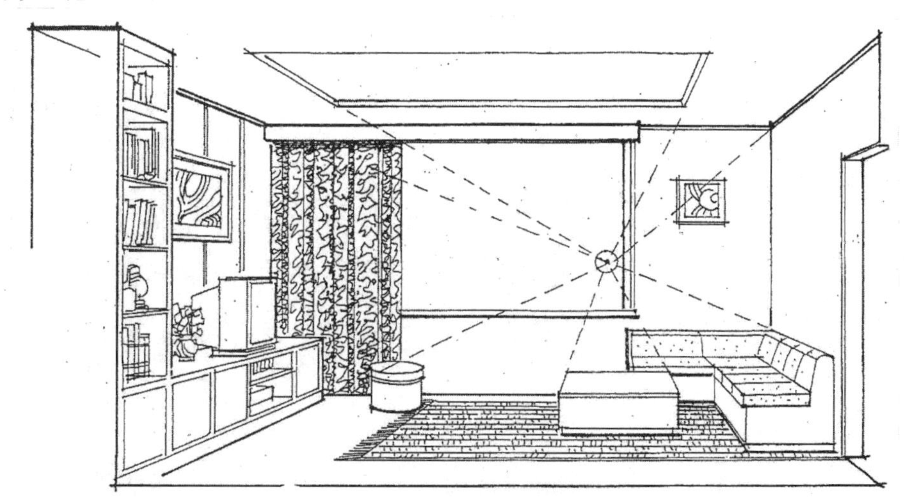

临摹前的观察、分析和判断非常重要。对原图正面墙体的比例关系、消失点的位置、各界面之间的大小关系、位置关系等都要做到心中有数。这些判断的结果，在初始临摹时可以画些小图参考。随着临摹能力的提高可逐渐省略画小草图的步骤。

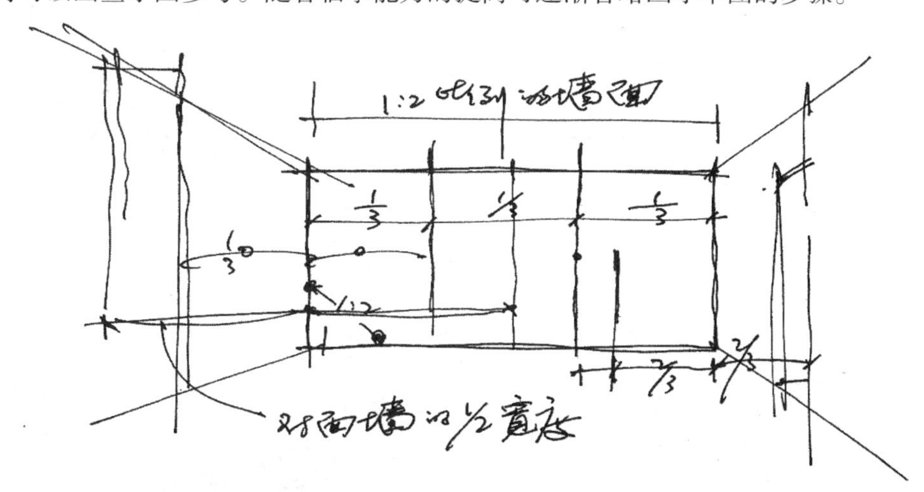

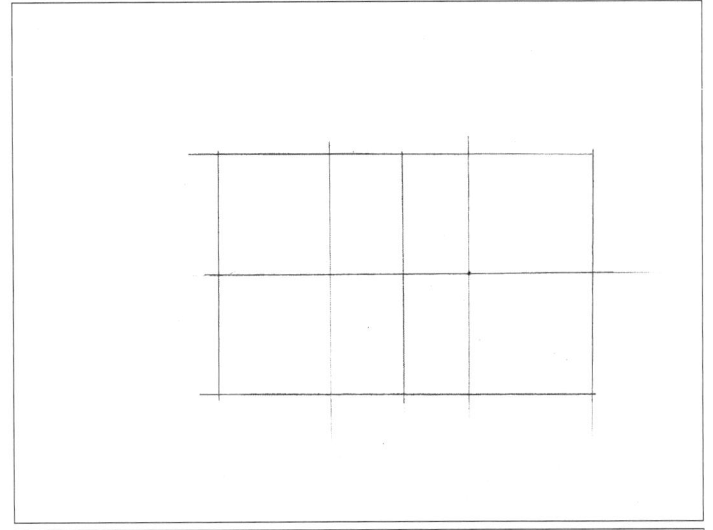

根据判断，在纸张适当位置处画出一个1：2关系的矩形（对面墙体），注意此矩形在画面中不可过大或者过小；

在对面墙三分之二位置处确定消失点。消失点位置的准确度决定着临摹空间的一致性；

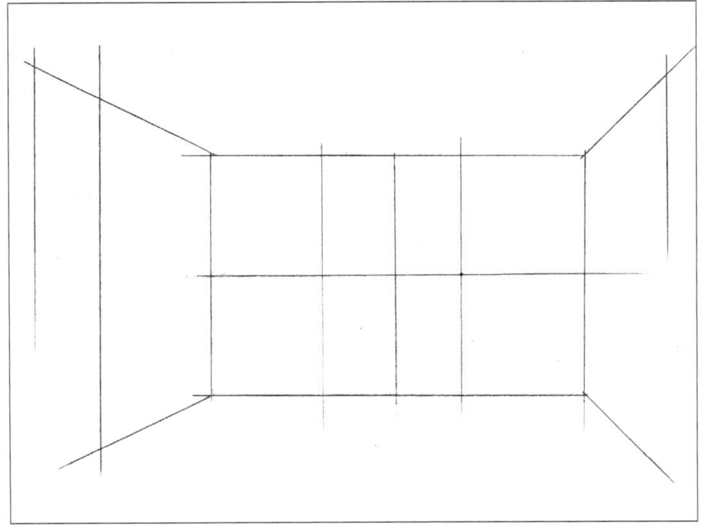

经过消失点，画出4个墙角的透视线；

根据对左右墙与对面墙比例大小的判断，确定左右两墙的位置及大小（相当于房间进深的参考线）；

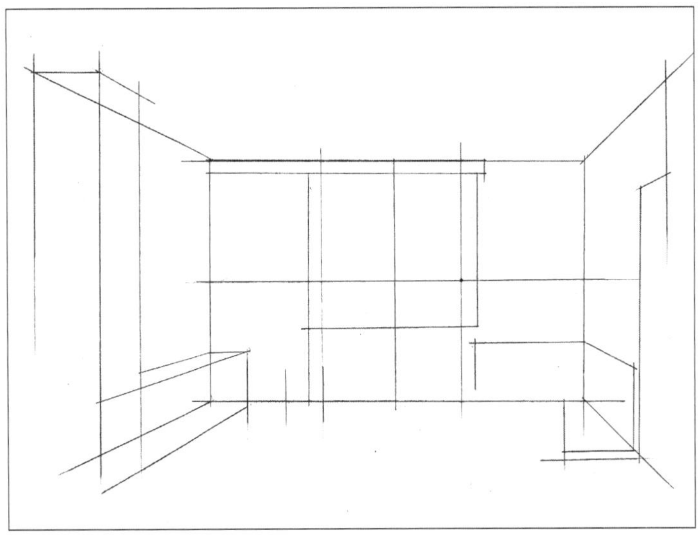

按比例画出主要家具的大小和透视关系，注意各物品之间的相互关系；

画出门、窗、窗帘等的位置和透视；

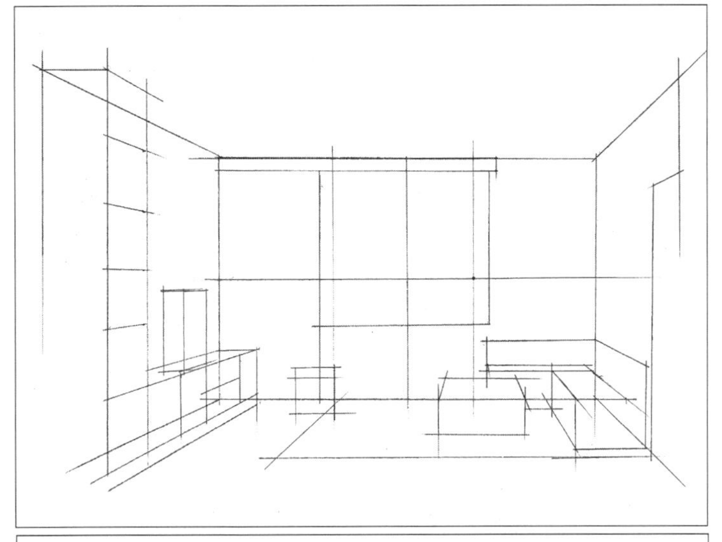

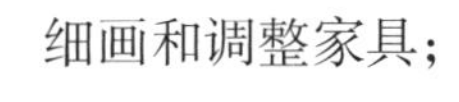

细画和调整家具；

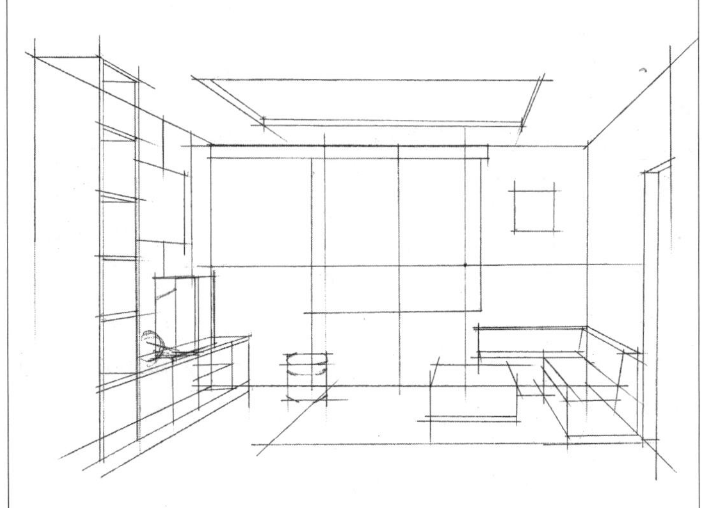

进一步完成空间界面和家具的结构细节；

用针管笔或钢笔勾线，注意结构线和纹理线的粗细变化。

临摹作品完成。

临摹示范之二：

下图是某高校教材内的一幅练习图，该图画面不完整，为临摹增加了很大难度。

临摹此图除了空间控制的难度增加外，还考察学习者对透视面分割和延续的不同方法的灵活运用情况。关于透视面的分割和延续，在《室内设计实用手绘教程》一书中已经做过系统和全面的介绍，本书不再重复叙述。

根据判断，在纸张适当位置处画出一个1：4关系的矩形（对面墙体），注意此矩形在画面中的大小；左右须留出适当的位置便于侧面墙体的确立；

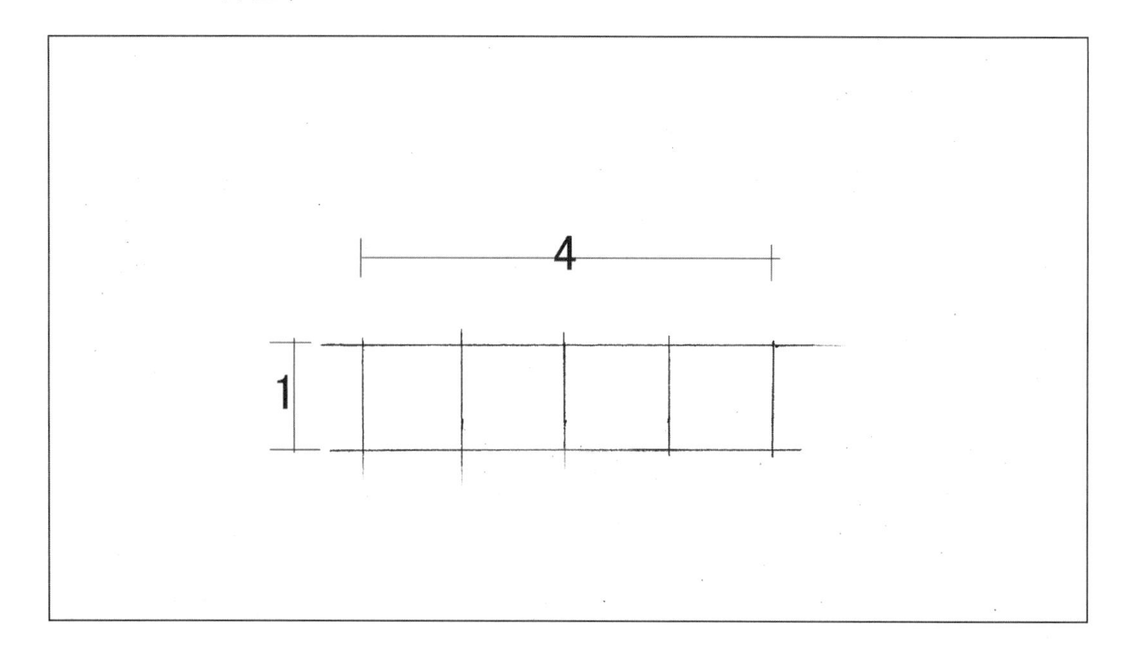

根据判断，在矩形（对面墙体）左右两侧，标示出侧面墙体的大小和比例；

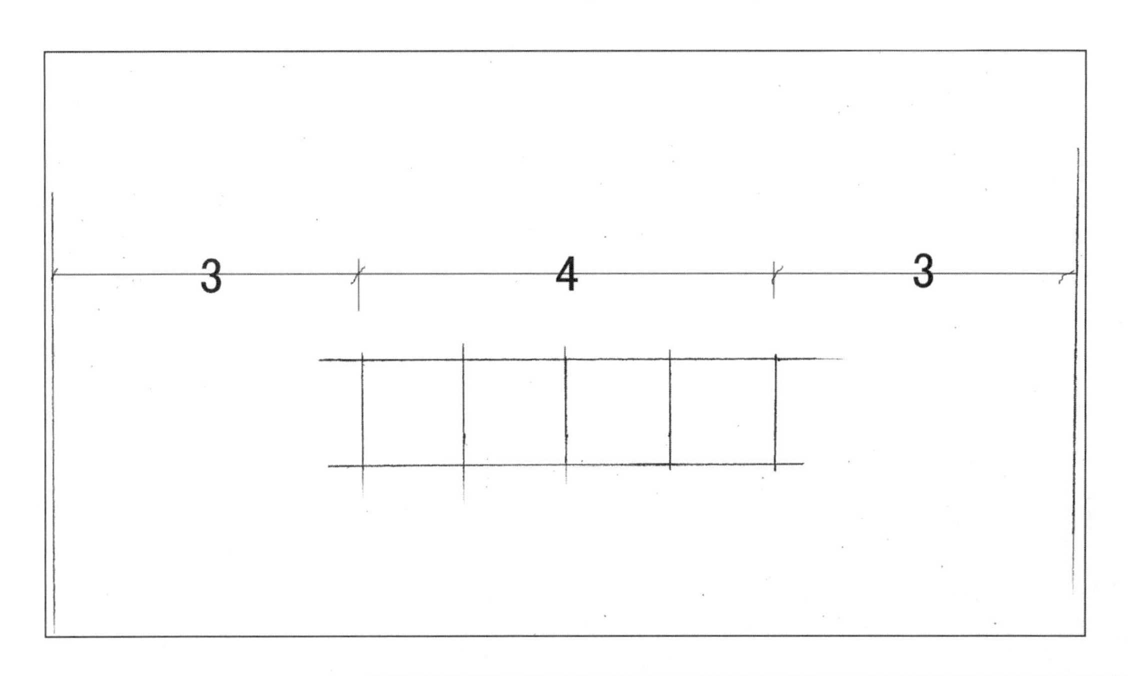

根据判断，在矩形（对面墙体）三分之一位置处确定消失点（灭点），画出4个墙角的透视线；

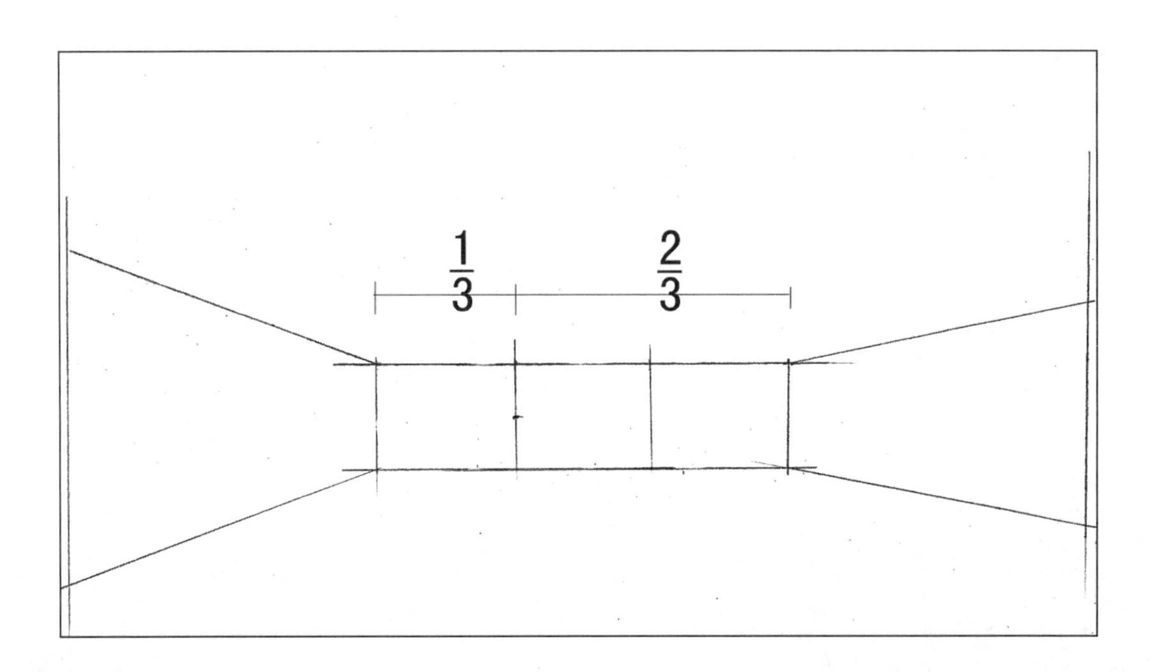

根据原图，确定顶棚和地面的界线；
画出左右墙面的横向（进深方向）分格线；

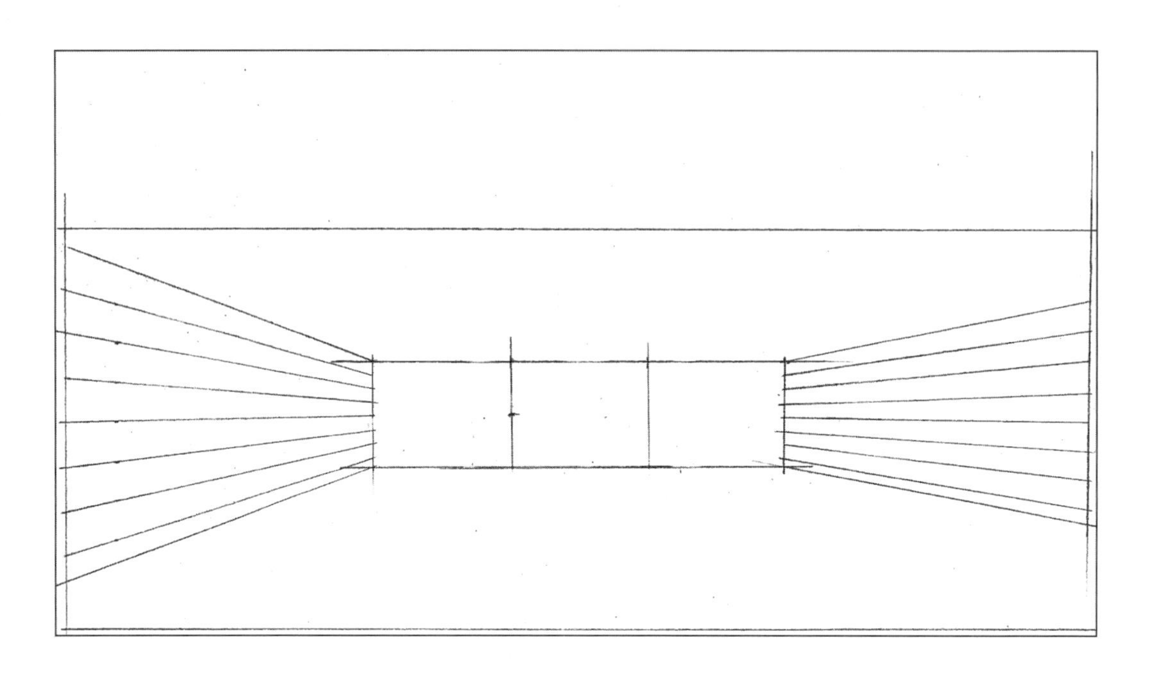

按照透视面分割的方法画出左右两墙面的竖向分格线；

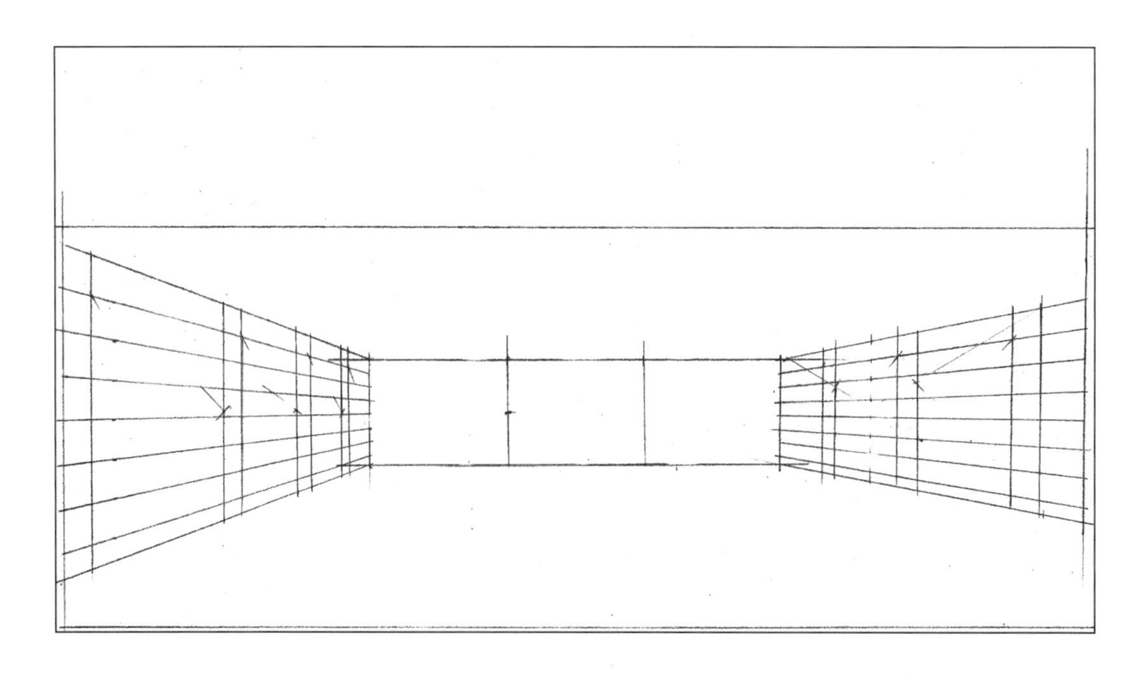

根据原图分割出顶棚的纵向（四窄三宽，窄条宽度是宽条的四分之一）造型界线；

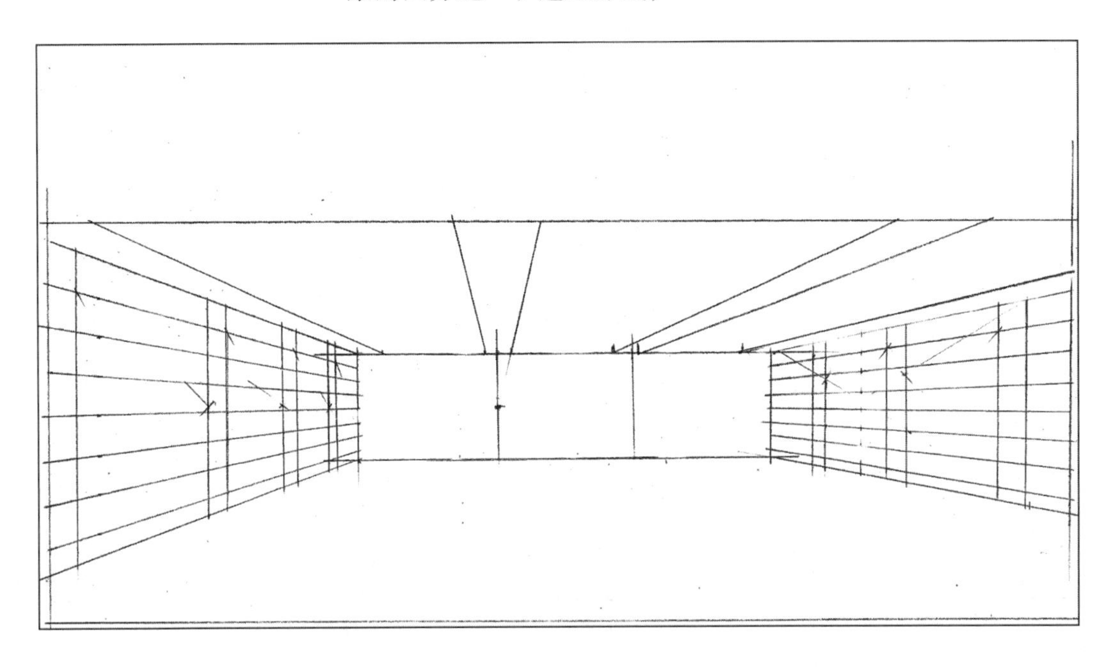

按照透视面分割的方法，在顶棚的横向上分割出（三宽三窄）宽窄相间的造型界线；

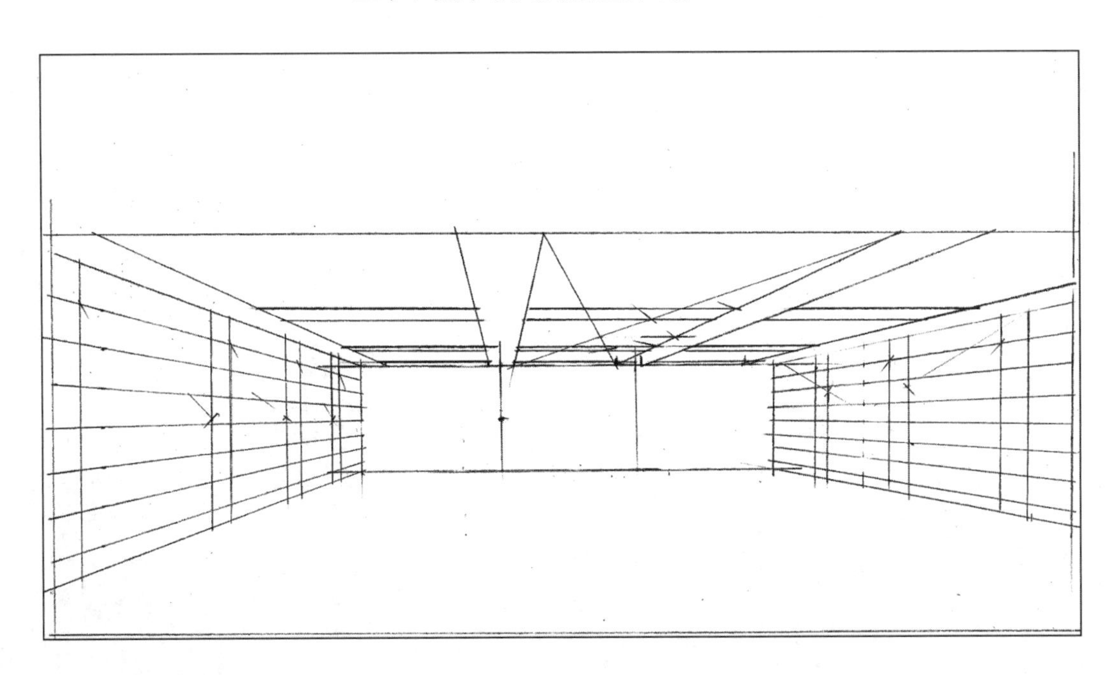

根据原图，按比例确定地面的分格节点；

经消失点与各节点连线，画出地面装饰拼花的透视方向界线；

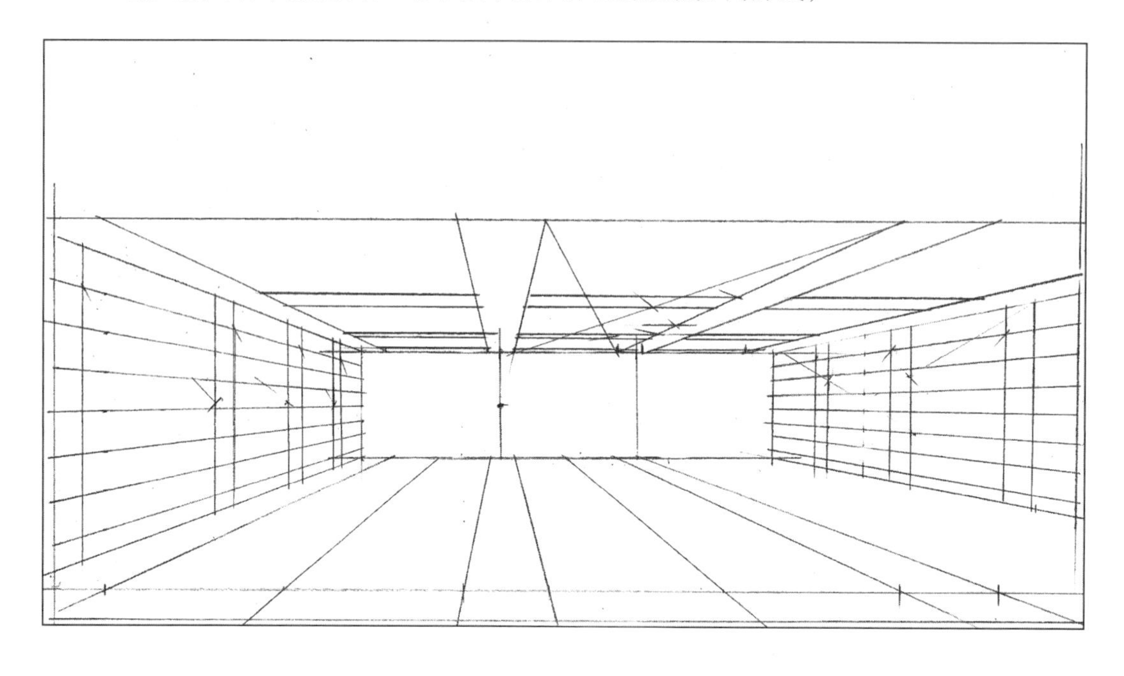

按照透视面延续的方法，从近到远画出地面的装饰界格；

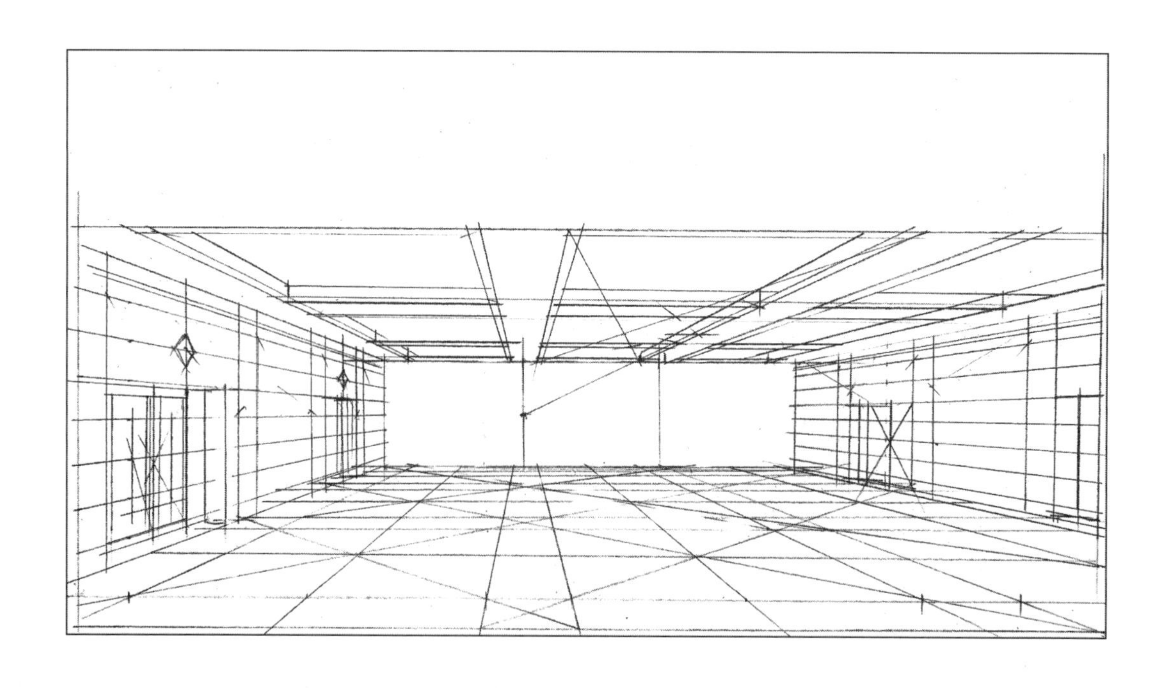

按着各自的比例关系，画出各个界面的细节：门的造型、天花的凸凹变化、墙面上方的装饰、对面舞台（可忽略成平面）上的造型等。

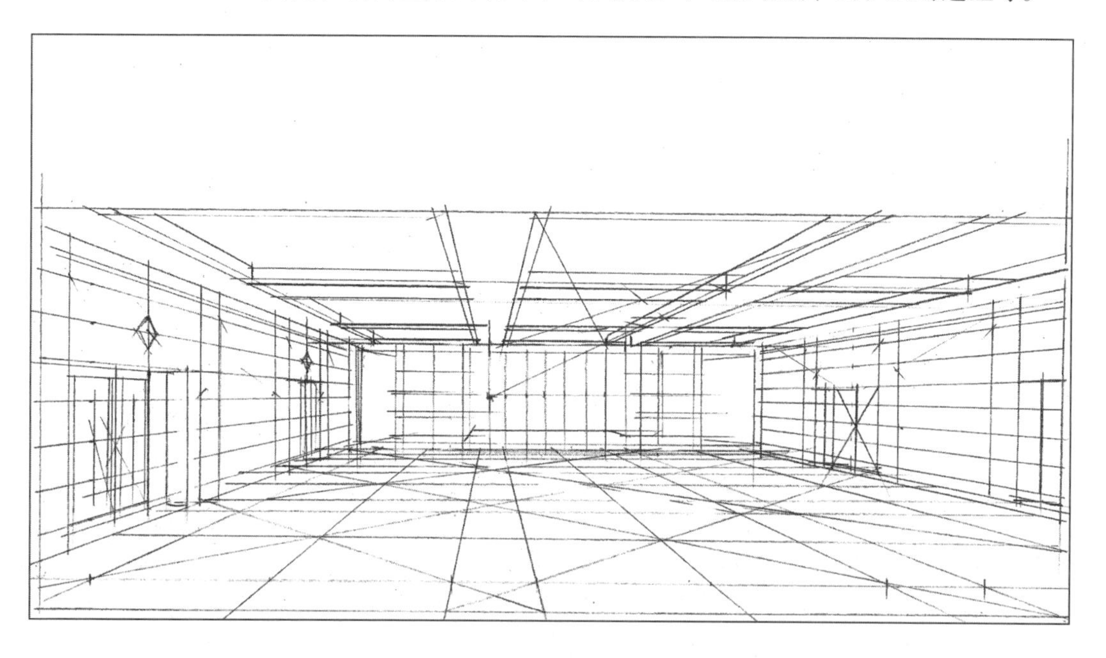

用针管笔或钢笔勾线，除去铅笔辅助线，完成临摹作品。

借助直尺画透视图

某三星酒店夹层空间如原始平面图，左右两侧都是走廊，有一个很小的窗，房间较低，仅为2400，且有两个300高的结构横梁。甲方希望把此空间设计成供贵宾、朋友暂时休息的房间。

与甲方沟通后同意采用修改后的方案（见平面布置图）。

现根据此平面图借用直尺画透视效果图。

借用工具的目的是要把空间画得细致准确，这就是最为原始的室内设计手绘，也称为“传统设计手绘”。

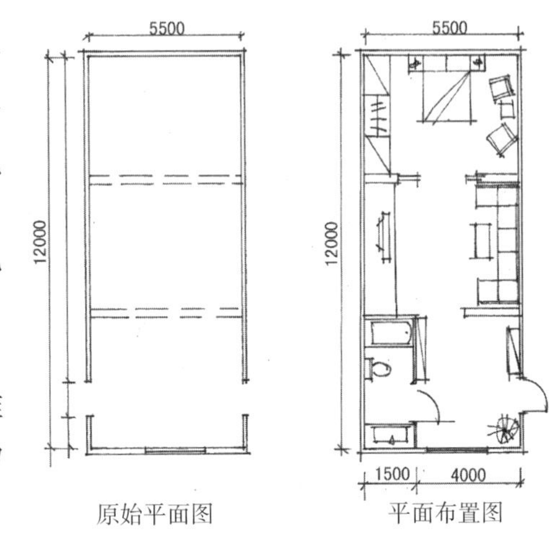

原始平面图　平面布置图

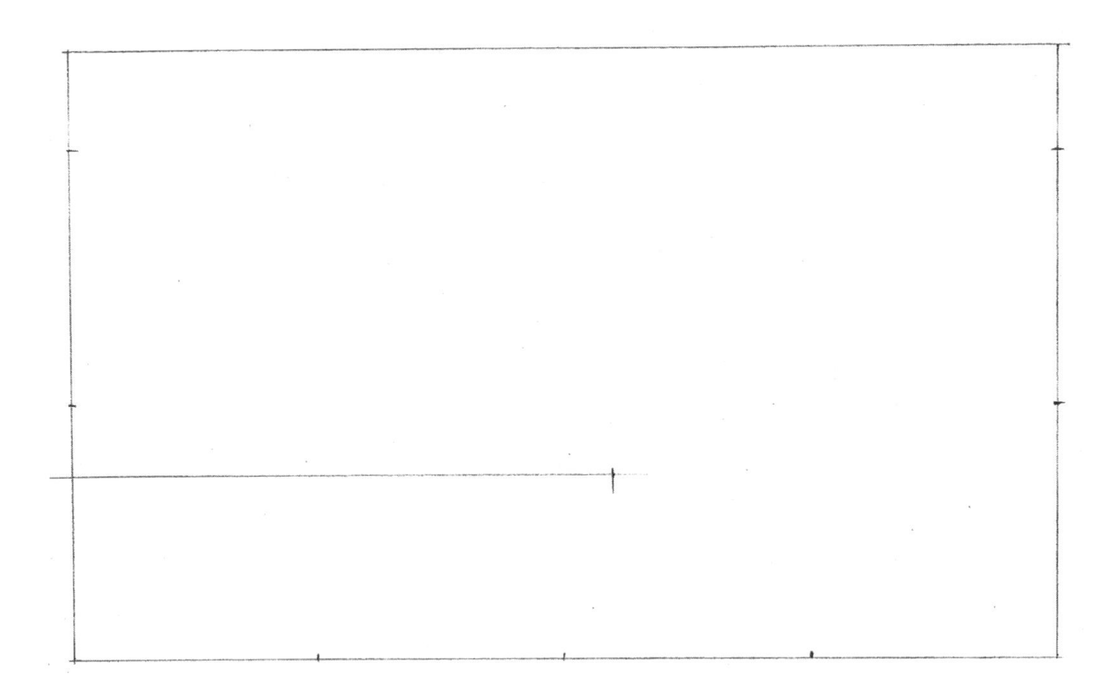

根据空间和平面图选择最佳的视点方向，本图定位在窗口方向上（平面图下方）。

因空间进深较大，为完美体现出空间效果，画图时有意把入口处的缓冲区域舍去一些。

按照设计想法，画出代表4000宽、2400高的矩形，又因空间较低，设计时有意把视平线降低很多（本图视高约为750），然后确定消失点；

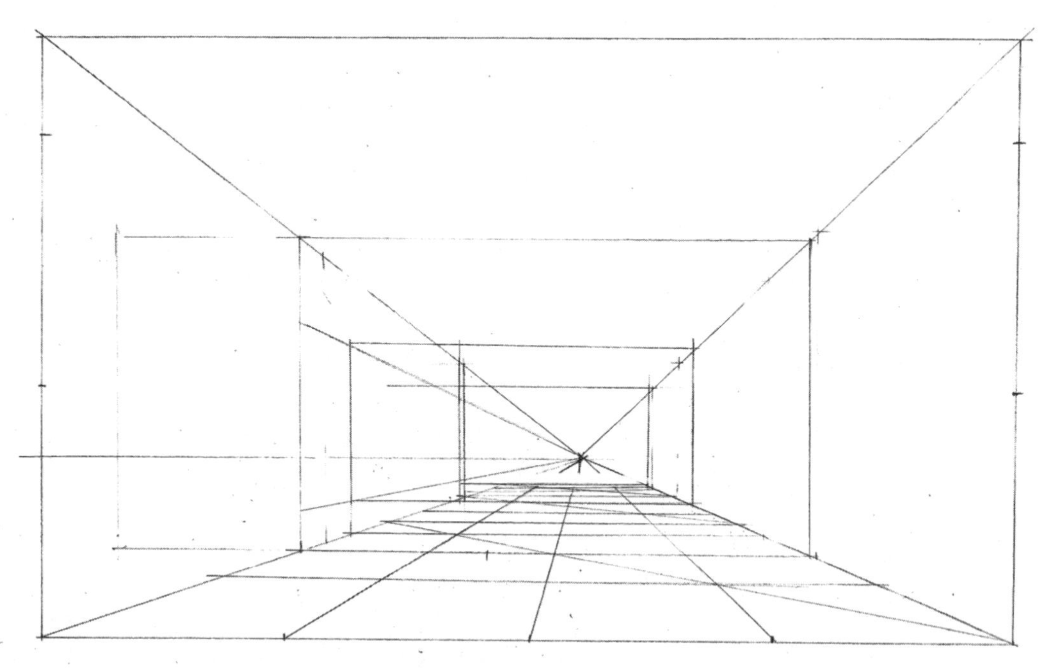

按照“裴爱群作图法则”确定测点，截取房间的进深节点，画出空间及地面的透视线，形成地格。

按照设计需要，根据空间横梁的位置确定三个参考进深，并把左侧卫生间遮挡的空间确定出来，使空间的远处部分宽度达到5500；

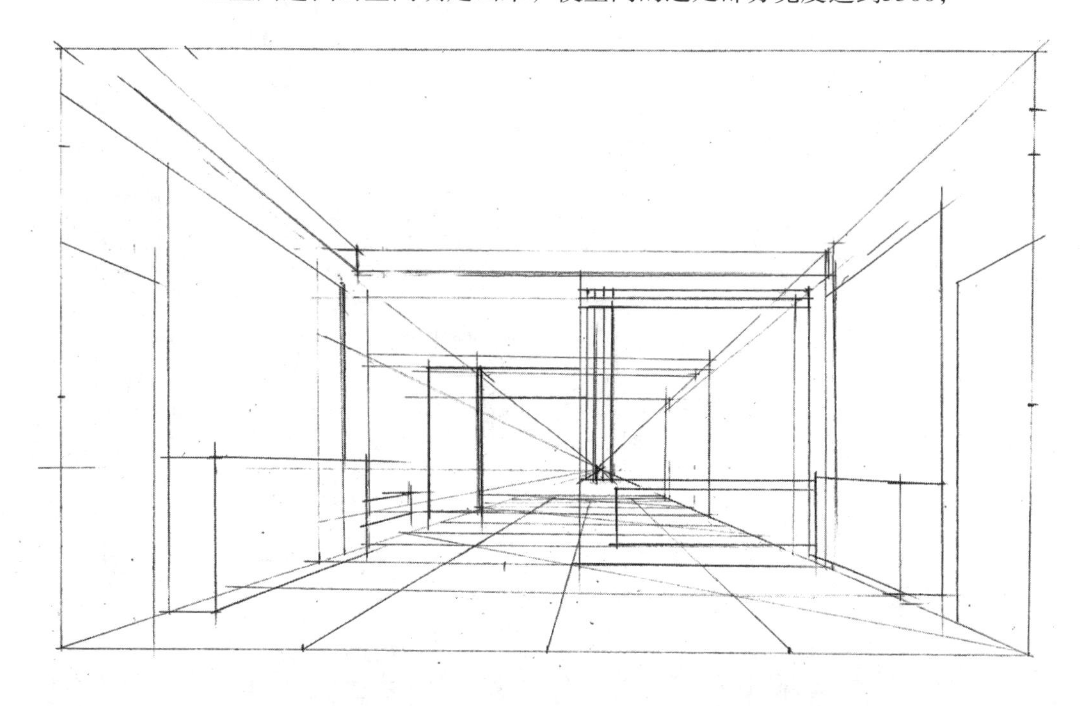

确定各个家具和装饰物体的大小、位置及透视关系；

进一步细化空间物体和装饰物品的结构。

用针管笔或细钢笔勾出线条，注意结构线和纹理线的不同，适当添加部分光影效果，以增加空间的层次感，此空间透视图完成。

借助直尺画出的空间透视图：

客厅效果图
2008.10.10

线描法画透视图

线描法画透视图，是传统设计手绘向实用手绘转化的一个过渡过程。

线描画法，就是丢开直尺，用铅笔画出大的结构线后，再用针管笔或钢笔勾线完成透视图。

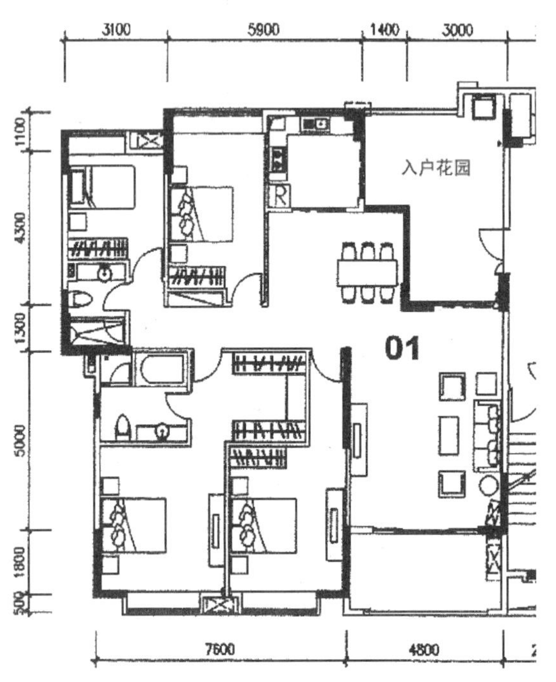

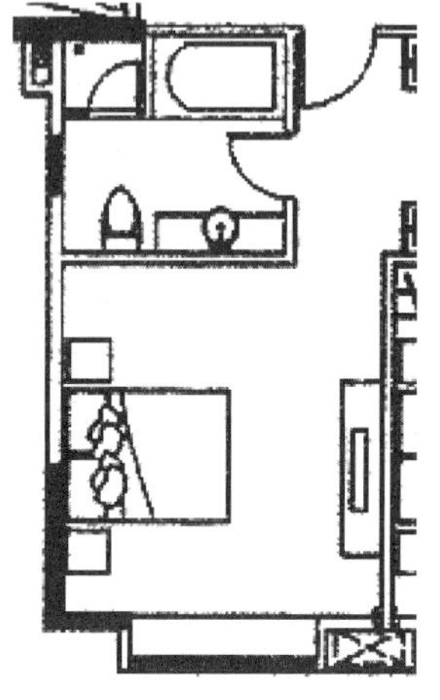

以某楼盘平面图中左下角的卧室为例。一般而言，开发商提供给客户的平面图都缺少细部尺寸，设计师要估算出房间尺寸：房间内部为4000×4000，入口处为1200×2800，房间高度2700；

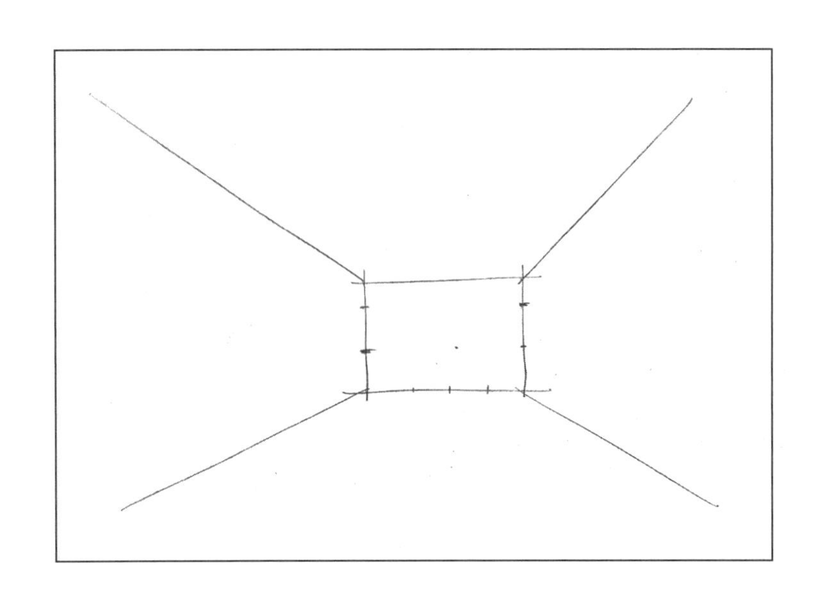

根据纸张的大小，用较长的线条画出对面墙体的矩形，并标示出各个尺寸节点；

确定消失点的位置；

经消失点，画出4条墙角线；

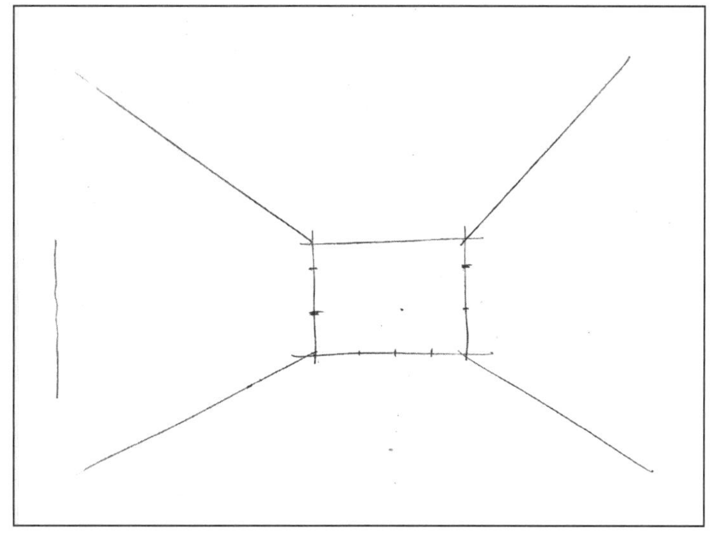

按照“裴爱群作图法则”确定测点的方向，并在此方向上按对面墙的比例确定出进深（6800）的参考线；此线非常重要，决定着所画空间与真实空间大小的视觉一致性。

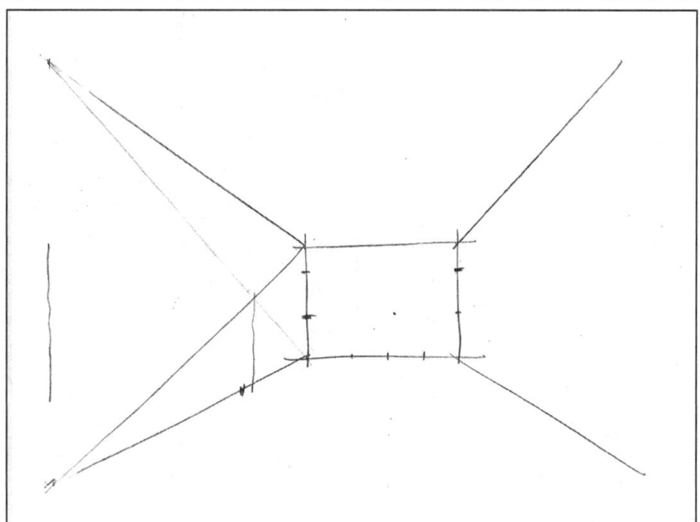

在左侧的透视墙面上利用对角线分割透视面的方法确定进深的中点（3400）；

估算出4000的位置并标示出节点，作为对面转角墙体的参考依据；

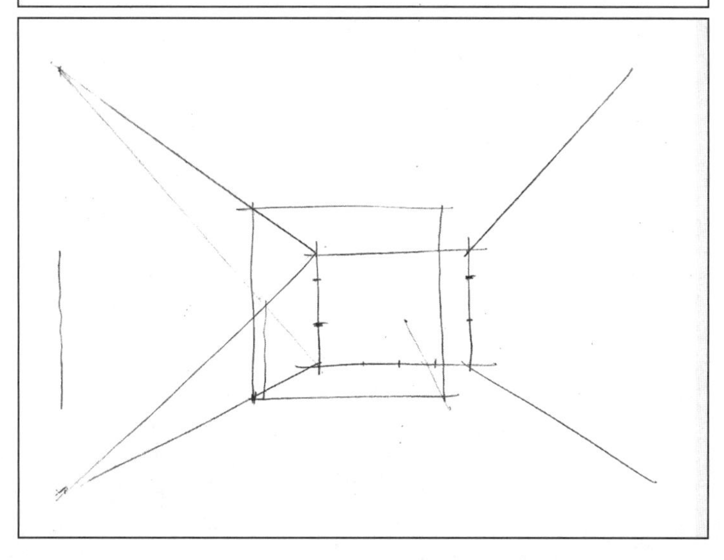

按确定的进深为4000节点，画出空间对面的转角墙体，完成空间的定位；

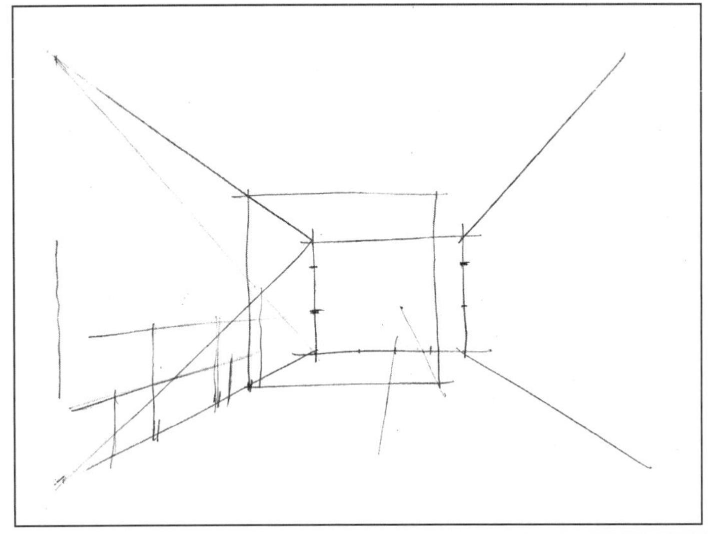

画出床头、床体、床头柜的位置和在左侧墙面上的投影；

按照透视关系，经原有的节点确定出床尾的位置（2000）；

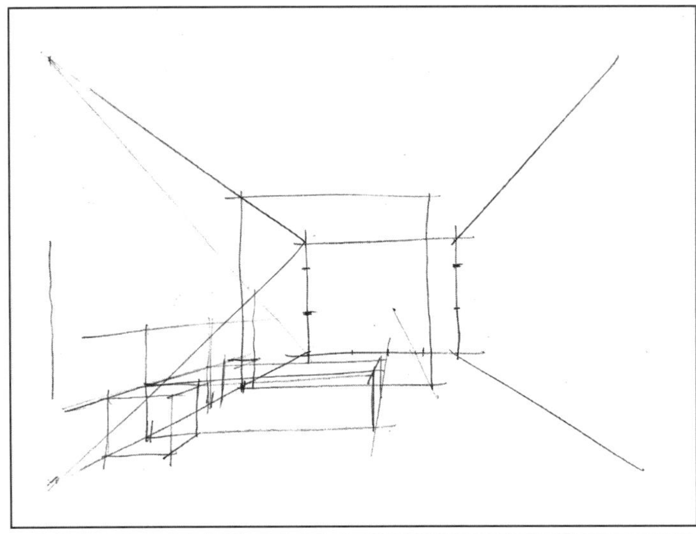

画出床和柜的透视结构；

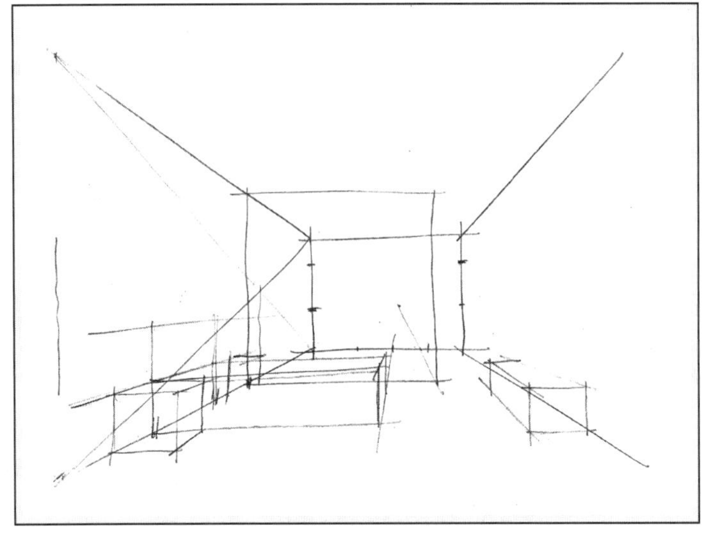

参照床的位置，确定并画出电视柜的透视结构；

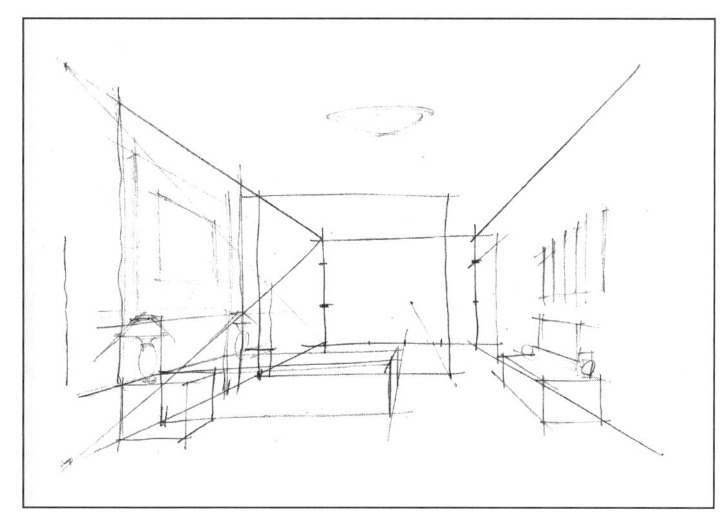

画出床头背景、台灯、电视及装饰画等的位置和大小；

画出顶棚灯具。

用钢笔勾线，并调整画面，处理各部分明暗关系，擦去铅笔线。完成透视图。

线描法画透视图需要注意的几个问题：

1. 铅笔最好选用HB型号，软硬适度且不会过重；画线尽可能轻些，以自己可以看清楚为准，便于最后清除；

2. 线描画法的铅笔线要一气呵成，笔笔到位，千万不能使用素描的重复用线方法来取直或修整物体结构。

3. 地面的处理，用线要轻重适宜，合理搭配，注重排线的角度变化，不要过于刻画地板或地砖的拼缝。

2008.
贵宾厅概念

書房概念圖
2007.04.03
餐厅方案
2009.01.

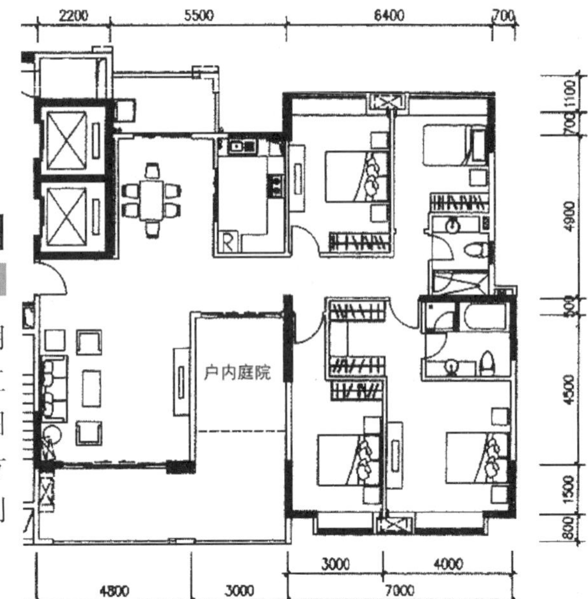

徒手画透视图

徒手画透视图，是室内设计实用手绘的最终目标；是抛开一切辅助工具，用钢笔或针管笔直接完成透视图的一种方法；也是设计师与业主在方案的沟通中所必备的能力。其原则是：**精炼、简捷、快速、生动**。

现以右图客厅为例示范：

按照平面图，仔细审核空间尺寸，并判定最佳的视觉角度；为区分主次关系，本示范以平面图下方为视点方向，以入口处位置的正面尺寸为参照点，用钢笔或针管笔点出尺寸节点并确定消失点位置（为使大家看得明白，上图中的点被圈出）。

按照透视关系，用“点”点出墙角的透视线，运用“裴爱群作图法则”确定房间的进深；

分割出左墙部分家具的位置并标示出节点；

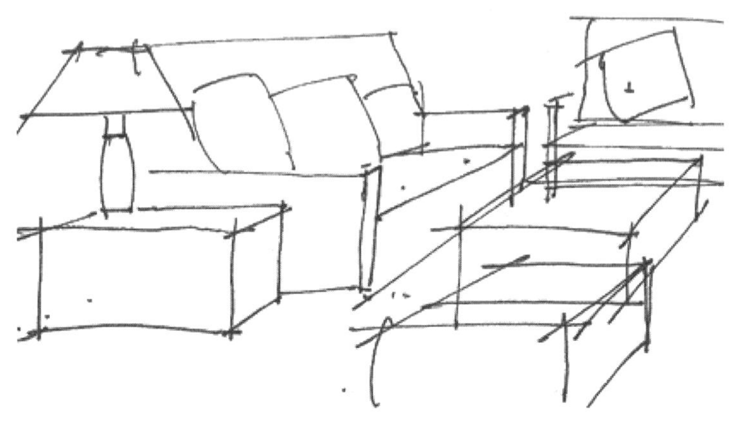

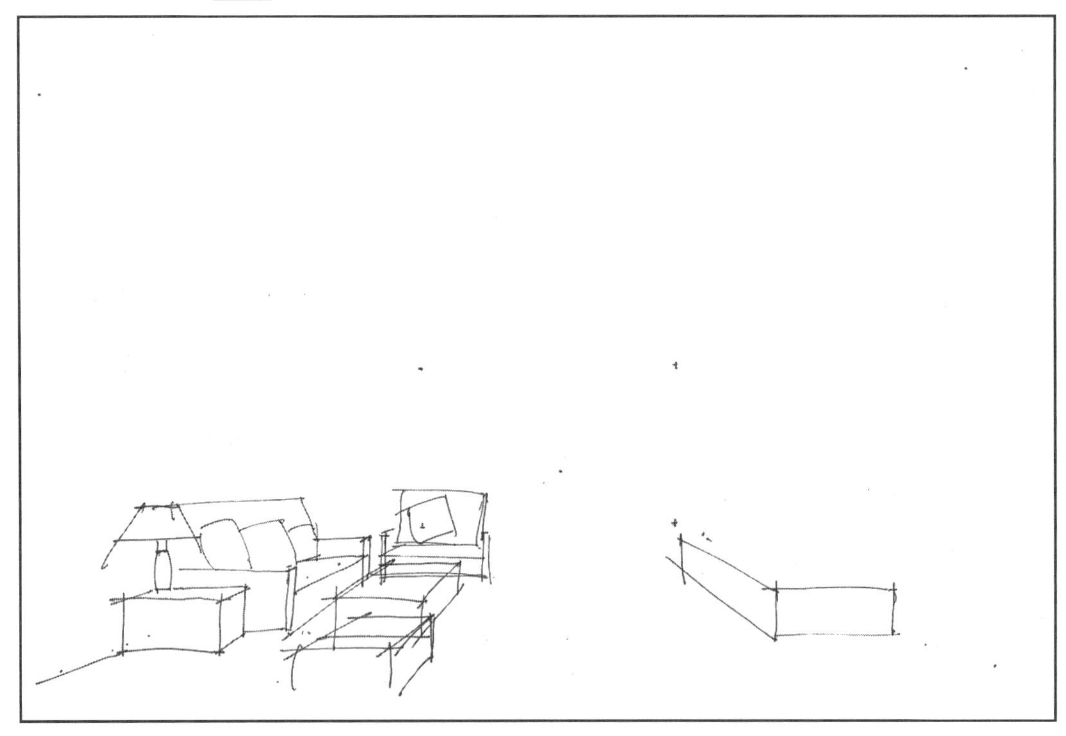

依次由近而远概括性地画出台灯、角柜、沙发、茶几、远处沙发，最近处沙发要省略背靠，仅表现象征性结构即可；

根据沙发位置，画出右侧的电视柜（不画上部，以免柜上物体会透出柜的结构线）；

画出电视柜上的装饰物，完成柜体透视关系；按照原有的节点大致画出远处的墙体位置和透视关系；

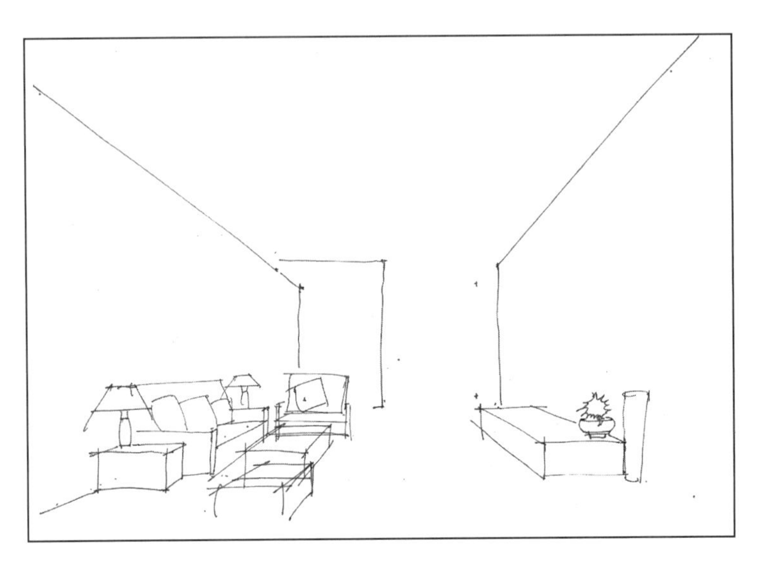

画出电视机背景墙的造型和沙发背景；
画出远处墙体结构；
画出入口处的门；

细化近处墙面及家具，在用线上注意轻重的变化；

进一步画出玄关、餐椅、远处的窗帘；画出远处的门和入口处门的细节；

画出玄关细节；

适当画出地毯等配套装饰物；

画出顶棚造型，并画出灯具；
注意灯具的大小和位置与空间装饰的和谐。

画面调整。

适当添加材质纹理线和地面光影，丰富画面的视觉效果，完成透视图的徒手表现。

教学示范参考：

楼梯是室内空间里较为常见的建筑结构，室内设计师要抓住其规律性进行科学合理的表现。

楼梯的表现

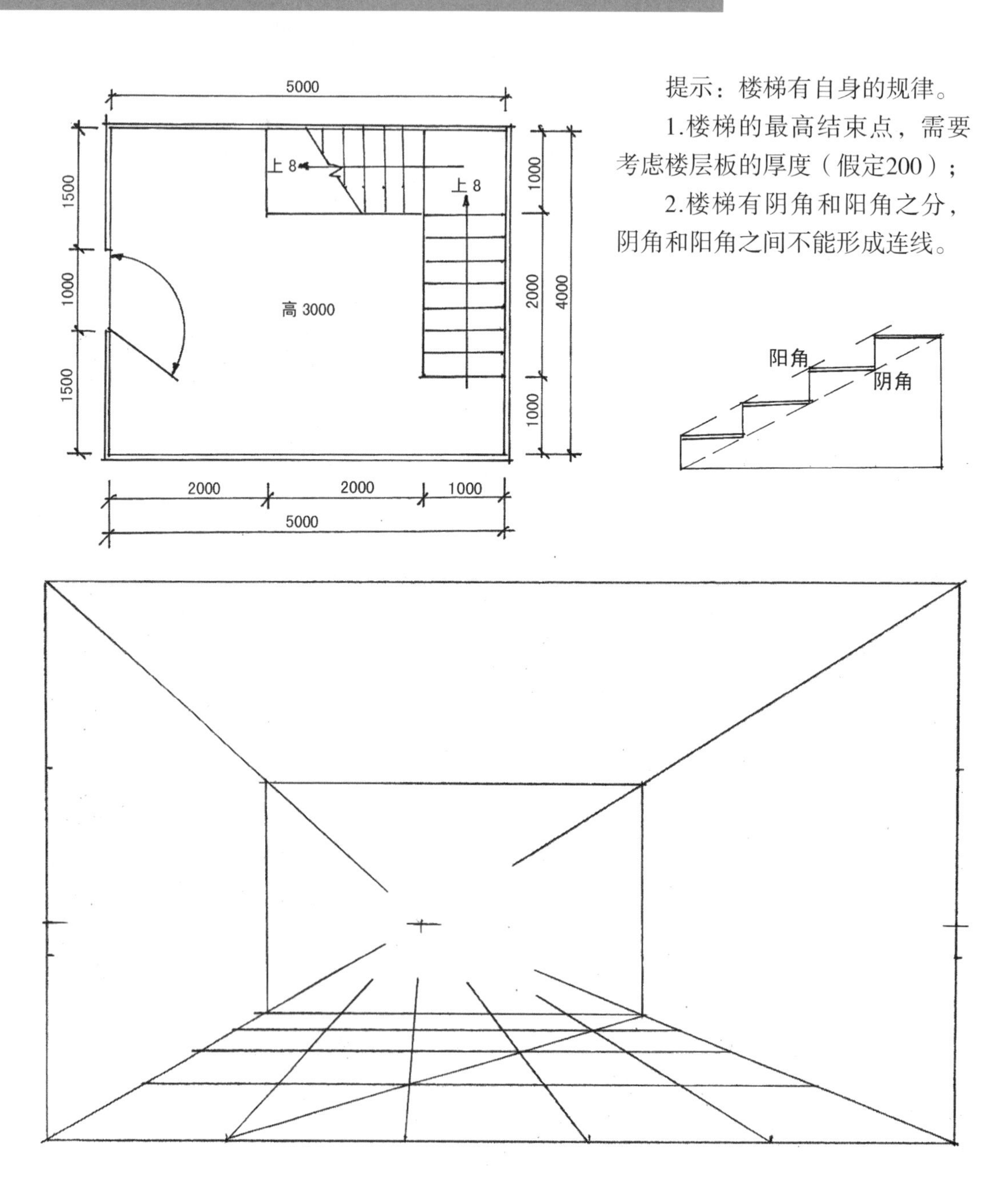

提示：楼梯有自身的规律。

1.楼梯的最高结束点，需要考虑楼层板的厚度（假定200）；

2.楼梯有阴角和阳角之分，阴角和阳角之间不能形成连线。

按平面图尺寸大小，根据“裴爱群作图法则”画出空间，并分割出地格。

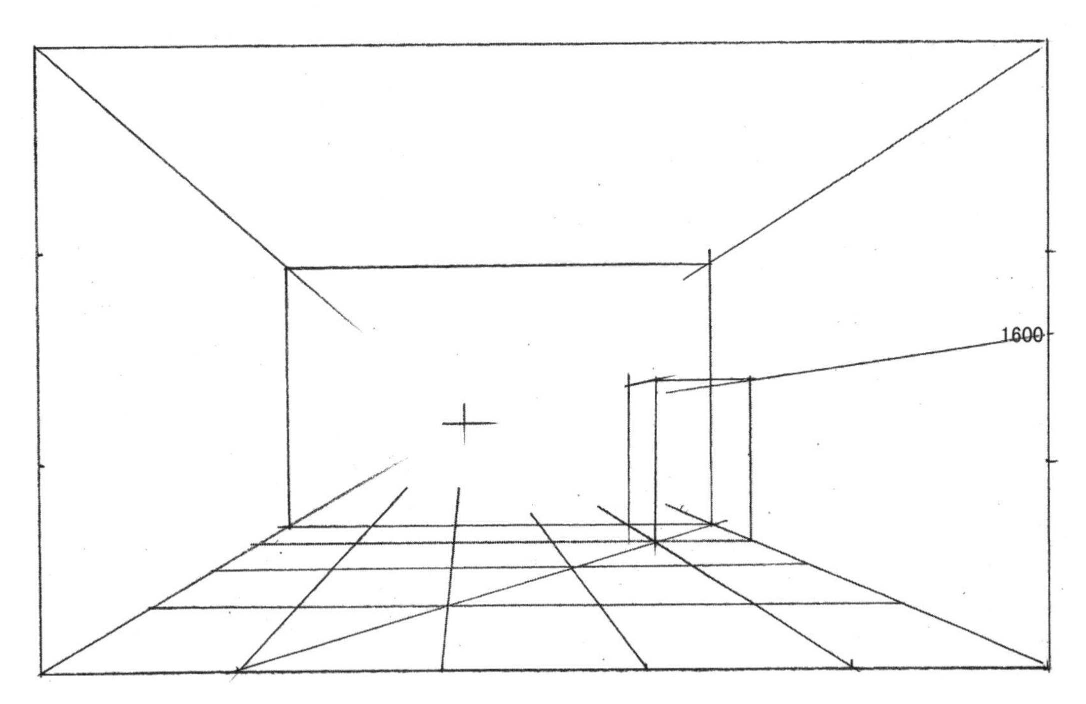

画出楼梯转角平台的位置和透视，高度为1600（3000+200所得结果的一半）。

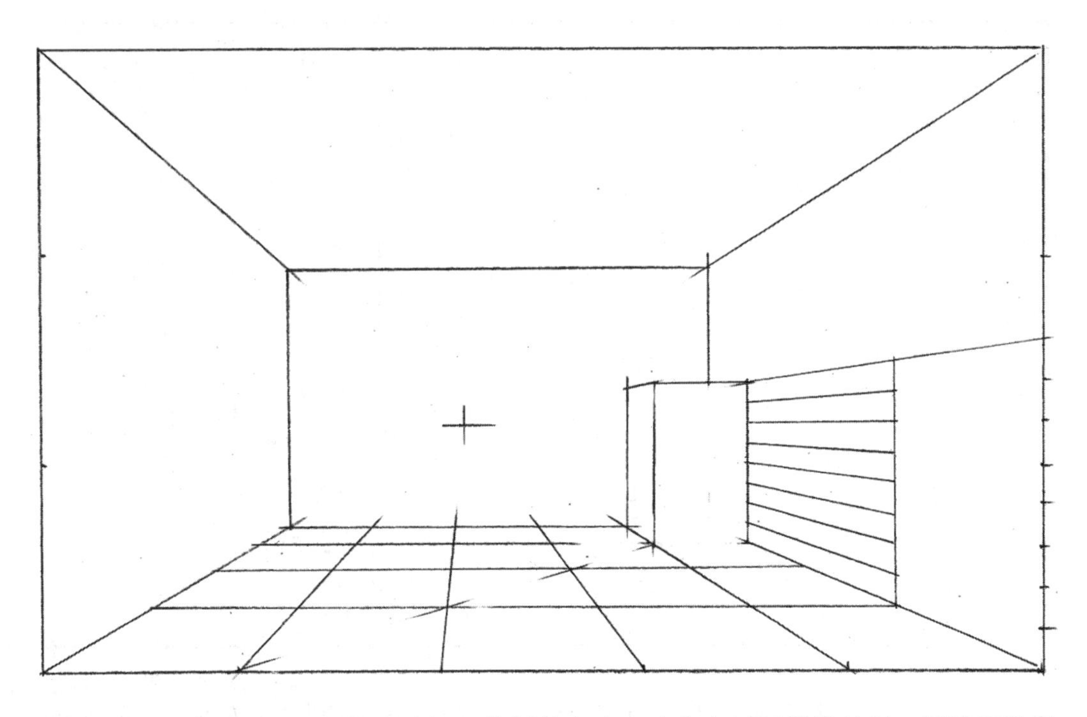

按照透视面分割的方法，确定出正面楼梯的每一级踏步的高度和透视。

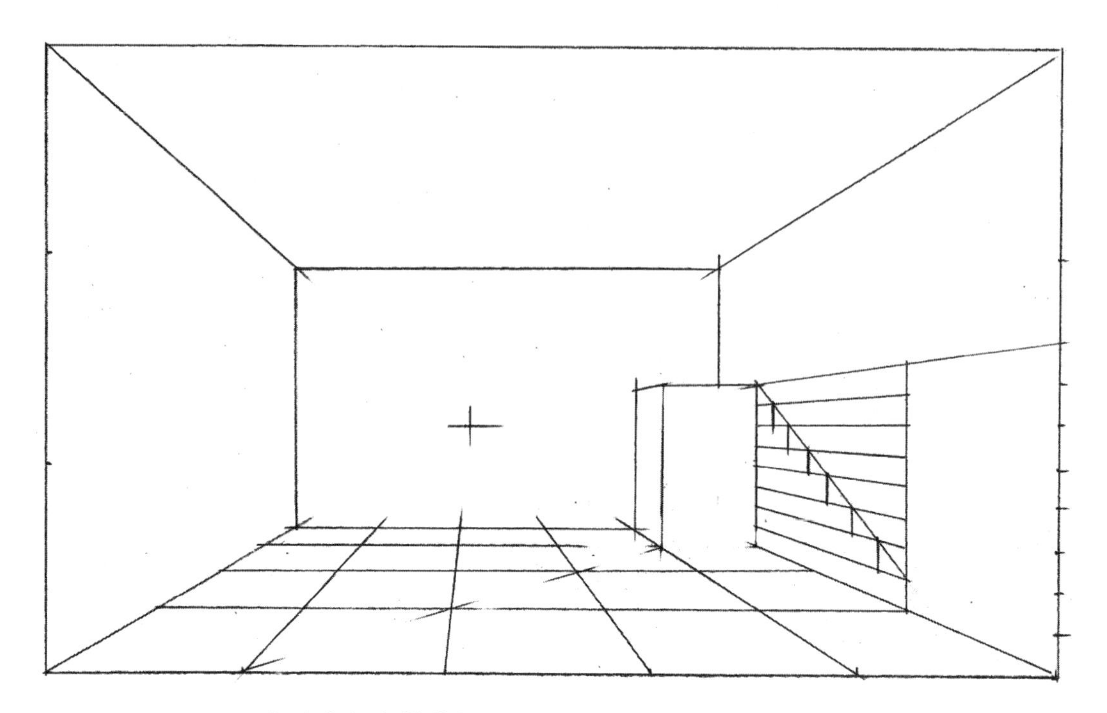

在垂直方向等分的透视面上，经过第一级踏步的高度处画对角线，分割出每级踏步的进深尺度和位置，在右侧墙面上形成楼梯的投影。

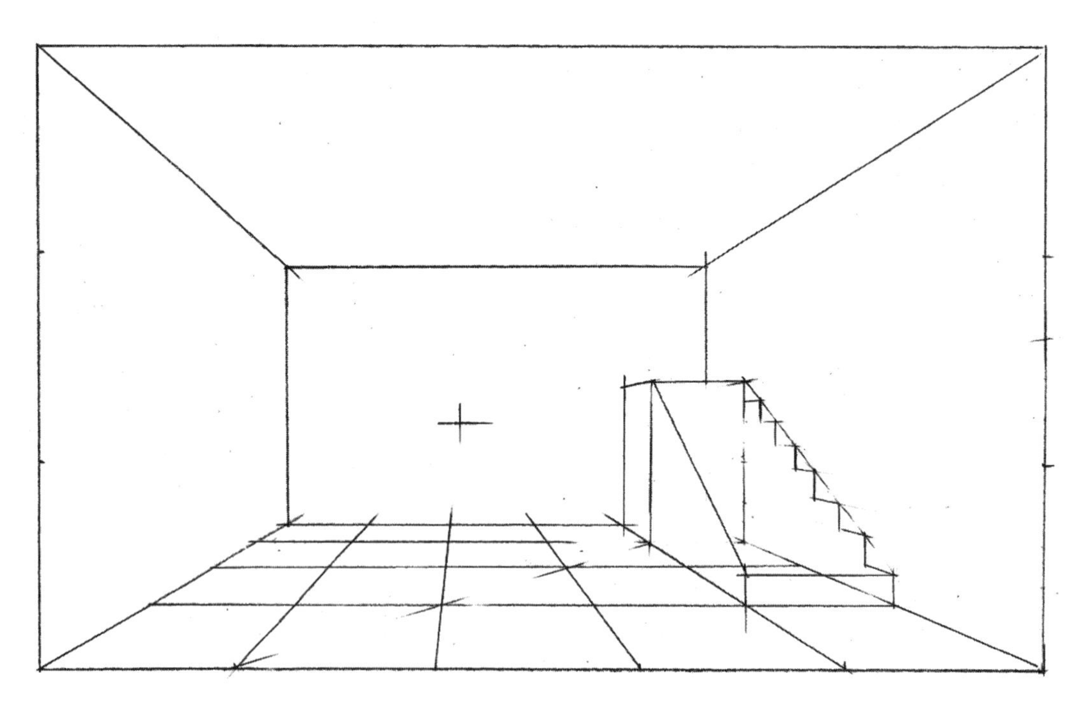

按照右侧墙面上的楼梯投影，画出第一级踏步的左侧，经过此点连接出楼梯左侧的阳角线（注：左右两个阳角线会相交于天际点）。

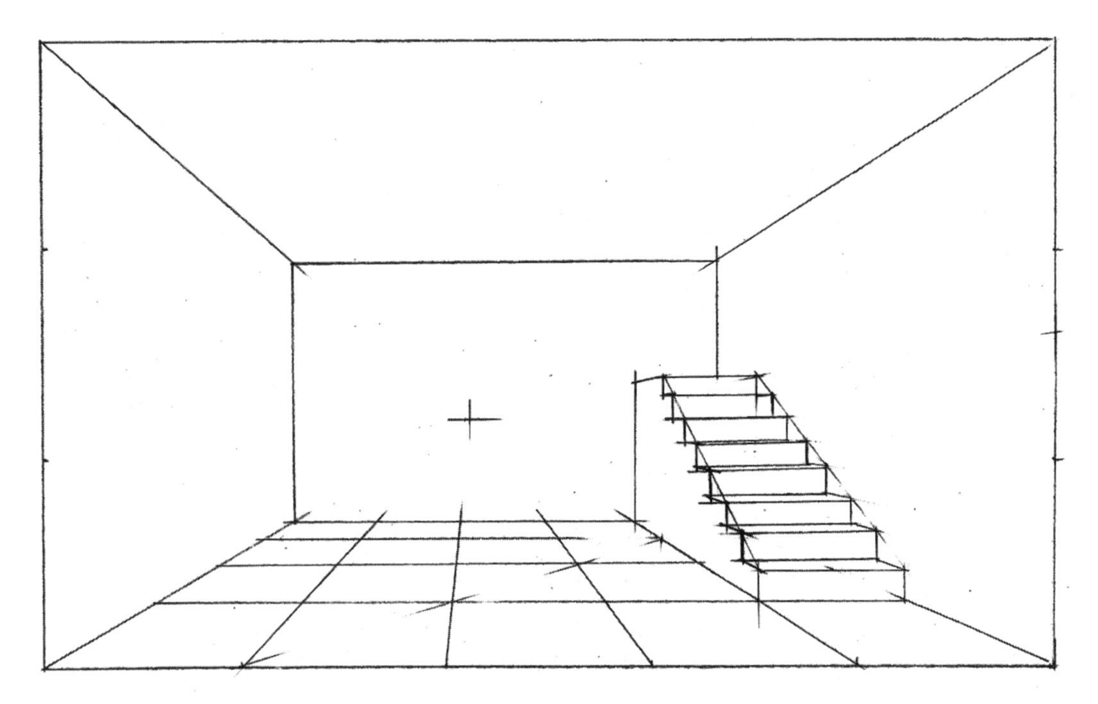

按照透视关系，画出正面的楼梯。

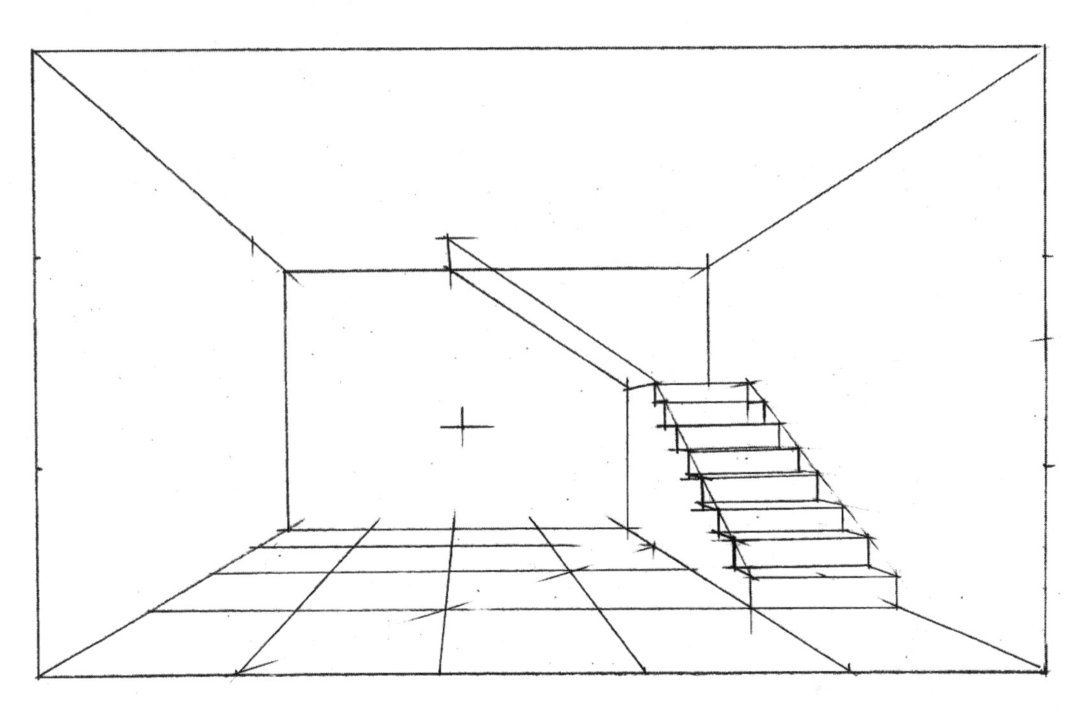

确定对面楼梯在空间的位置，连接出阴角线。

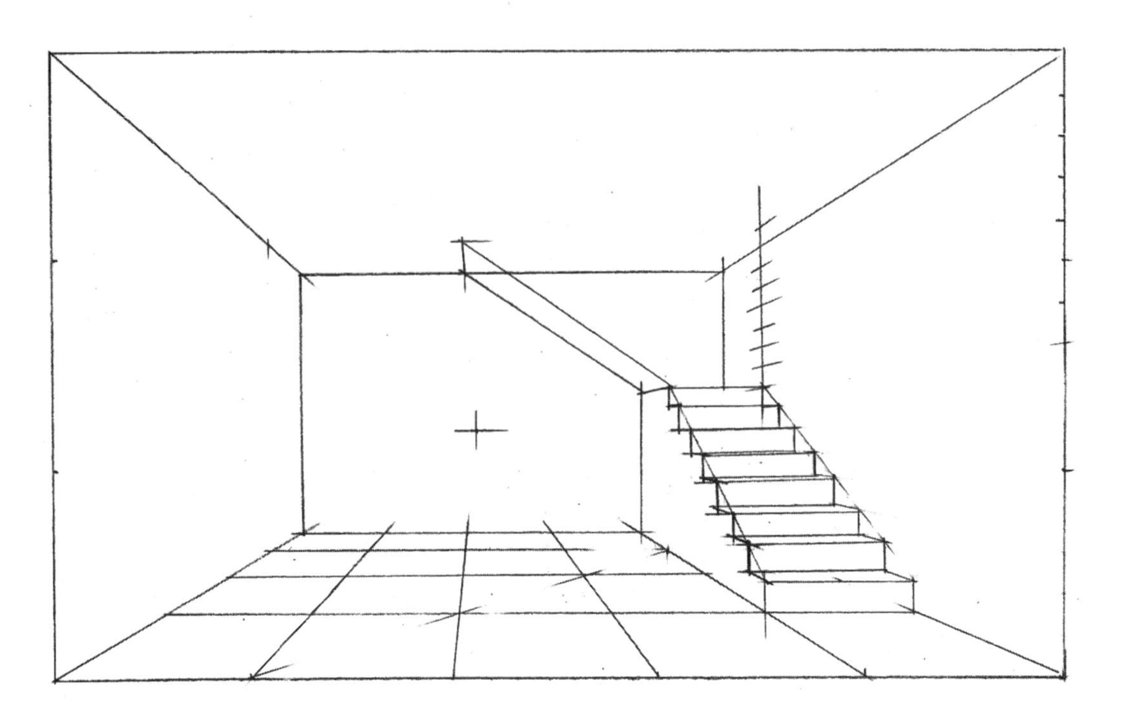

在右侧墙面的对应位置上画出对面楼梯的（距对面墙1000）垂直方向的辅助线，在此线上分割出正面楼梯的每级踏步的高度。

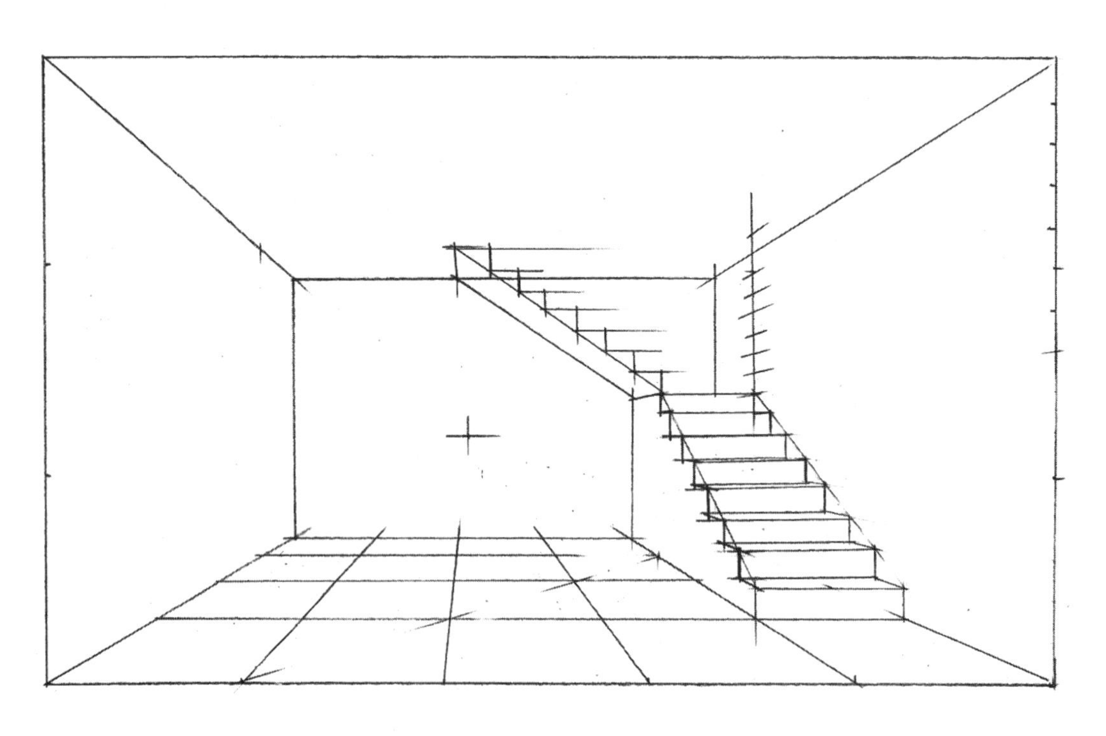

按分割出的高度，画出正面楼梯的每级踏步。

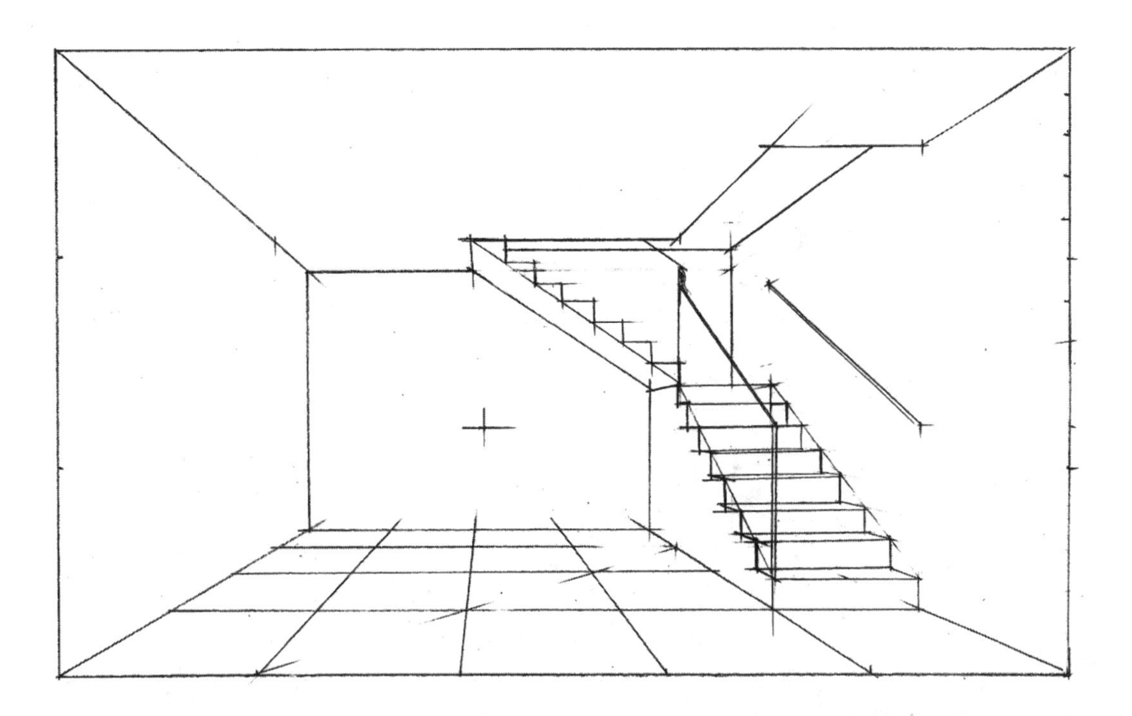

确定楼梯扶手的高度，画出扶手；画出顶棚透空的结构。

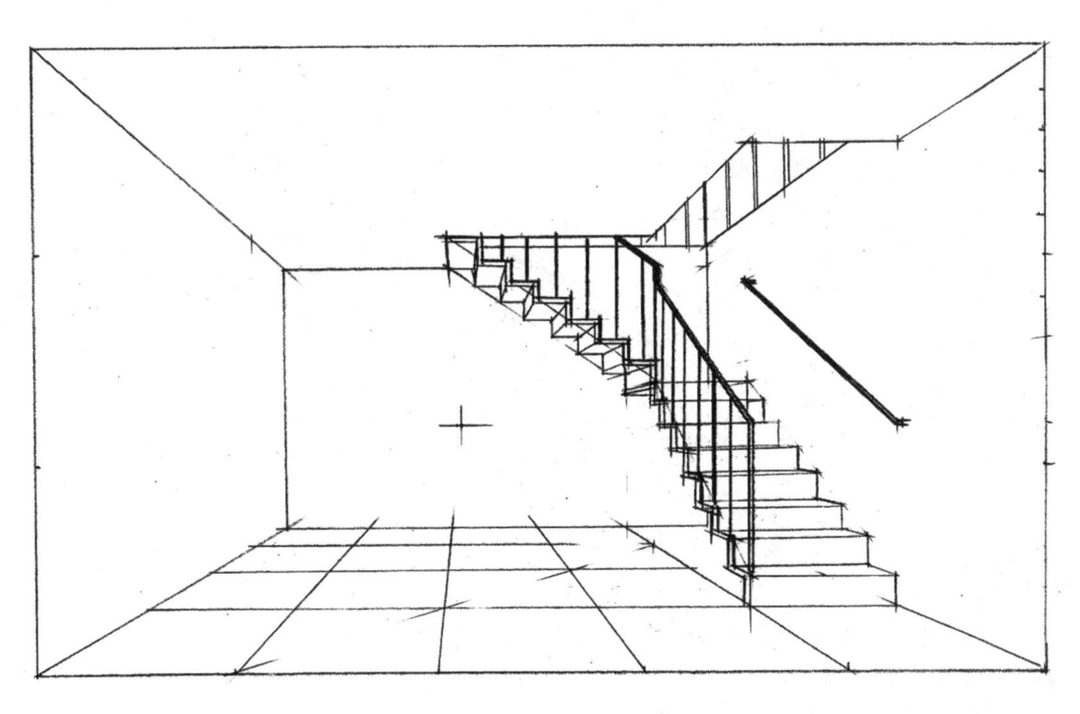

画出楼梯踏步的厚度和扶手栏杆，完成楼梯的透视。

完成后的楼梯透视图（局部）。

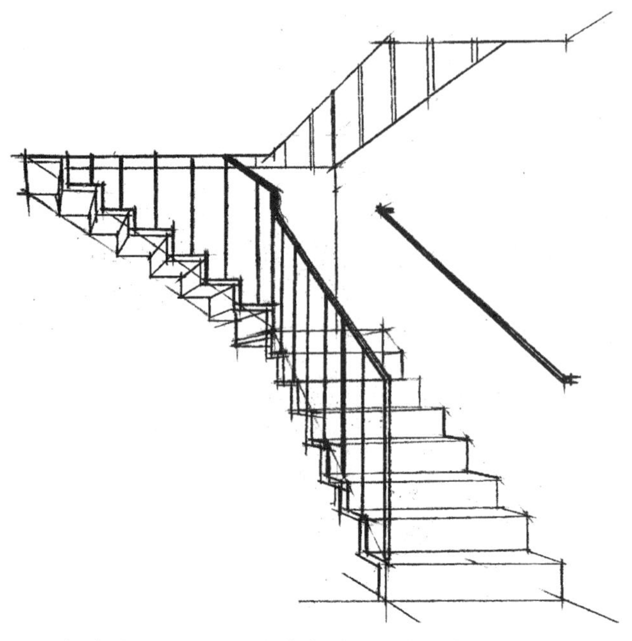

旋转楼梯的画法非常复杂，需要在空间的5个可见的墙面上分别作出众多的辅助线，非常耗时。即使是手绘大师，在画图的速度上也远远不是现代化工具和软件的对手。如果我们在实际工作中还去做那些无用的劳动，无疑是浪费生命，同时也失去了室内设计实用手绘的重要作用和意义。

旋转楼梯在实际工作中，只做概括性的表现就可以了。

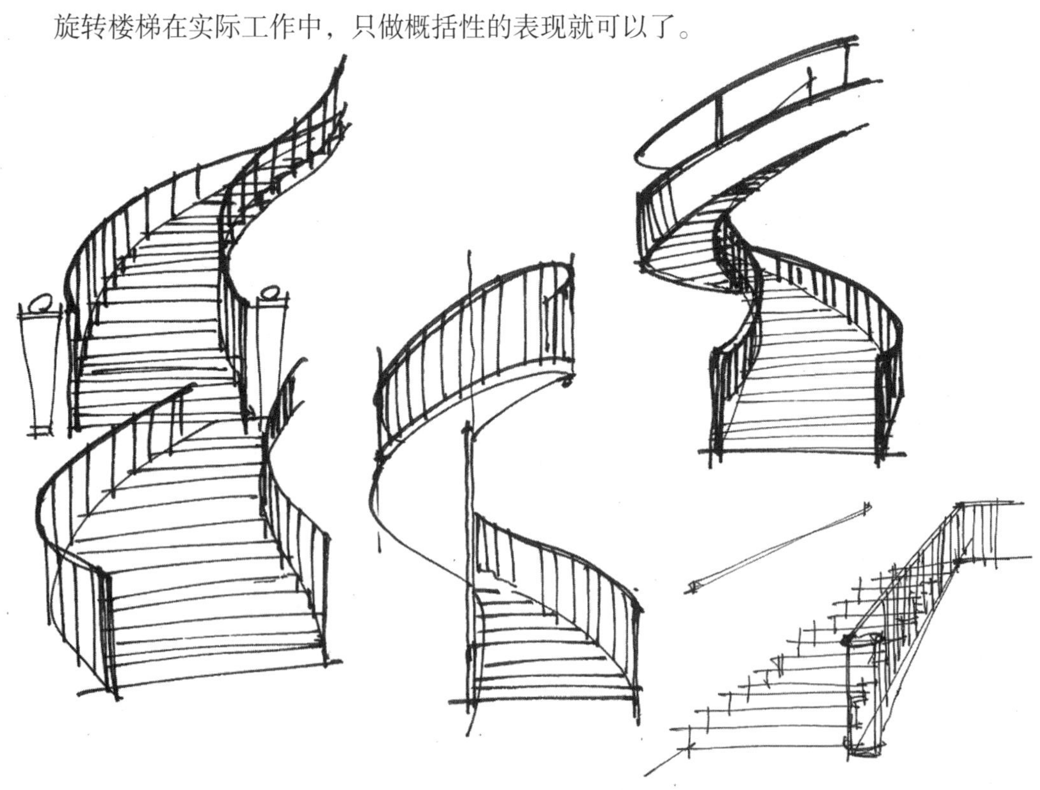

旋转楼梯或异型楼梯的徒手表现需要反复练习才能熟练。

练习时，要先画出楼梯踏步的曲线，再画楼梯扶手的曲线，最后概括性地添加踏步线。“概括”，就意味着要忽略细节。

室内设计手绘的训练过程，是一个“痛苦”与快乐并存的体会过程。

增加一些趣味性训练，可以进一步发挥我们的聪明才智，并大大提高学习和工作的乐趣。在此，借用白岩松的一句话——“痛并快乐着”。

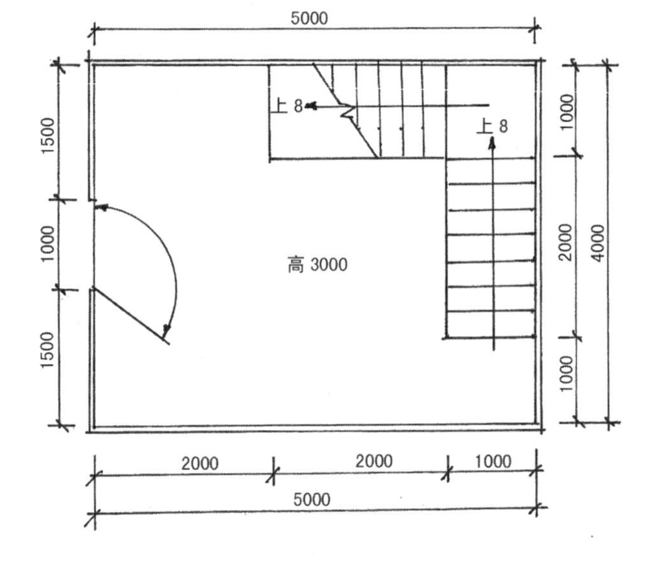

趣味练习

利用楼梯的平面图，假如在左侧墙的正中有一个1000×2000的门。

1. 画出当门打开135度时的透视图。

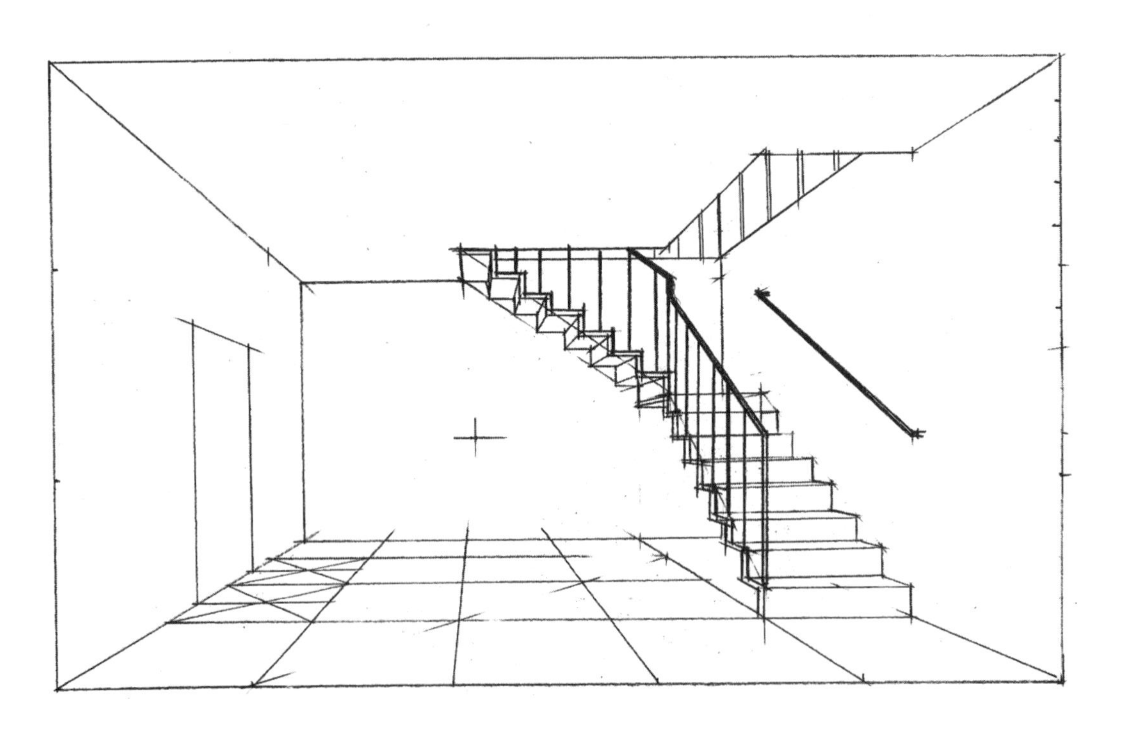

在地面上，利用对角线确定门框的位置，再确定高度和透视。

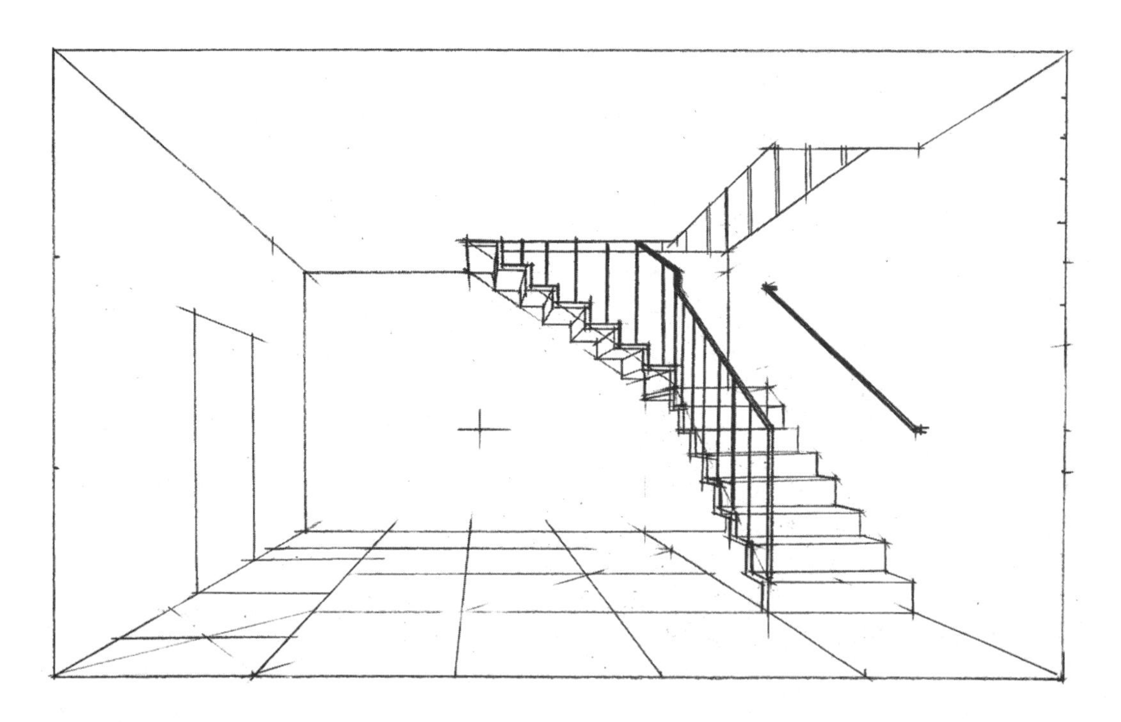

以门的宽度（1000）为标准，在地面上确定出两个连续的透视正方形。

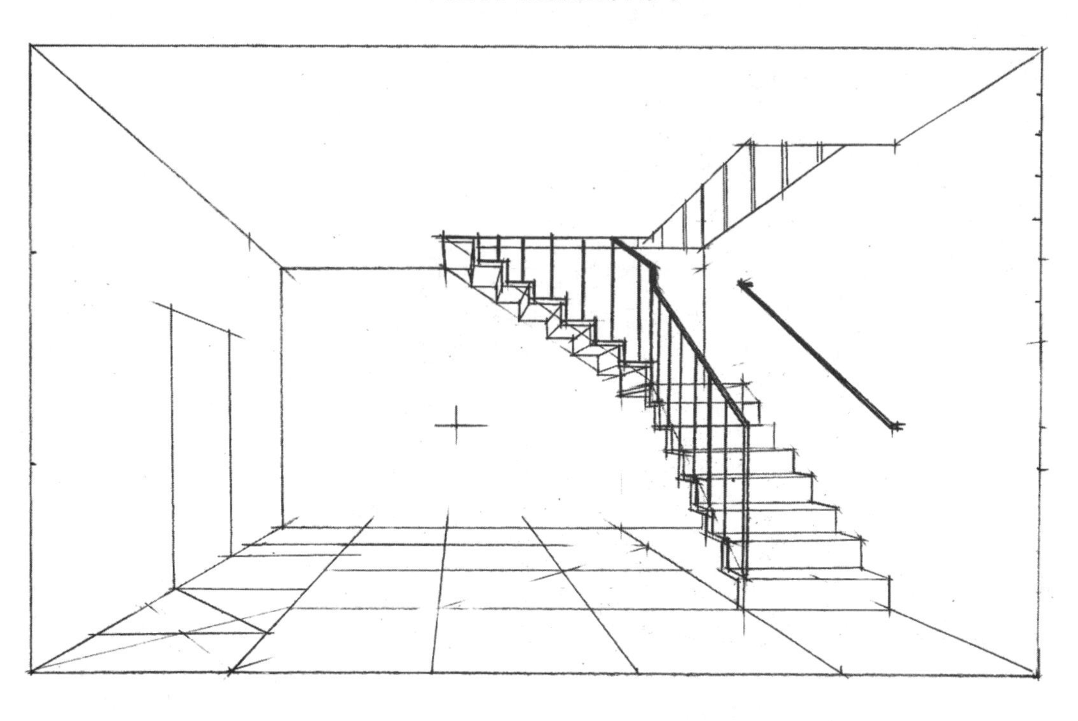

在近处的透视正方形内，经门框线画出对角线。这样就在地面上画出了门打开135度时的投影。

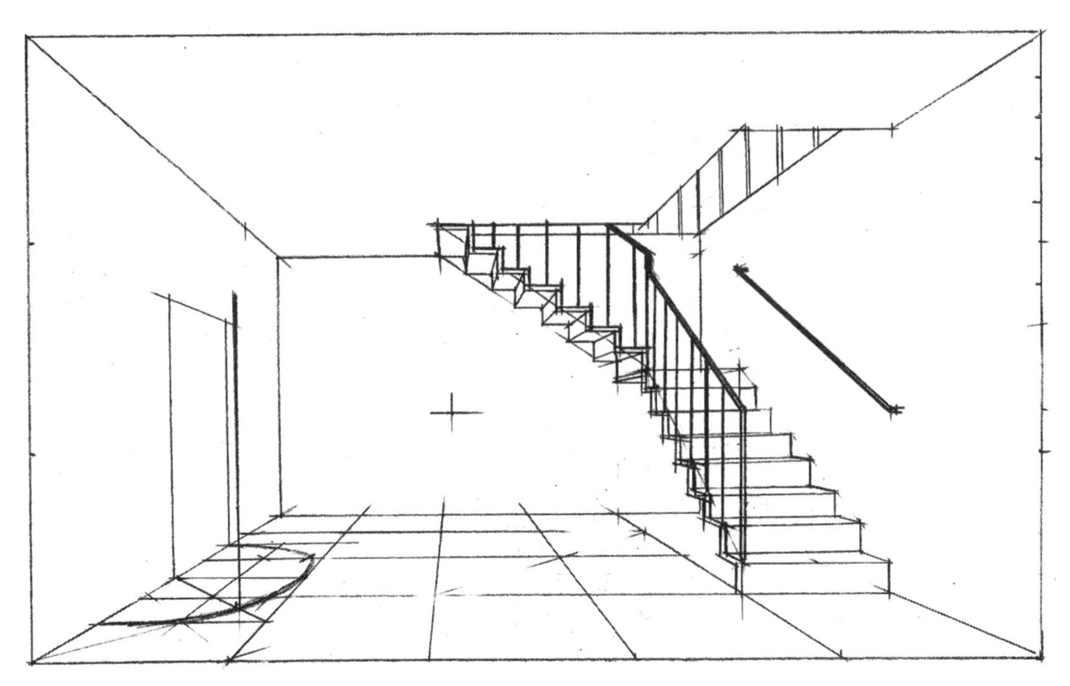

按照“十二点求圆法”或“八点求圆法”画出门的运行轨迹，与135度的线相交（确定了门在透视状态下的宽度），经过此点画出与地面的垂线，此线为门打开时近处门边的位置。

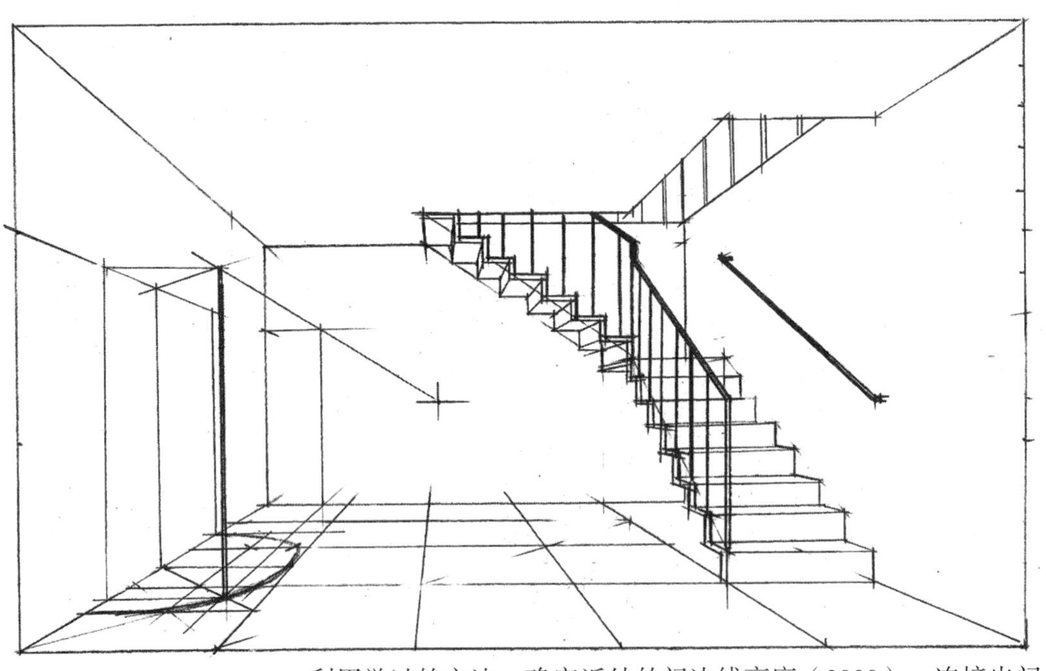

利用学过的方法，确定近处的门边线高度（2000）。连接出门的上部边线就形成了此刻门的透视。

注：打开后的门自身是二点透视关系。

2. 画出当门打开150度或120度时的透视图。

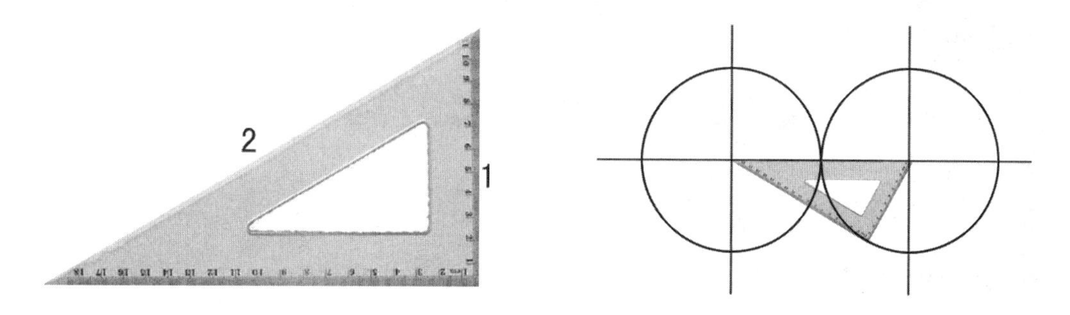

这是一种运用“平面几何”的方法、利用直角三角形的特殊性完成的透视。

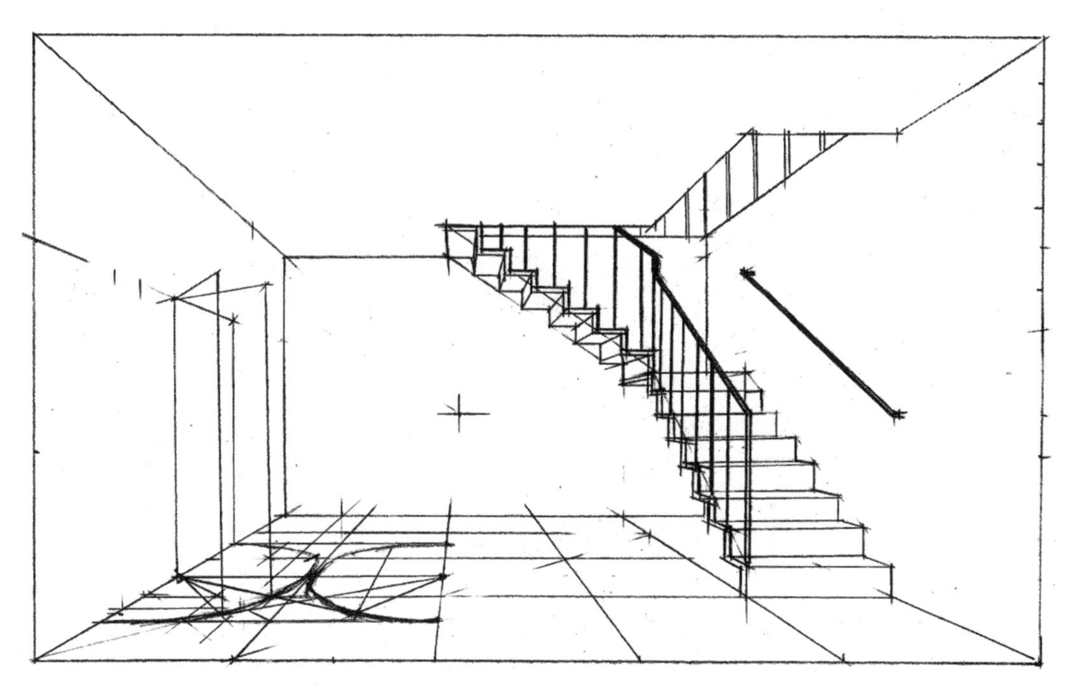

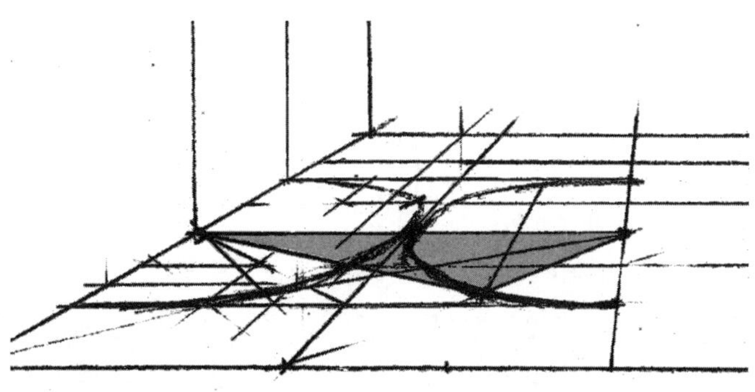

利用相应位置的地格，在地面上画出左、右两个半径为1000的半圆形。经左圆的圆心画出右圆的切线，即得到30度角的透视线（90度+30度=120度）；反之，得到的就是150度角的透视线。

后续如前（略）。

3. 画出当门打开一任意角度（如:128° 35′ 28″ ）时的透视图。

特别声明：任何书籍或教材引用本方法时必须事先与本书作者联系取得书面许可并标注如下文字：

本方法选自裴爱群著《室内设计实用手绘教学示范》一书，受知识产权保护。裴爱群拥有本方法的永久知识产权和署名权。

在透视状态下，画出如此精准的度数，对我们设计商业柜台、展示货架大有益处。精准的度数要借助工具才可以实现，本方法把平面工具“量角器”科学地运用于透视状态下。

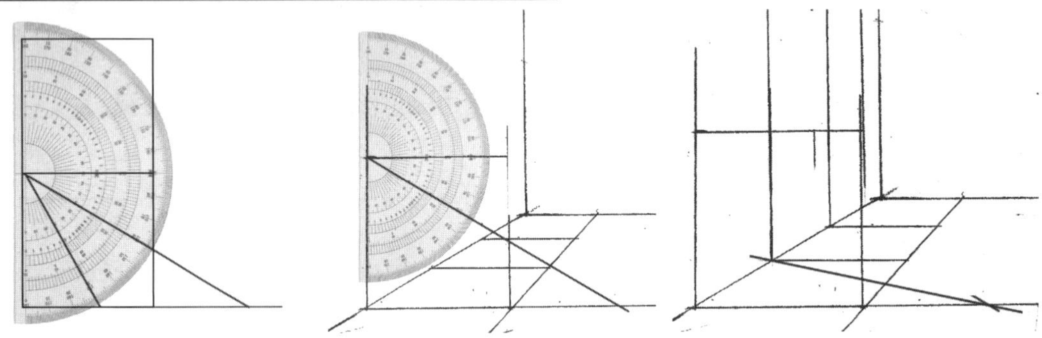

参照上左图，我们会明白：按不同的角度要求会画出不同角度的线段，不同角度的线段会相交在底线上产生不同的点。

在透视图中的相应位置，以1000线段长度作为辅助的正方形（相当于把地面砖立起来），按需要的度数画出线段，交横向线于一点，此点就是在透视状态下所需角度连线的必经之点（见上右图）。

后续步骤如前（略）。

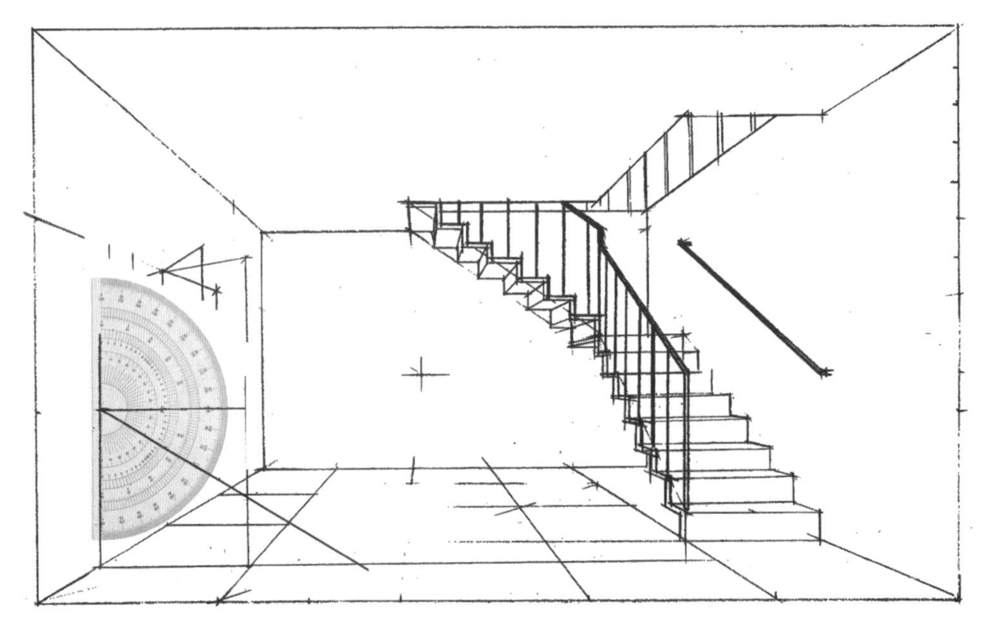

4. 一个塑料桶，上口直径为400，底的直径为300，高为400，准确画出桶的透视。

题目分析：透过题目的表面，发现它实际上是在考查我们对正方体在透视状态下的把握，也就是考查在透视状态下如何确定正方体的进深方向尺寸也是400。正方体确定后，作出内切的圆台形即可。前面所介绍的方法，都是近似于空间视觉的尺寸比例的方法，并不能确定正方体的进深方向尺寸为400。

本题目是利用“距点”来完成的（见下图）。

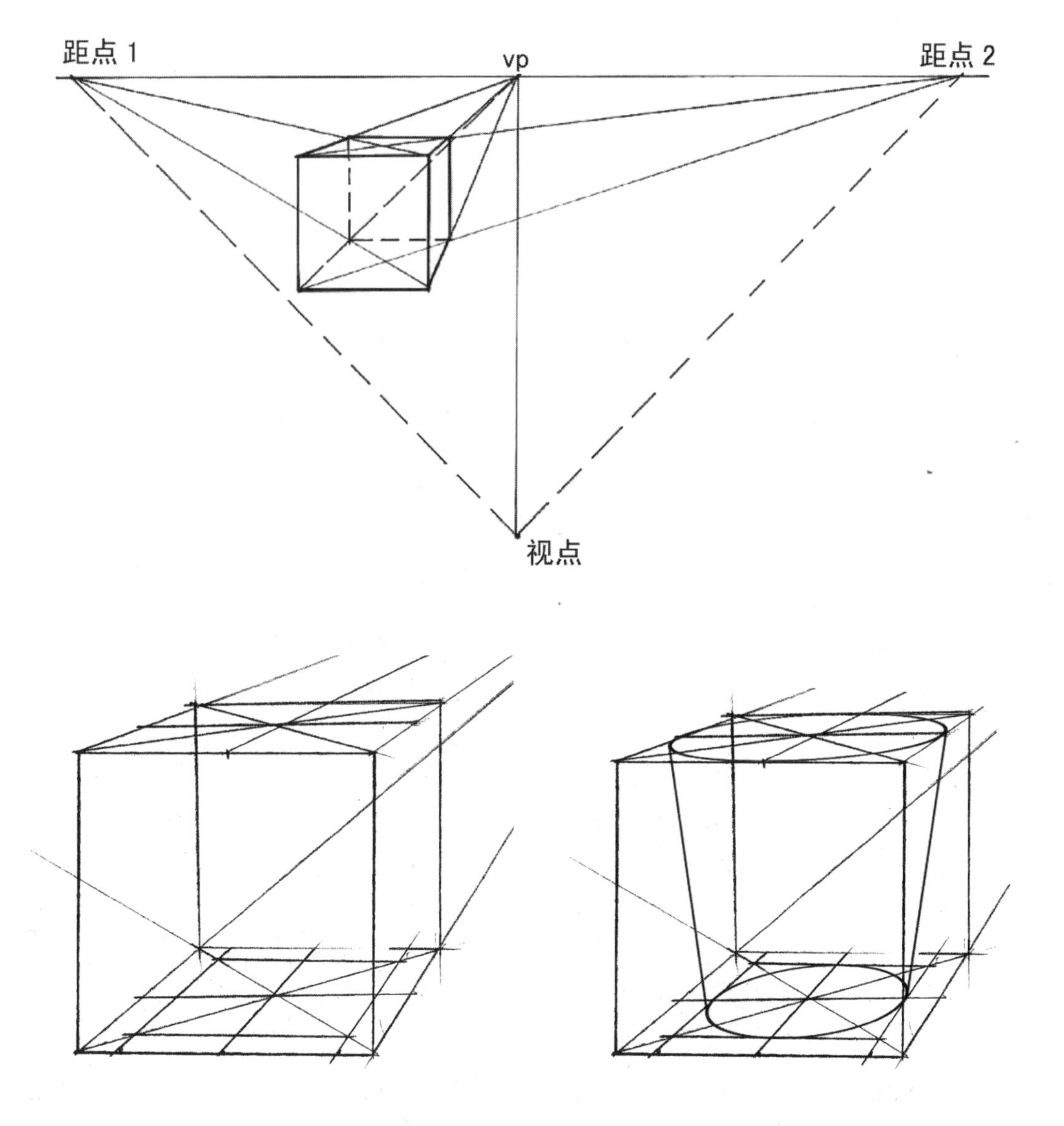

利用距点画几何体的方法，可以帮助我们解决没有空间限定时的透视处理，如大型商场内的一组展柜、室外的各种展示道具等。

成角透视

二点透视统称为“成角透视”。当建筑物的主体与画面呈一定角度时，各个面的各条平行线向两个方向消失在视平线上，且产生两个消失点的透视现象就是成角透视。这种透视表现的立体感强，是一种非常实用的方法。通过它可以同时看到建筑物的两个面，因此在许多情况下，多选用二点透视来表现空间。二点透视的画面效果比较自由活泼，所反映的空间更接近人的真实感觉，其缺点是当角度选择不好时容易产生变形。正是由于二点透视具有上述特点，在建筑物外观与室内表现中，这种透视成为一种极具表现力的透视形式。

物体与画面之间的夹角大小不同，会产生不同的透视形式，因为透视关系的区别，通常又把二点透视按作图方法分为“成角透视作图法”和“微角透视作图法”。

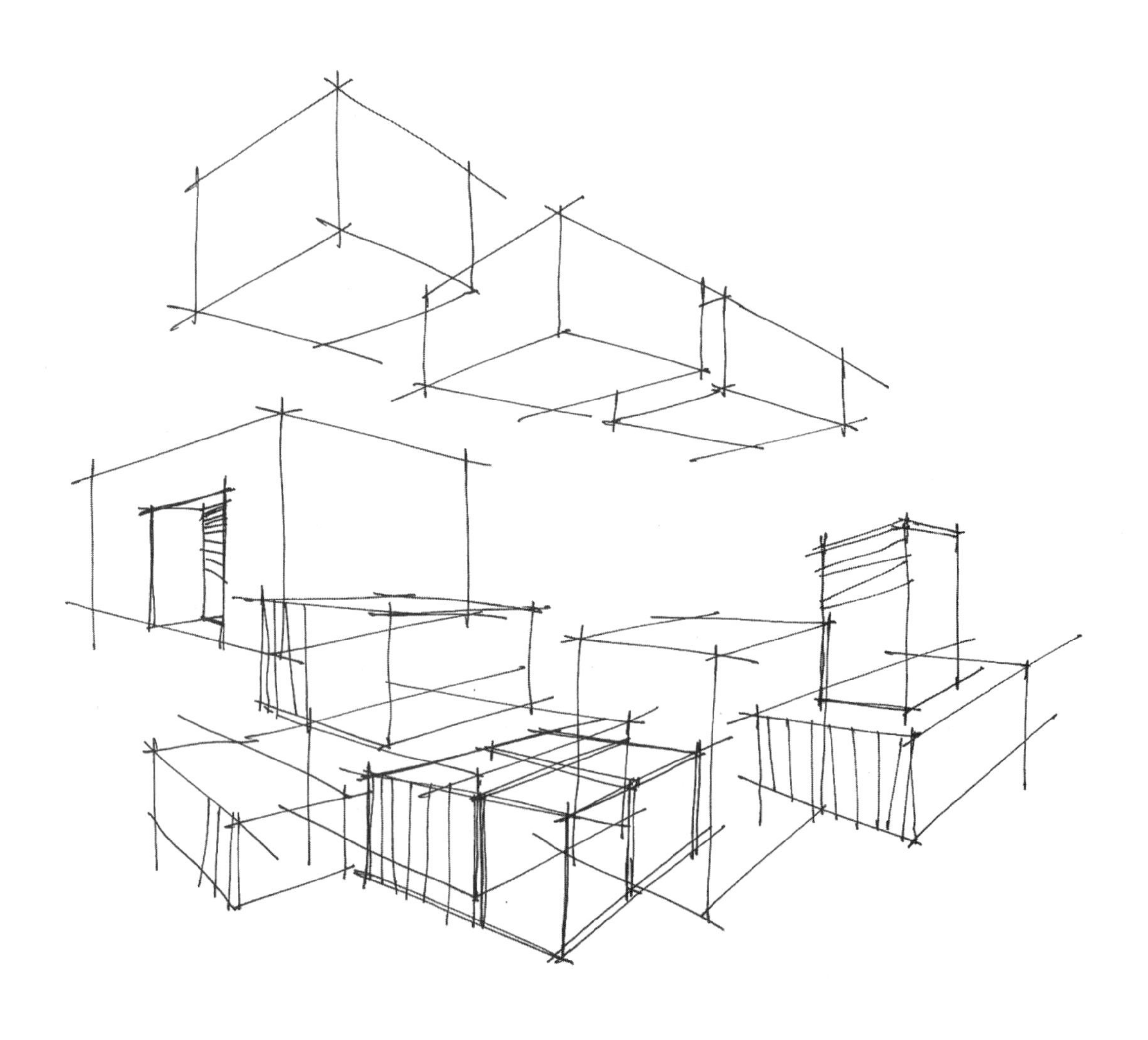

室内设计的成角透视，不是简单的照片摹仿，也不是室内写生，要按照自身的规律来完成。正因为成角透视难以控制空间，才形成了室内设计手绘中出现问题最多的一种透视方法（详见裴爱群著《室内设计实用手绘教程》中的论述）。

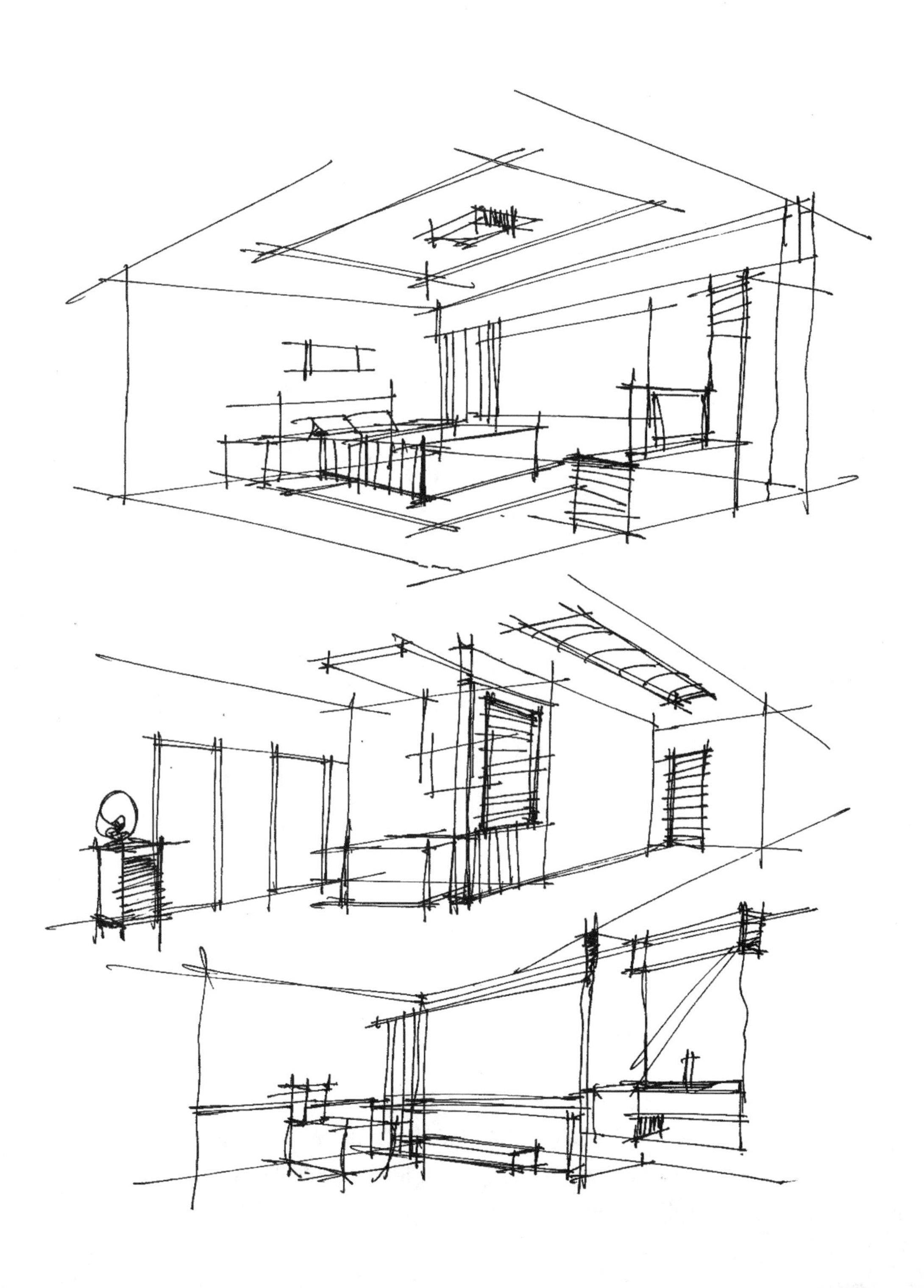

借助直尺画成角透视图

以右侧平面图所示餐厅为例。视点在此空间右上方。

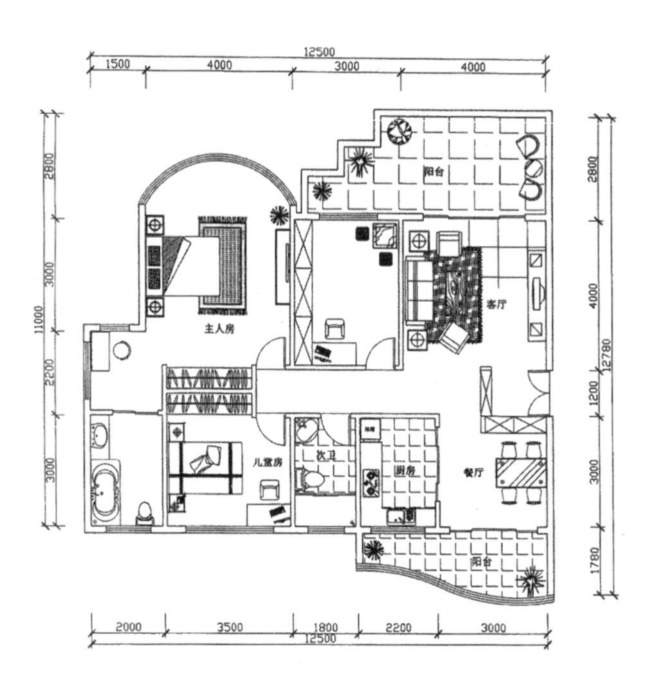

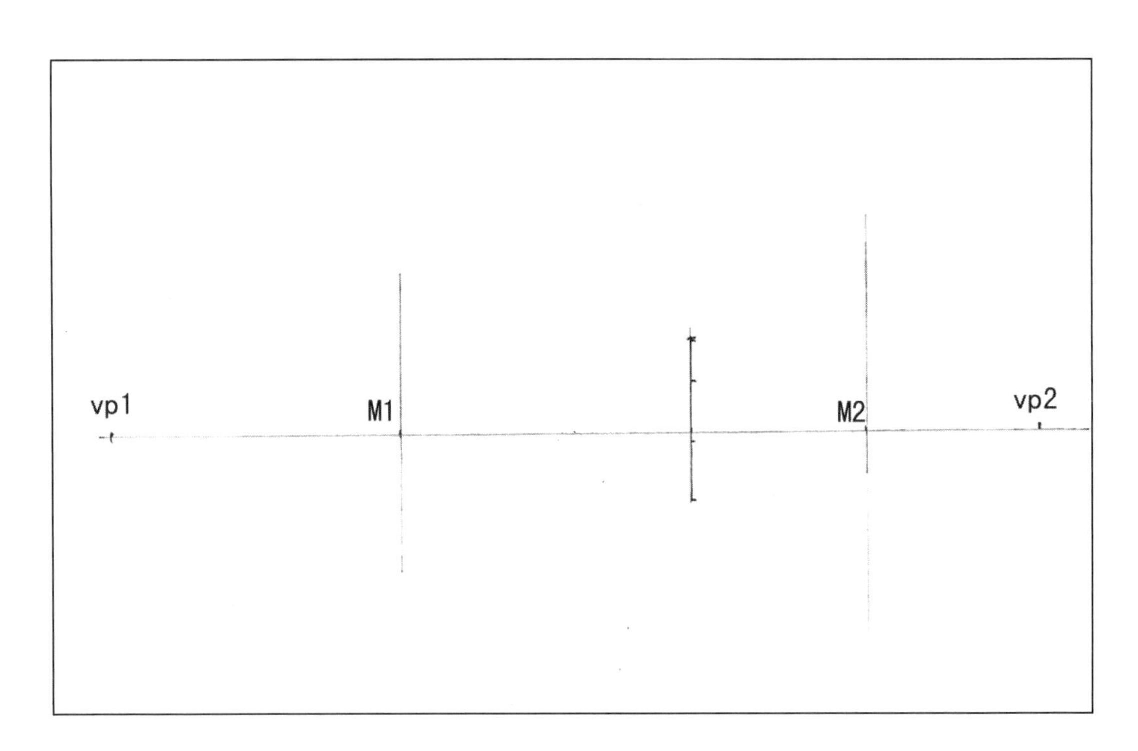

按照平面图尺寸，确定房间的净高2700；画出视平线；在视平线上净高线的左侧截取5000和10000的点；在视平线上净高线的右侧截取3000和6000的点；在相应的5000和3000位置画垂直线，用以确定房间的左、右两个界面。

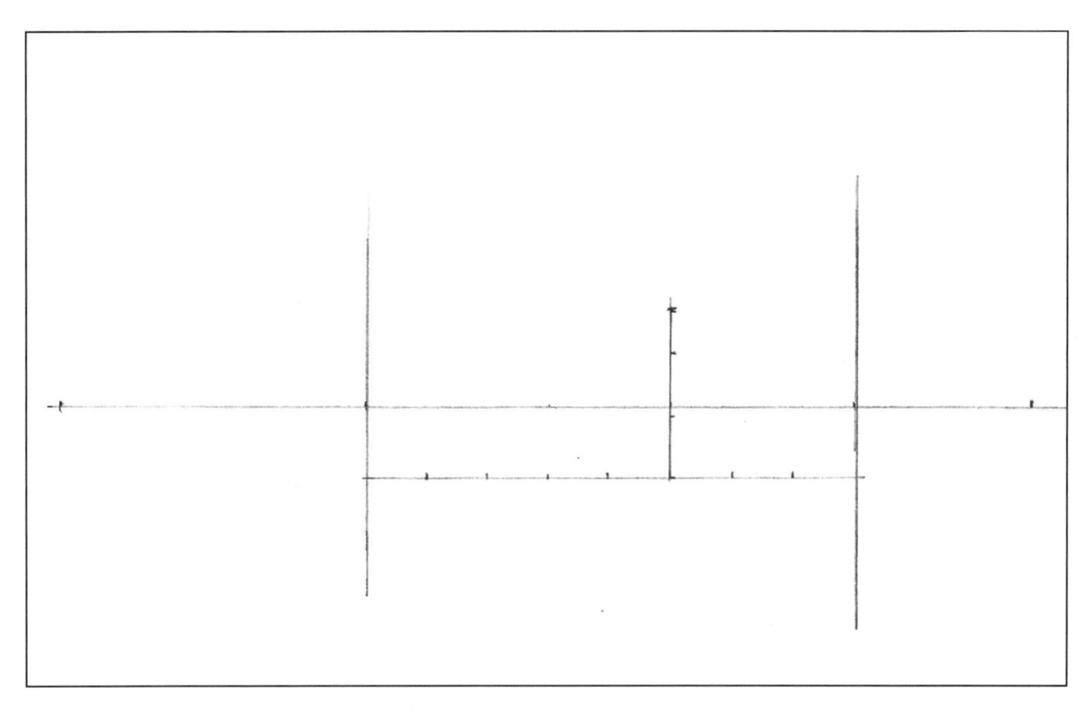

在房间的净高线最低点处画水平线，并分别截取出每个单位节点（每节点间距为1000）。

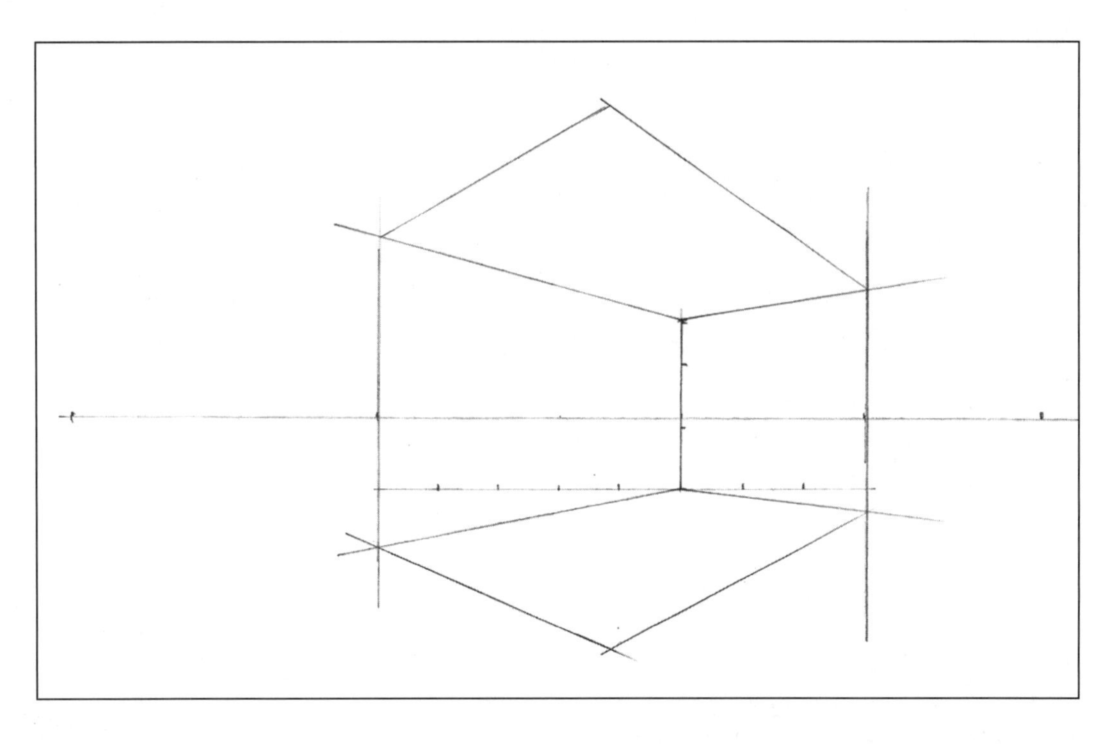

分别经过左、右两个消失点（灭点）画出空间的透视。

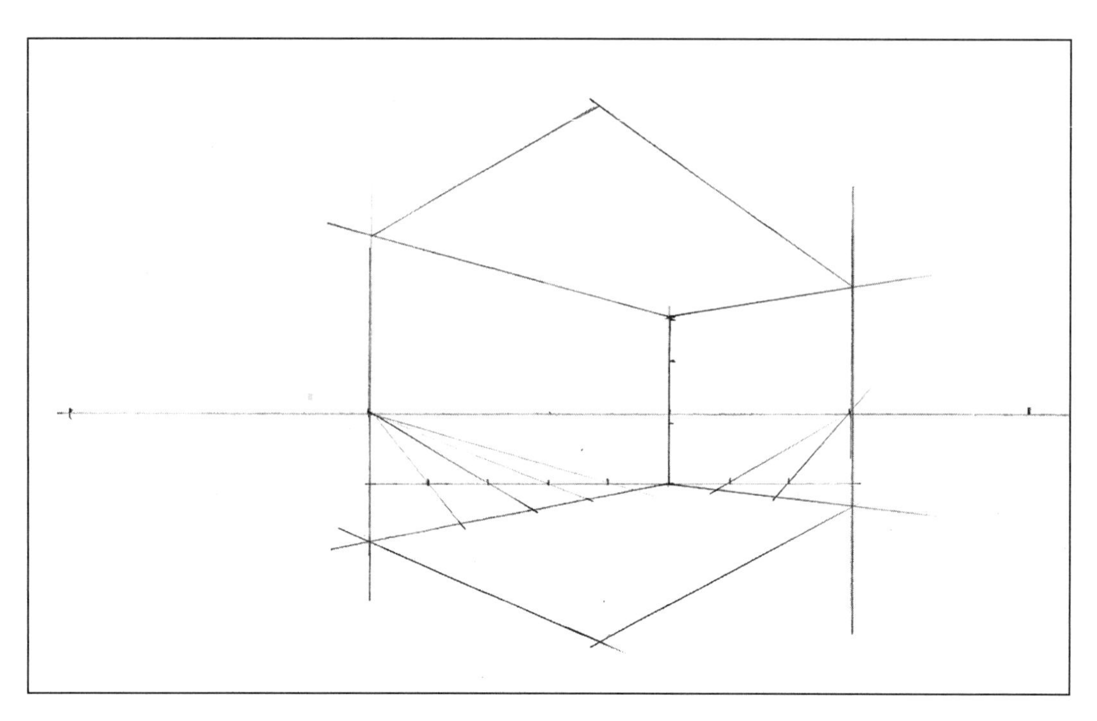

分别经过两个测点（M1，M2）与前面水平线上截取的节点连线并延长，交地面透视墙角线得到房间的透视进深；

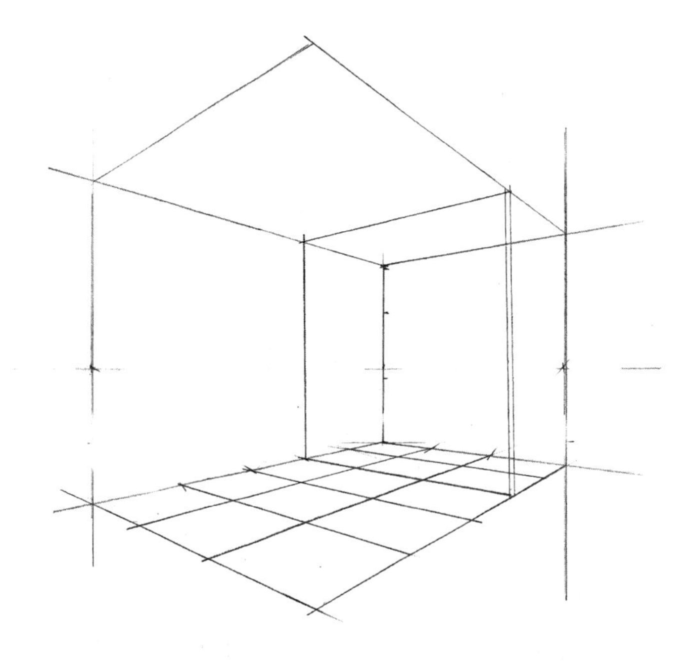

分别经过左、右两个消失点（灭点）画出地面的透视，形成地格。

画出餐厅与厨房间墙体的位置和透视。

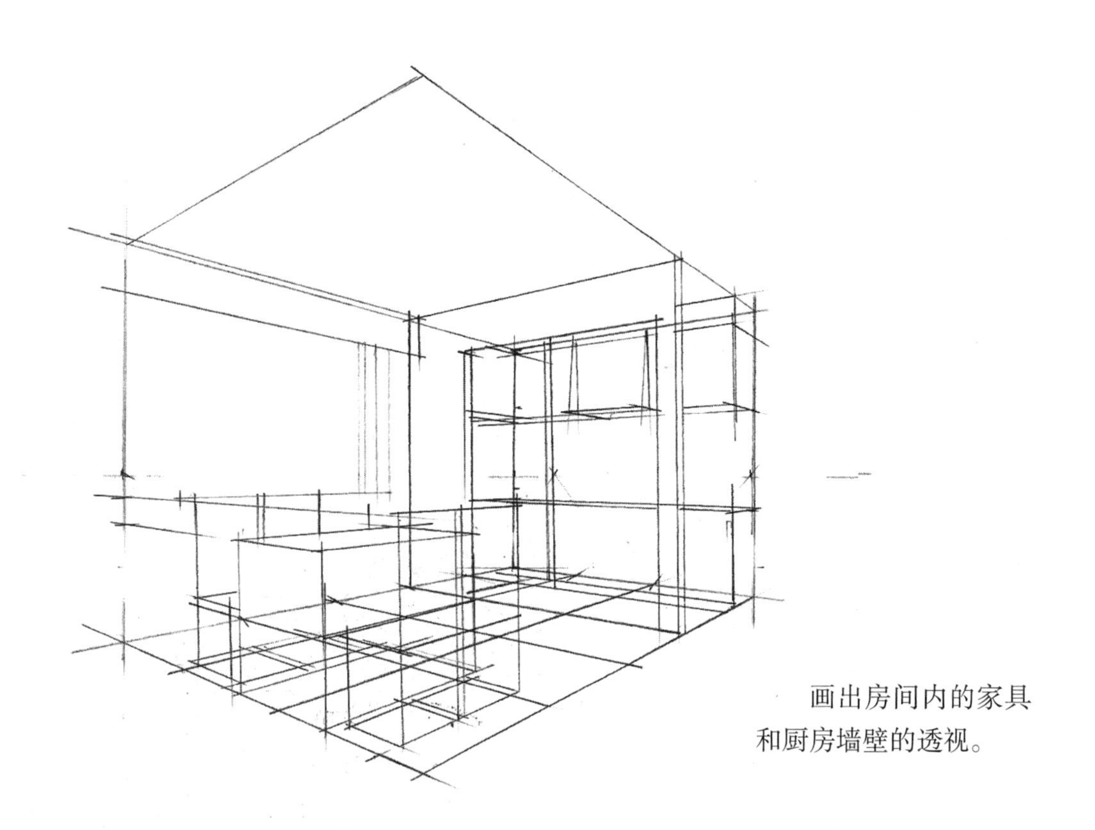

画出房间内的家具和厨房墙壁的透视。

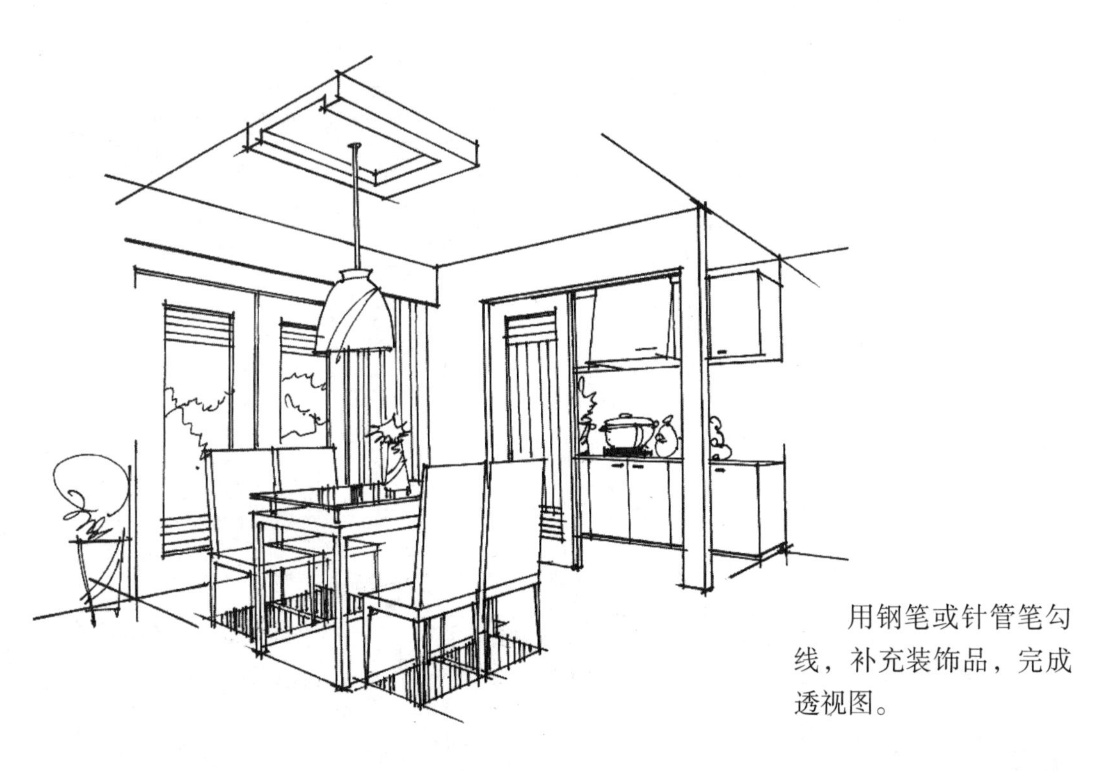

用钢笔或针管笔勾线，补充装饰品，完成透视图。

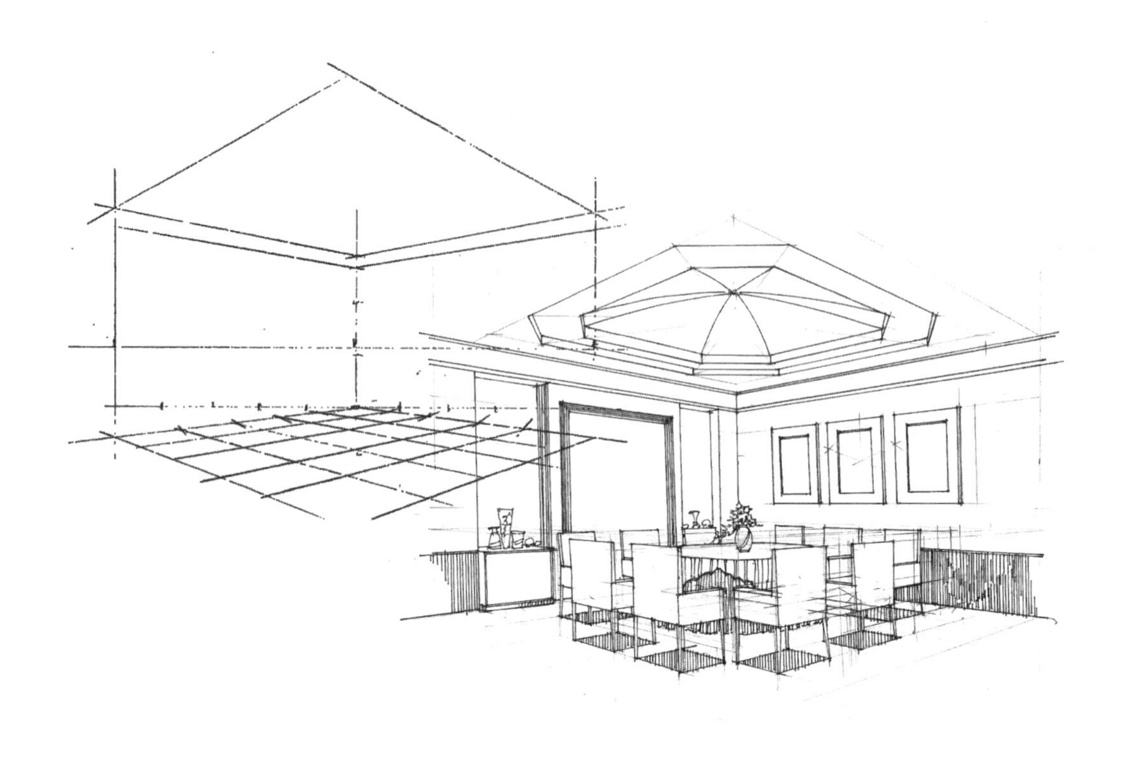

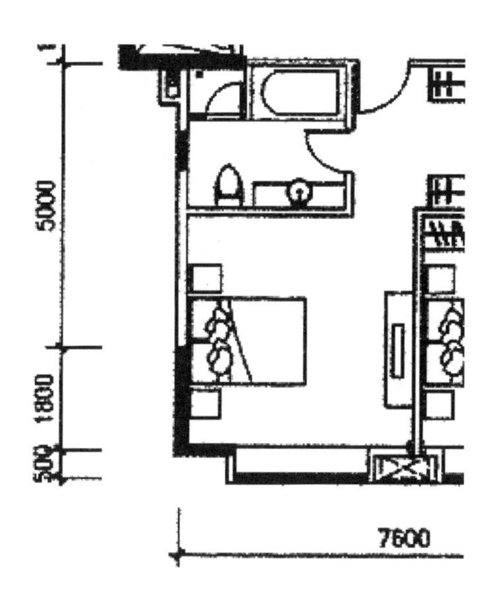

线描法画成角透视图

以前面已经画过的一个卧室为例来画成角透视。

针对一个空间练习不同画法，可以帮助我们更好地认识和熟练掌握空间画法，以应对不同的设计需求。

控制空间的大小与透视，是室内设计师的基本功。

用铅笔界定空间，必须谨慎从事，否则就会“画虎不成反类犬”。

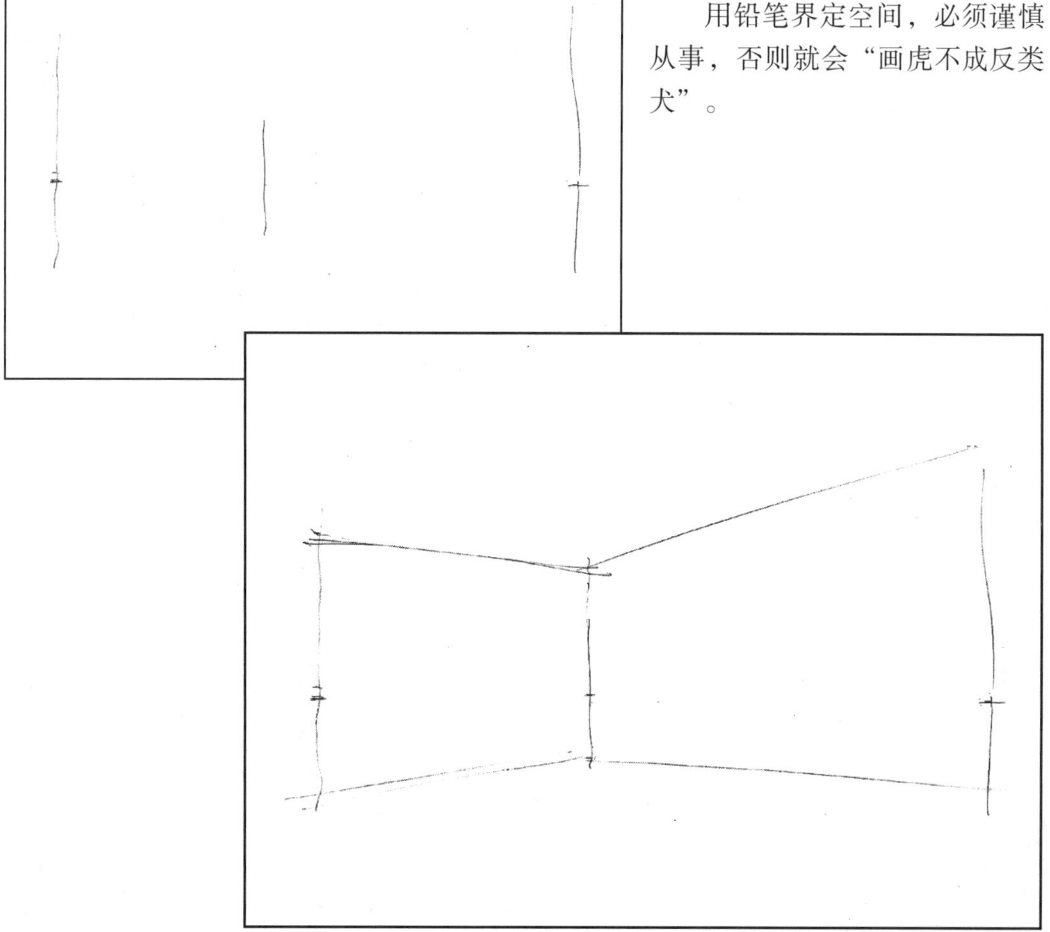

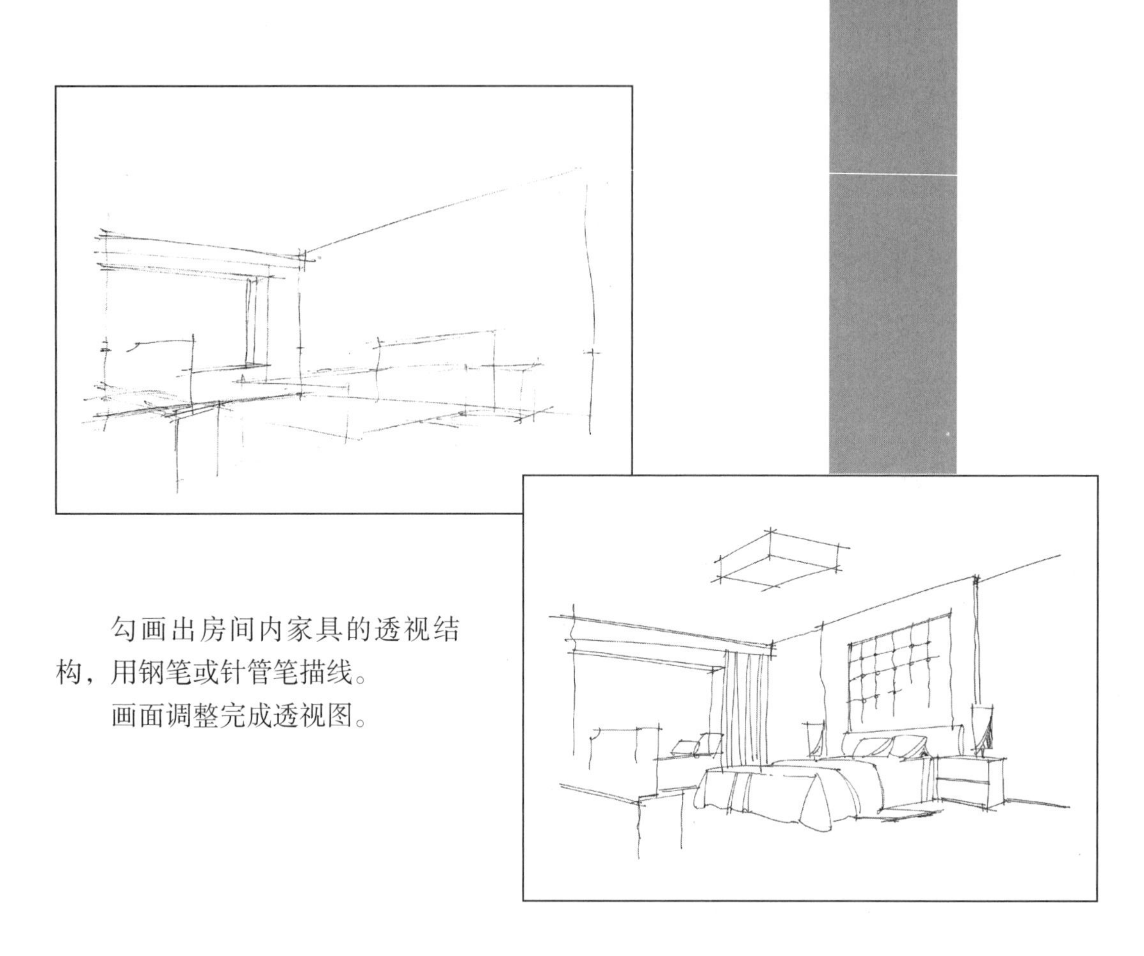

勾画出房间内家具的透视结构，用钢笔或针管笔描线。

画面调整完成透视图。

成角透视的空间，不可按照图片“照猫画虎”。

本页各个空间都存在严重错误，要认真体会并消化理解，万万不可盲目仿效。

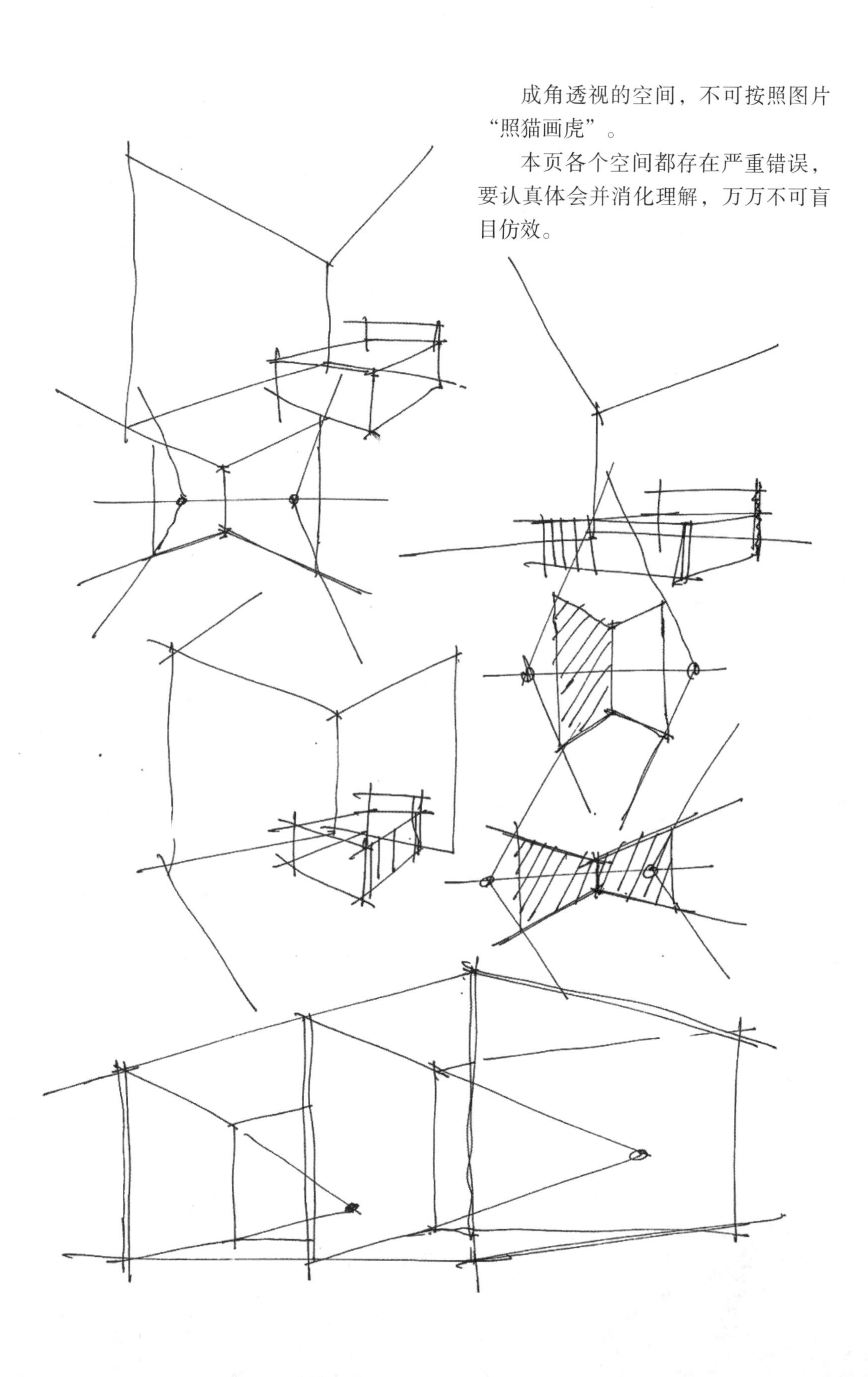

徒手画
成角透视图

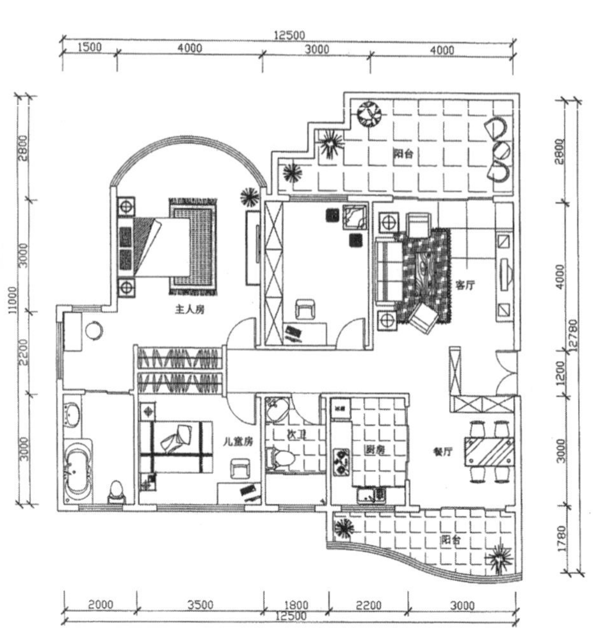

徒手画成角透视图，必须对空间有很好的理解，选择合适的视点方向，充分表达空间的界面关系和空间内的物体关系，不能以“点”代替“面”，否则就会失去室内设计手绘表现的意义。

成角透视的徒手表现，以平面图中的主卧室作为示范：

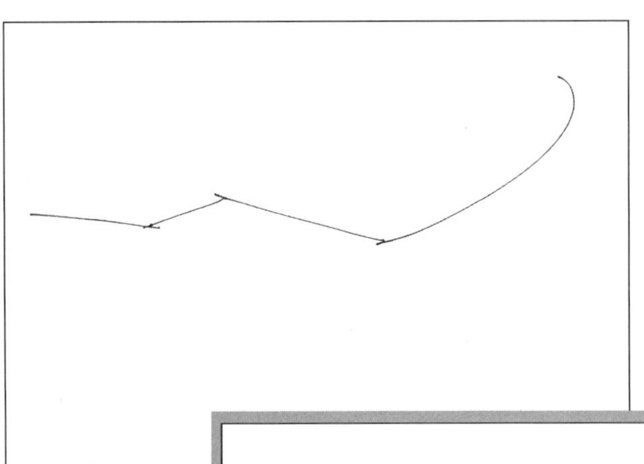

徒手画透视图，用眼睛判定非常重要。

先用大的线条画出空间的透视框架线，根据空间位置画出近处家具结构位置；

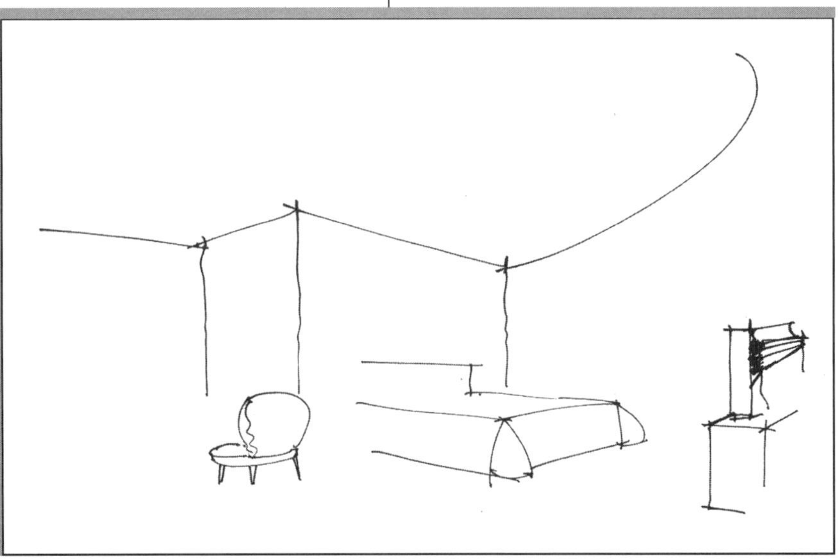

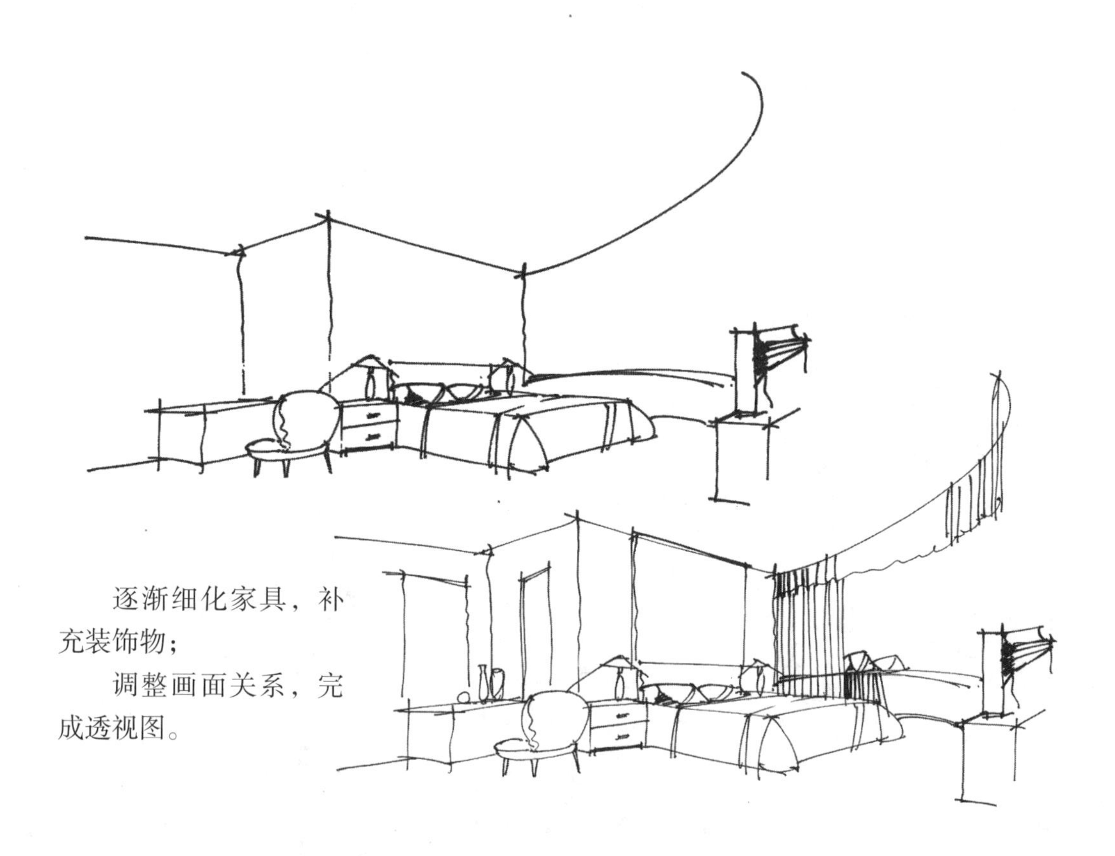

逐渐细化家具，补充装饰物；

调整画面关系，完成透视图。

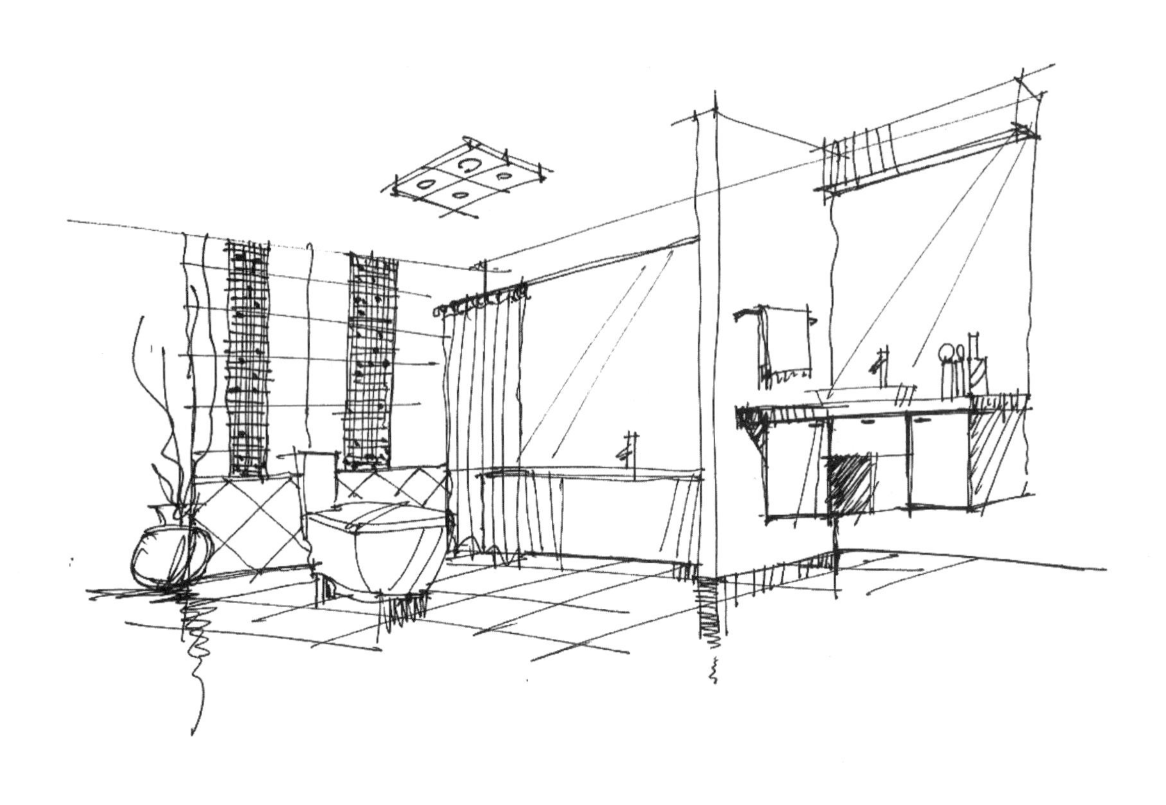

大厅概念
2008.

微角透视

微角透视，是二点透视中的一种透视作图方法，因空间与画面形成的角度非常微小而得名。

其特征是：具备两个消失点（画面内、外各一个）；具有一点透视可以见到5个界面的相似之处；物体或空间原有的水平方向的线，体现在画面上的时候会相交于画面外很远的一个消失点上。

在理论和实际工作中，与“微角透视作图法”并存的还有两个错误的名称，即“一点斜透视”和“平角透视”（详见裴爱群著《室内设计实用手绘教程》中的论述）。

正是因为微角透视既具有与一点透视一样可见5个界面的特征，又弥补了一点透视中线条方向性单调、画面不够活跃的不足，所以才在实际工作中被设计师广泛使用。

微角透视作图是以一点透视为基础的作图方法。

现以如下空间示范：

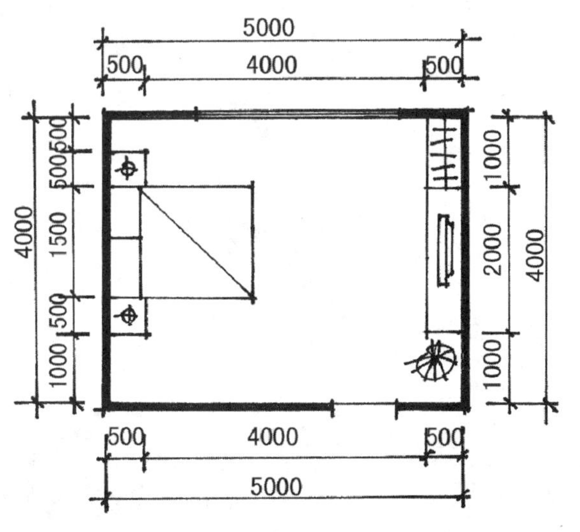

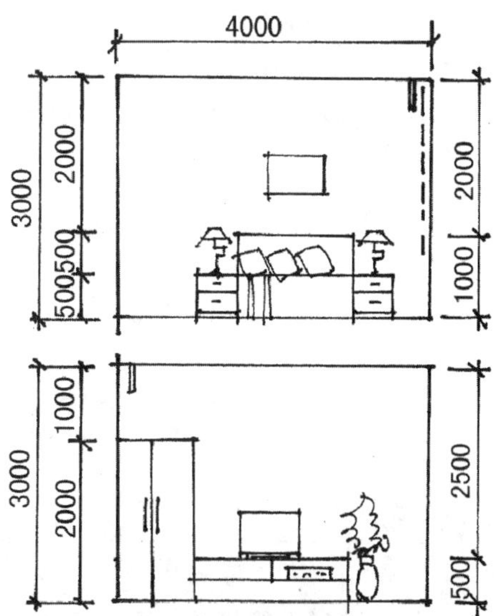

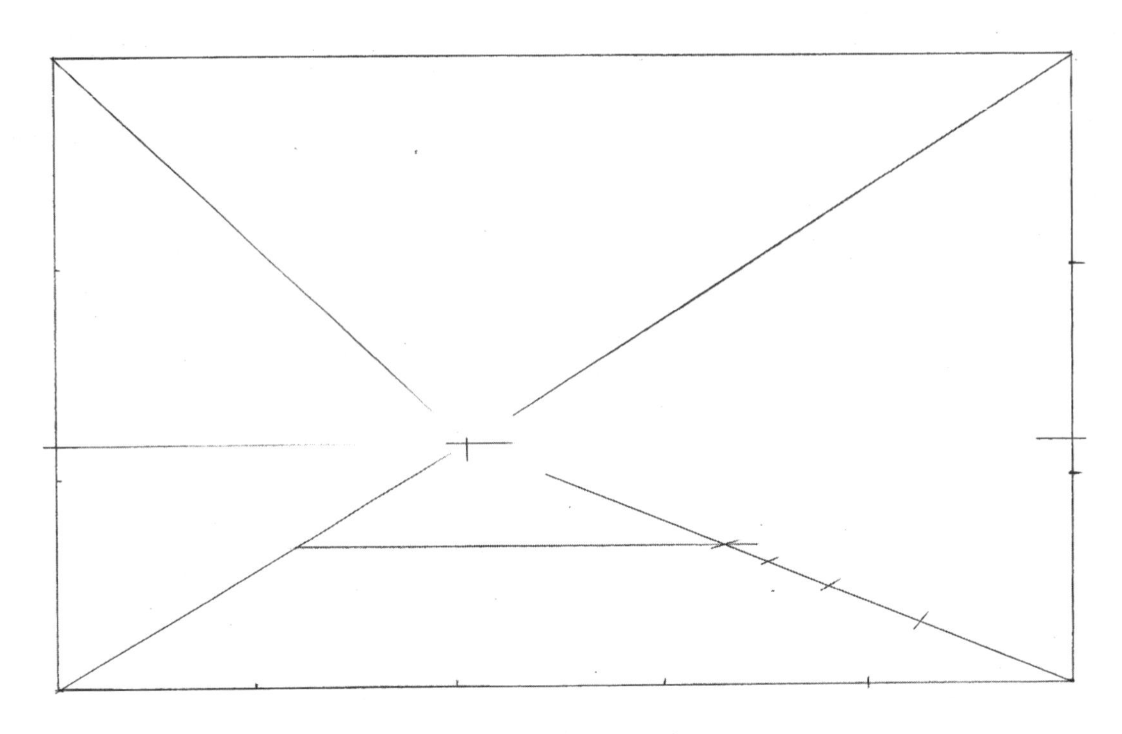

依据“裴爱群作图法则”，按照一点透视的作图方法确定空间，截取进深的节点，并把截取的各个节点平行过渡到左侧（相当于一点透视的横向连线）。

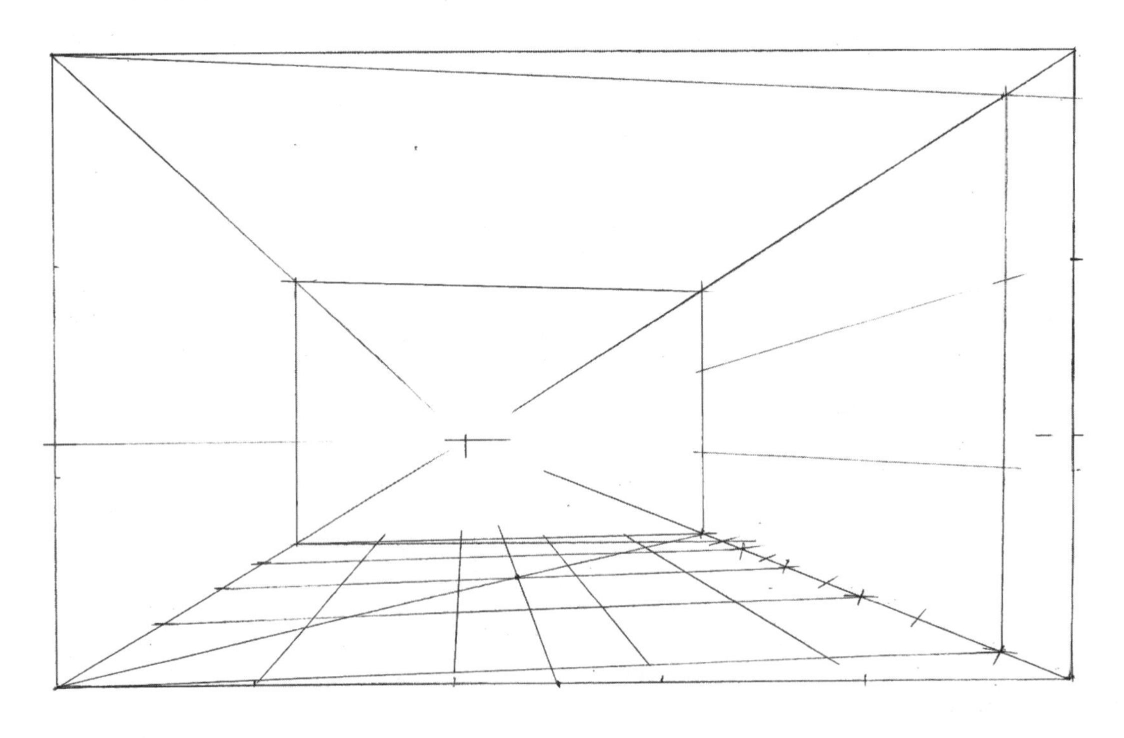

进一步按照微角透视的步骤画出空间的地格，形成微角透视的空间。

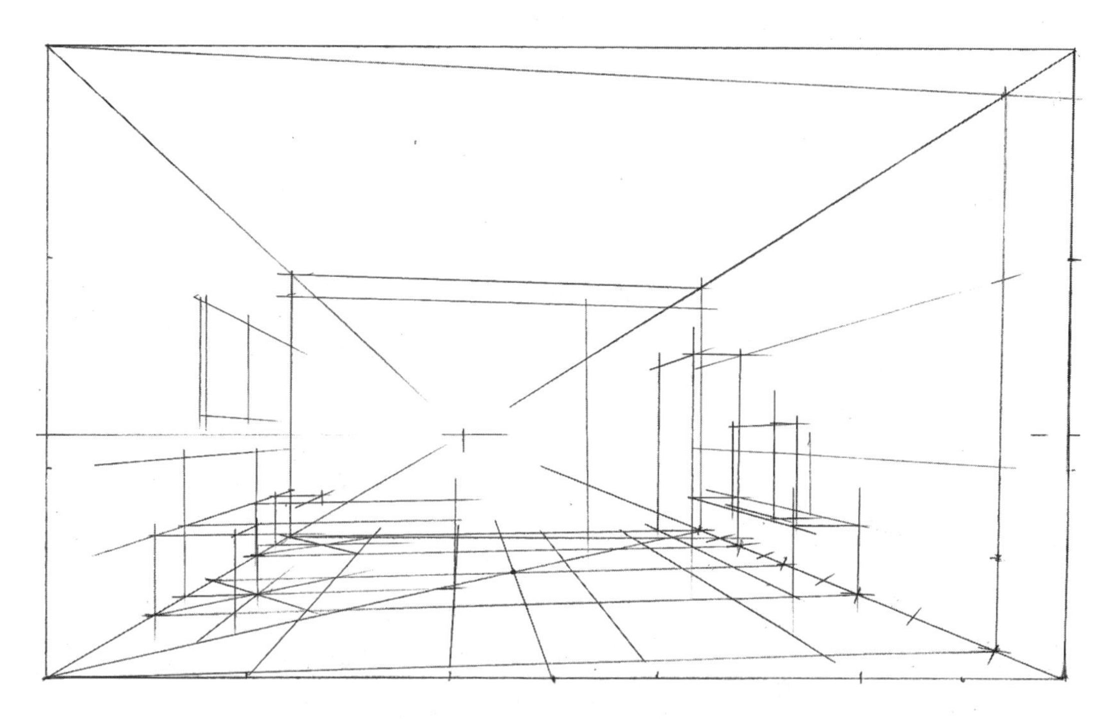

画出房间内各个物体的位置和透视关系。

特别注意：各物体的横向线不是水平方向，而是消失在画面外的灭点上。

添加装饰物品，用钢笔或针管笔描线，形成微角透视图。

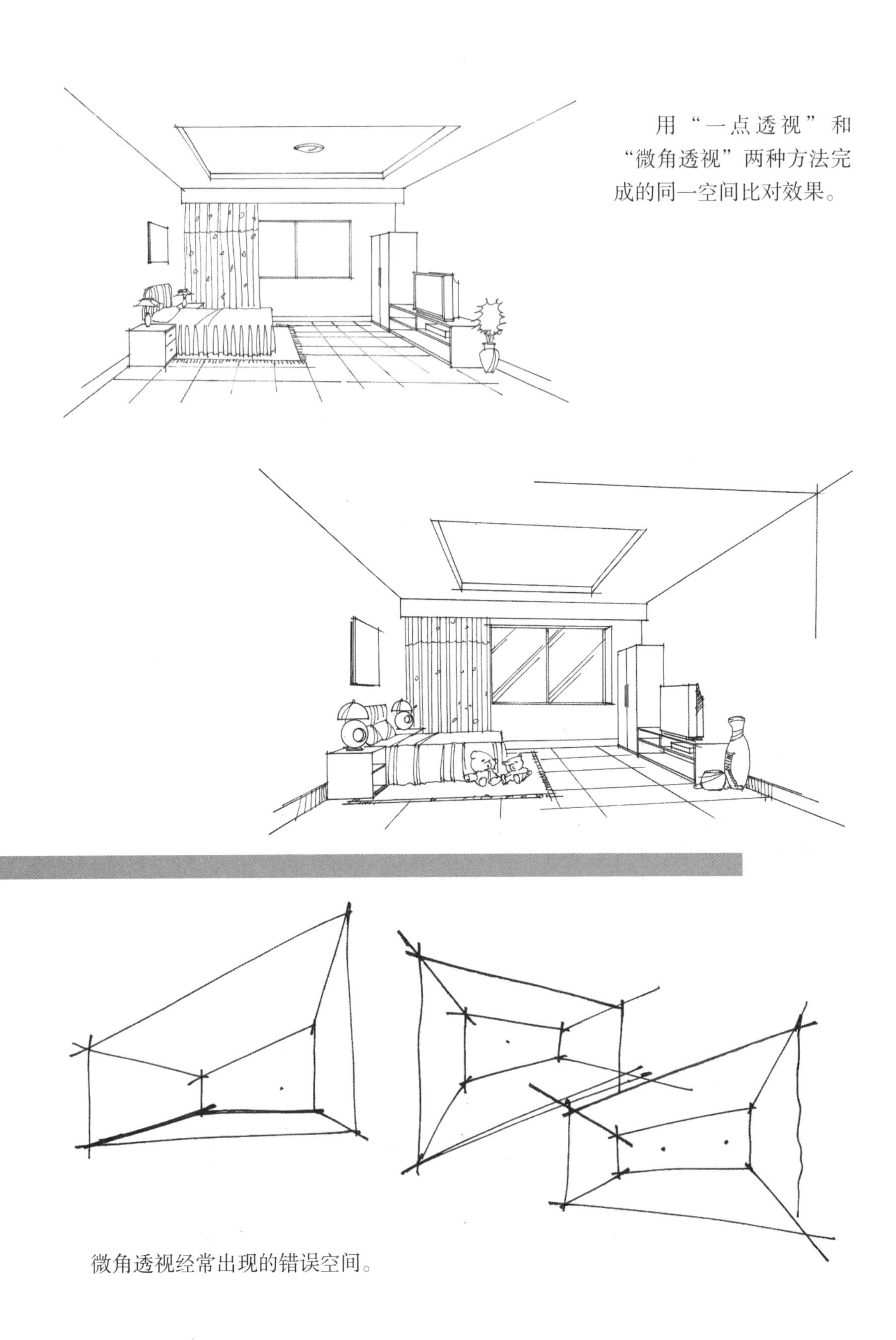

用“一点透视”和“微角透视”两种方法完成的同一空间比对效果。

微角透视经常出现的错误空间。

大厅概念
2008.08.

注意近实远虚在画面上的处理。

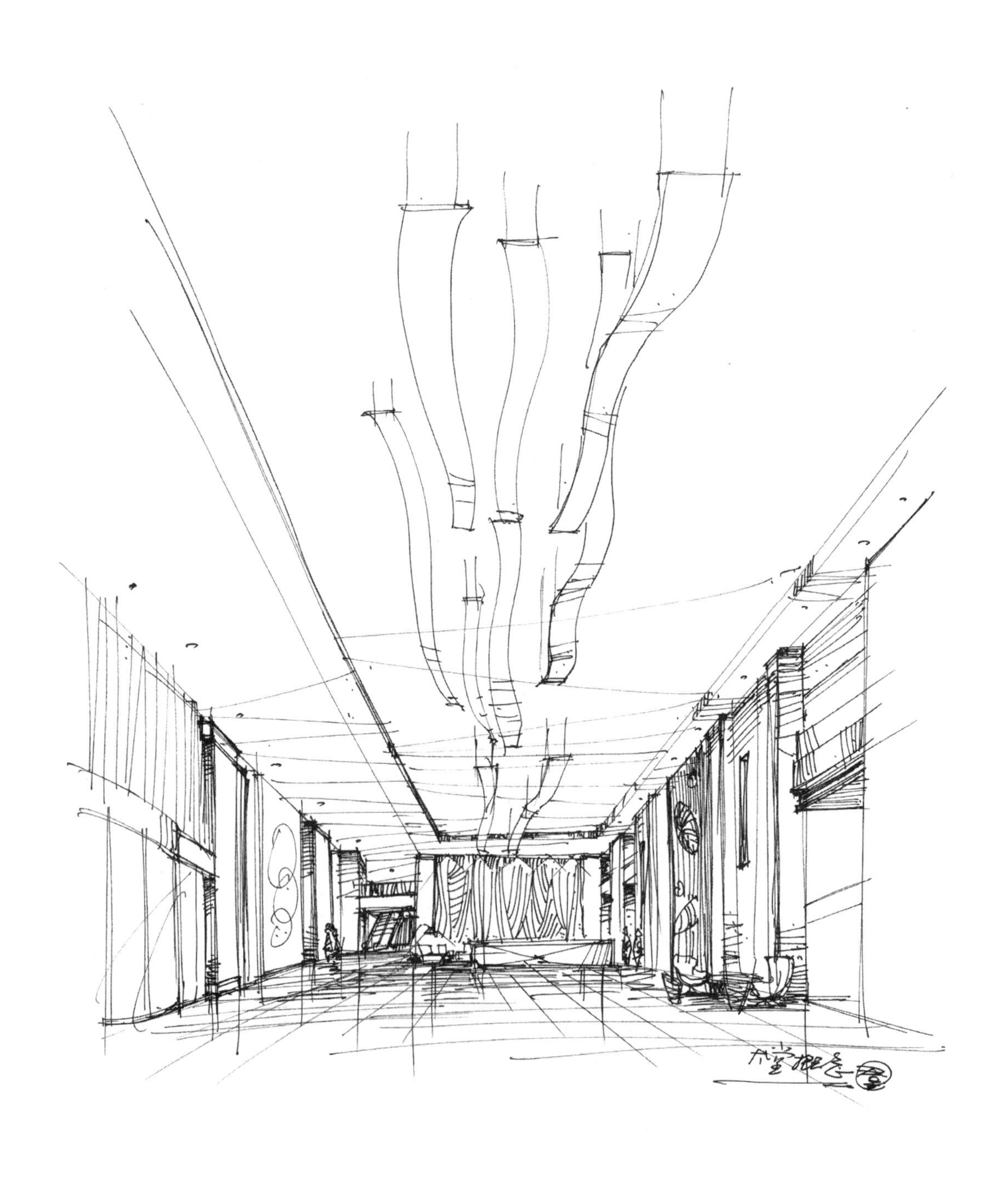

透视图的“虚画”处理

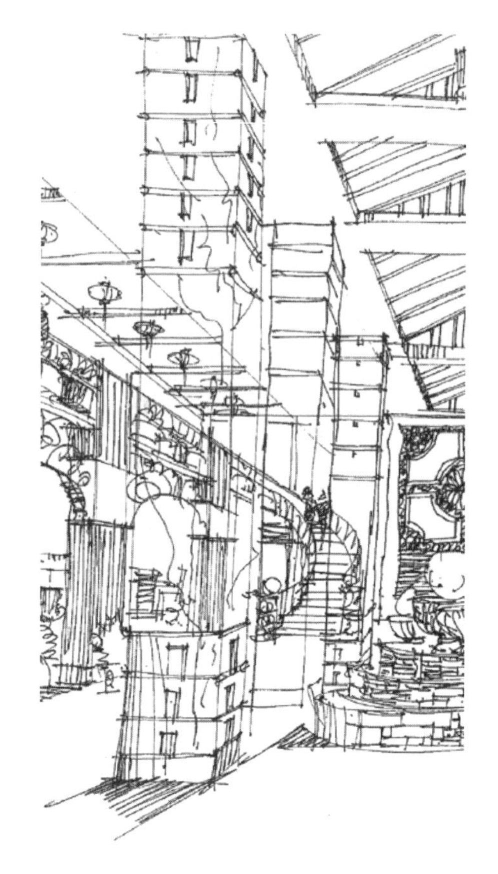

在室内设计透视图的绘制过程中，尽管我们始终强调要反映空间的真实性，但绝不是要对其机械地进行刻画。

根据设计要求，对画面进行适当的“虚画”（也可以理解为“虚化”）处理，尽可能多地反映特殊空间结构所遮挡的设计内容是室内设计手绘与“美术”和“摄影”最本质的区别。

所谓的“虚画”，不是任意“虚”、任意地去“画”，要科学、合理、适度。

“虚画”示范之一：

大厅柱子的透明虚化处理，是为了更好地理解空间的结构关系，让观者感觉到旋转楼梯的位置和形式。

“虚画”示范之二：

公共空间经常会出现较大型的楼梯空间，这个空间构成了不同楼层之间的垂直交通通道。

正是因为这一特定空间和场地的限制，很多时候我们无法看到整个空间的全部，这时的“虚画”处理就显得尤为重要。

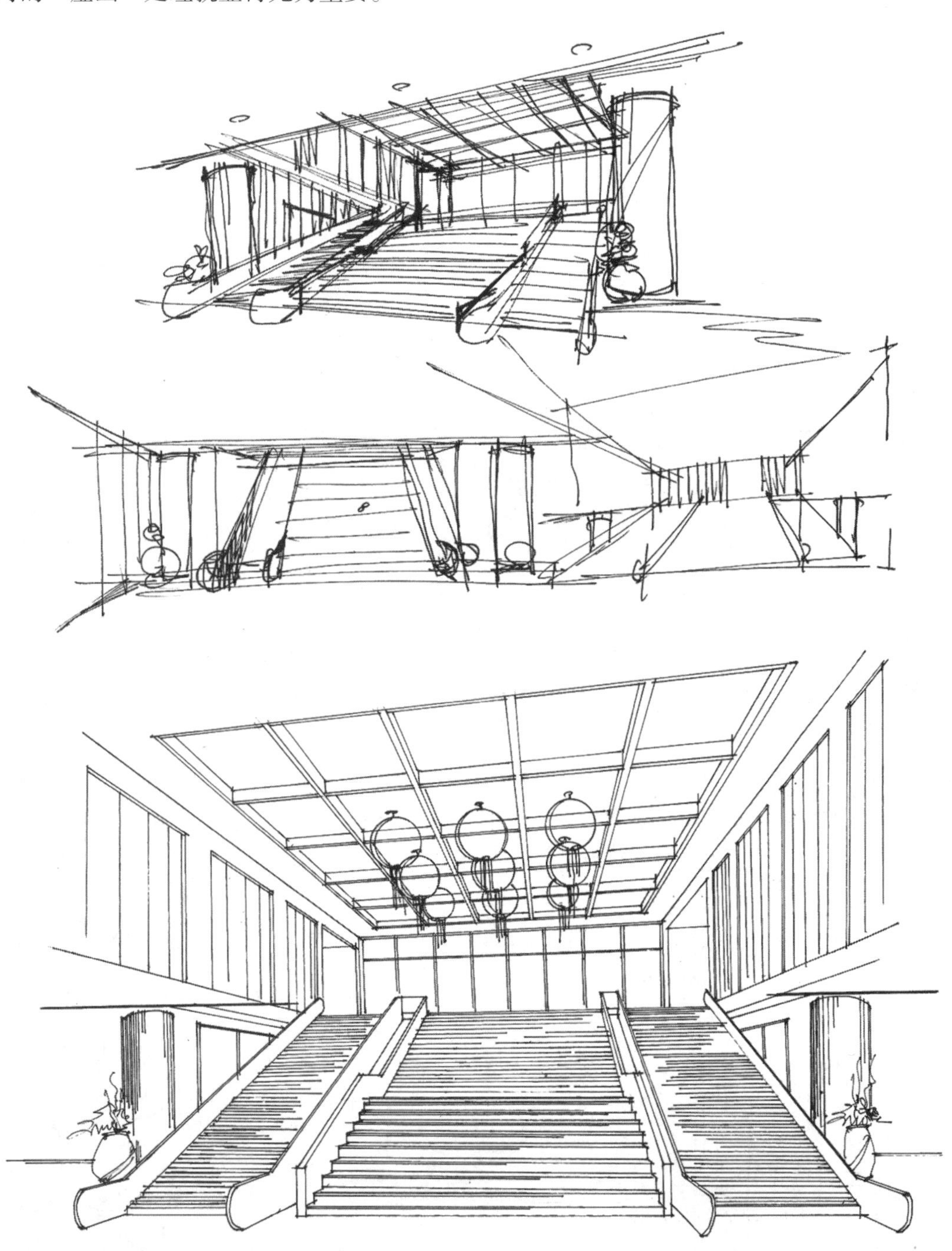

“虚画”示范之三：

在实际生活和工作中，我们经常会遇到一些特定的建筑空间改变原有的使用功能问题。如把一个旧地下室改造成快餐店或其他商业用途，由于空间内多个巨大的结构柱体不可更改，在任何角度来审视或绘制空间透视图，都不可能反映出空间的全部关系，尤其是需要重点表达的墙面装饰。这时候，“虚画”处理便不可缺少。

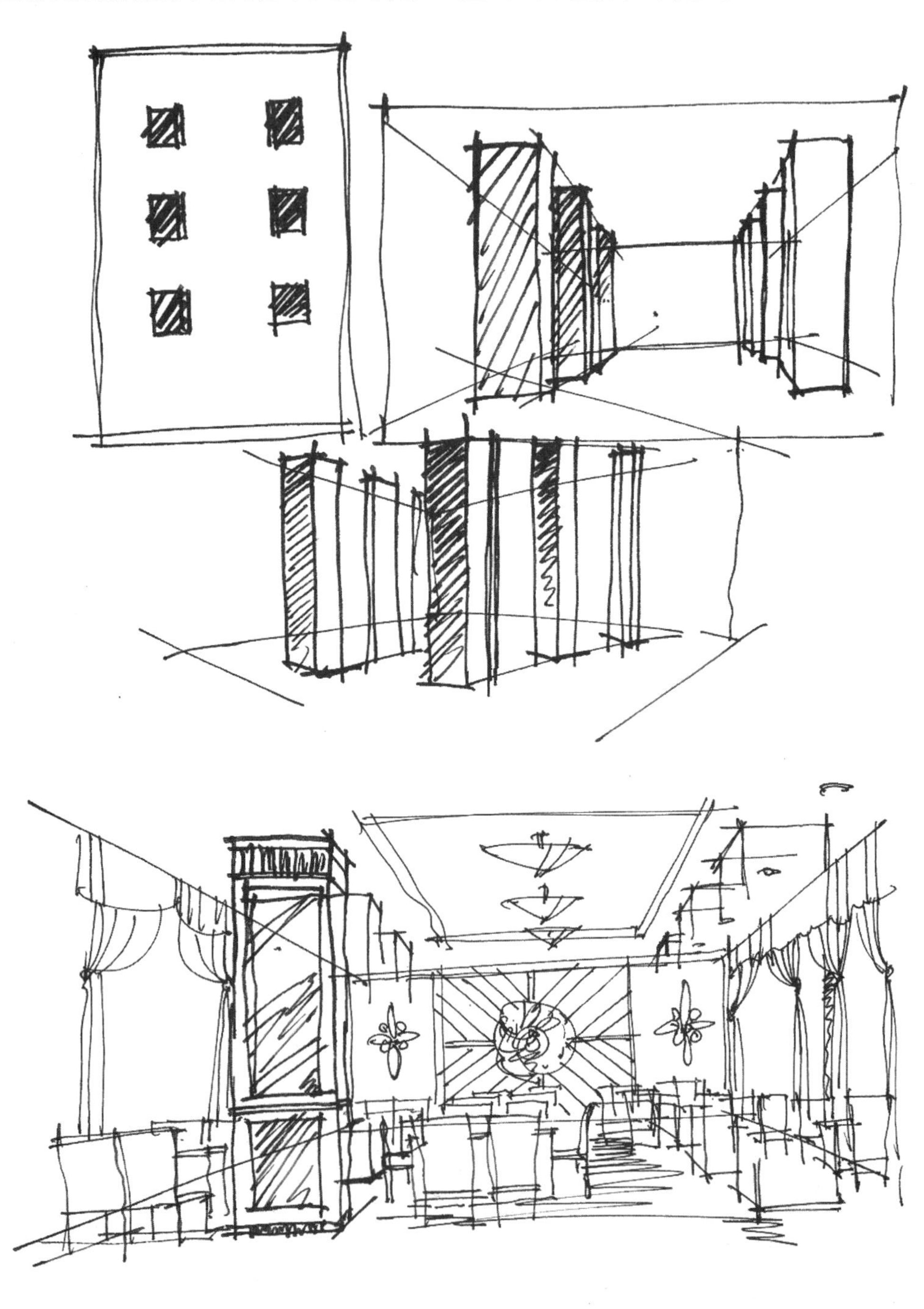

“虚画”示范之四：

要尽可能地表现空间的构成关系，选择一个科学合理的角度来绘制室内透视图对设计师来说尤为重要。在下面这个连接入口通道的客厅里，如果以电视机背景墙为设计重点的话，沙发背面的遮挡无疑对画面起到了极大的破坏作用。

遇到这样的问题，最好的解决办法就是省略，也就是上面所说的“虚画”。

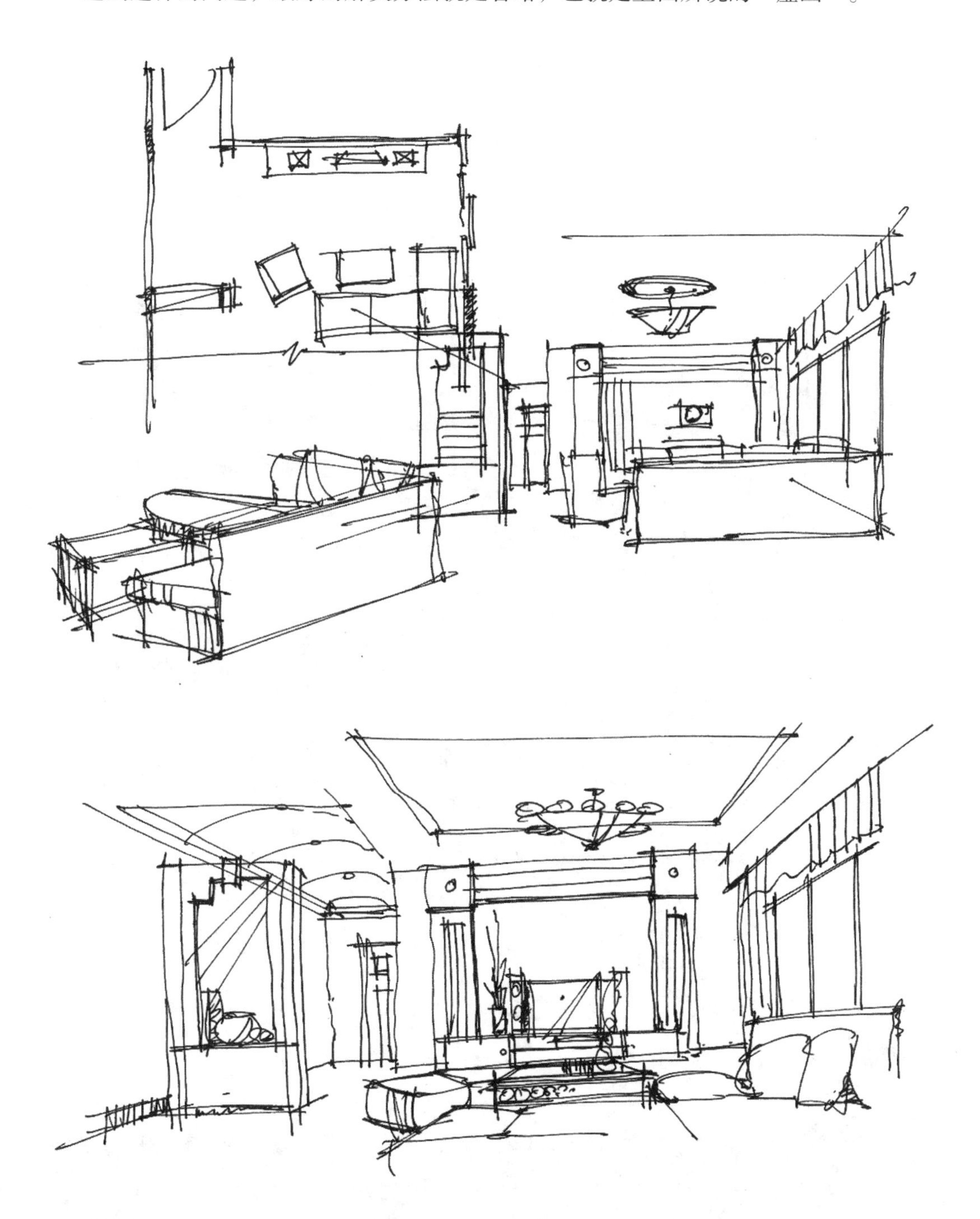

“虚画”示范之五：

“虚画”的方法有很多，关键要看设计师的需要。

下面这个以装饰柜为表现重点的餐厅，无疑是对“虚画”的极致运用。

“虚画”的目的，绝不是为了省时、省事。它完全来自于室内空间设计的需要。

建筑外观的表现

“室内设计师”这个职业名称，有很大的局限性。

商场、KTV、酒吧等商业空间的内部固然由“室内设计师”来完成设计任务，而门面、橱窗等“室外”设计，也不尽然是建筑设计师所能替代的。建筑外观的表现便也成为室内设计师工作中不可分割的一部分。

相对较高和相对较矮的建筑外观，可以用不同的方法来完成：

例如：一建筑物长30m，宽9m，高9m，让我们用一点透视的方法画出二点透视的建筑外观效果。

1. 借助直尺，按尺寸、比例画出均等的格子。

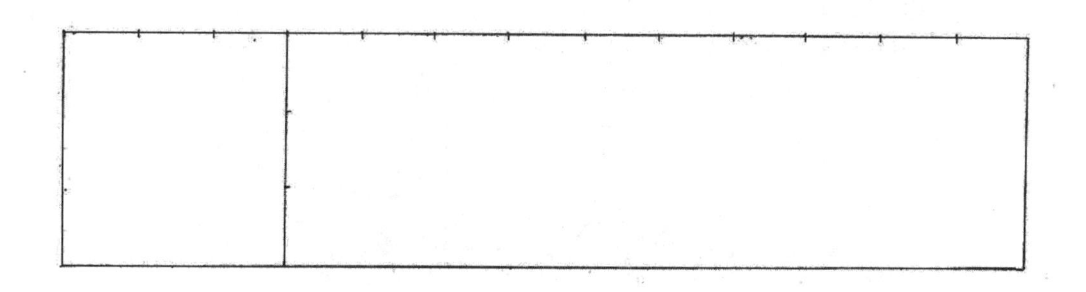

2. 将底边线设定为视平线（相当于绘画的地平线），也可以根据需要另设立视平线。按照透视面的分割方法，完成下图：

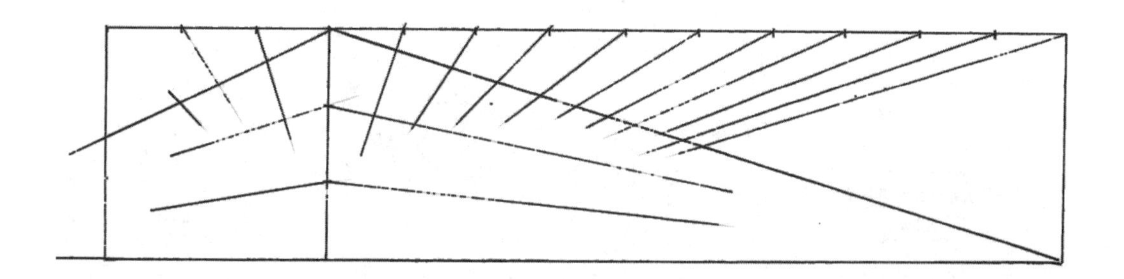

3. 左边的消失点是根据透视的视觉需要在远处适当的位置设定的。

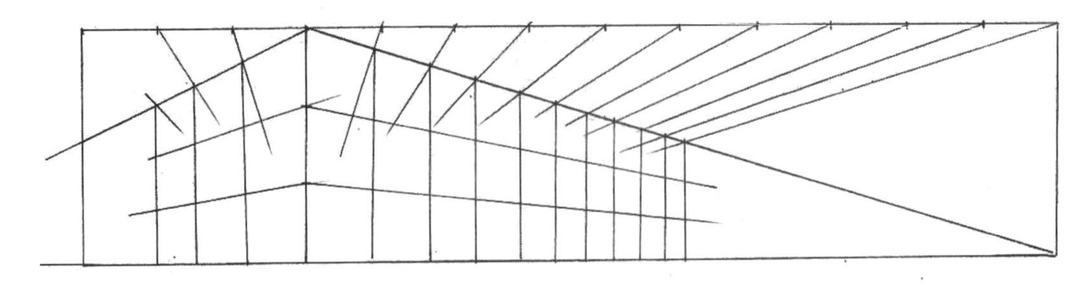

4. 根据楼体的透视关系，画出楼体装饰效果和相关配饰景物。

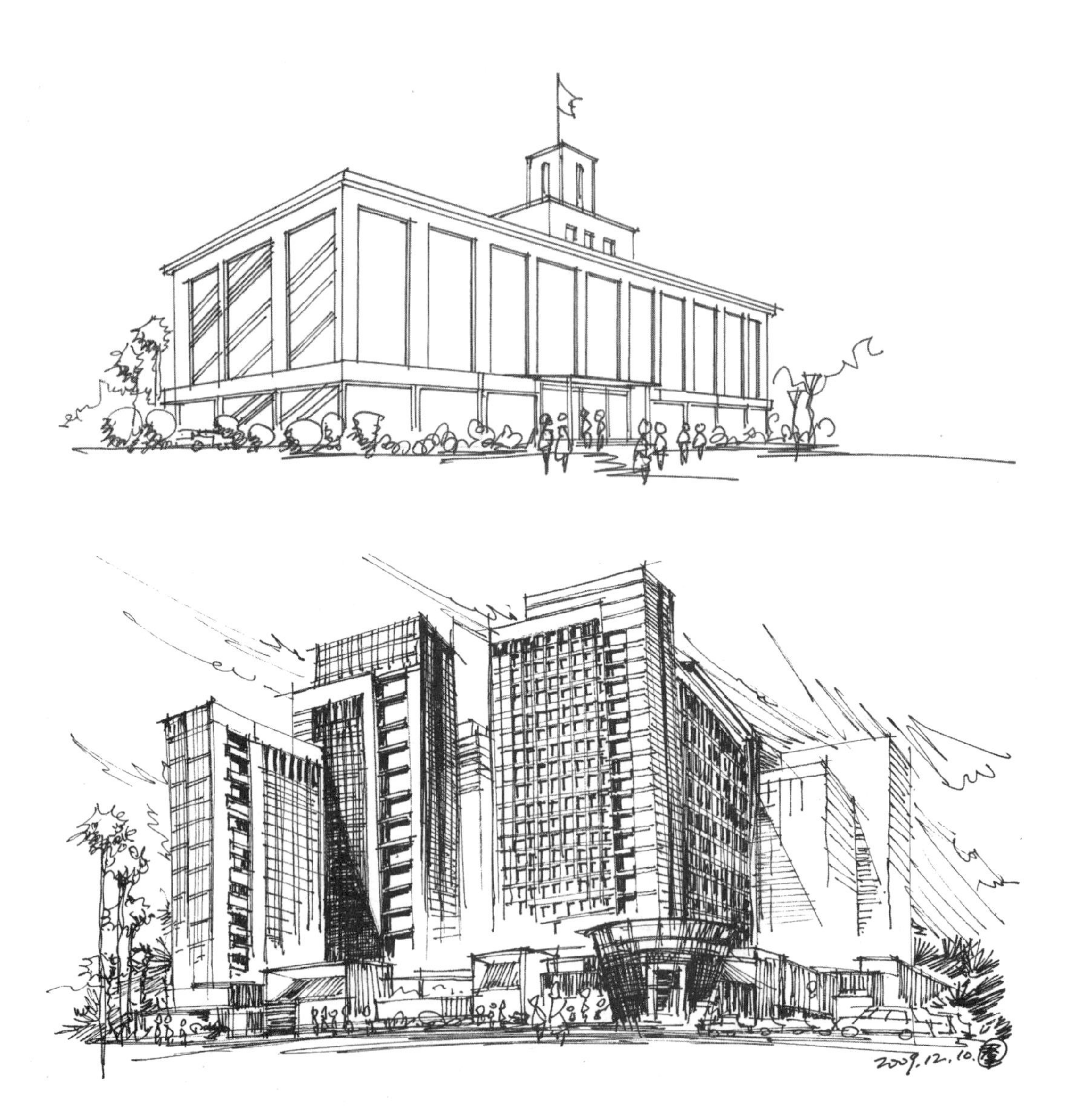

高层建筑外观画法示范：

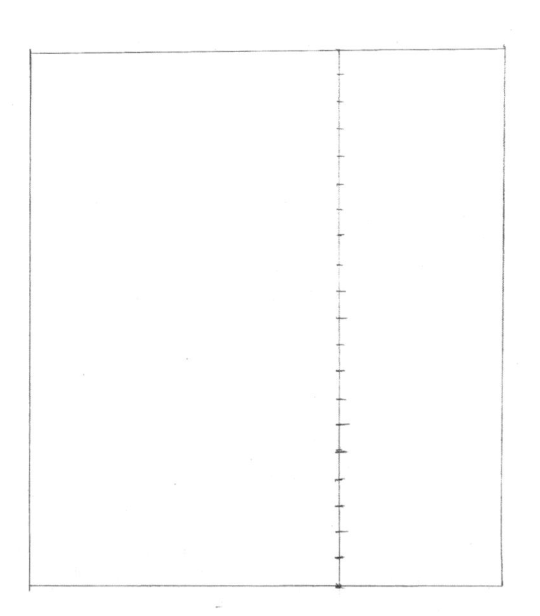

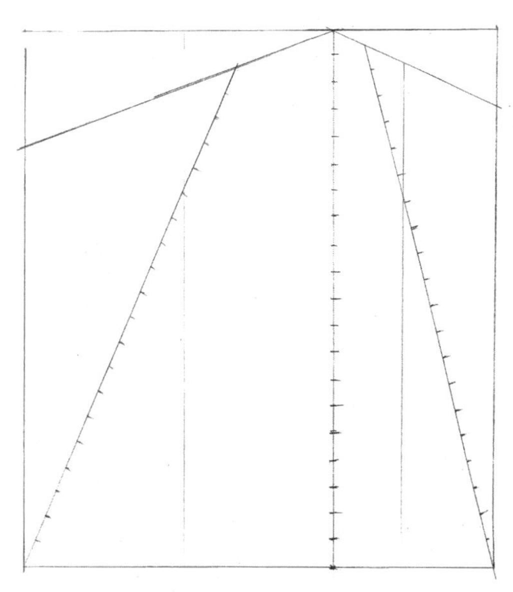

展示类透视图

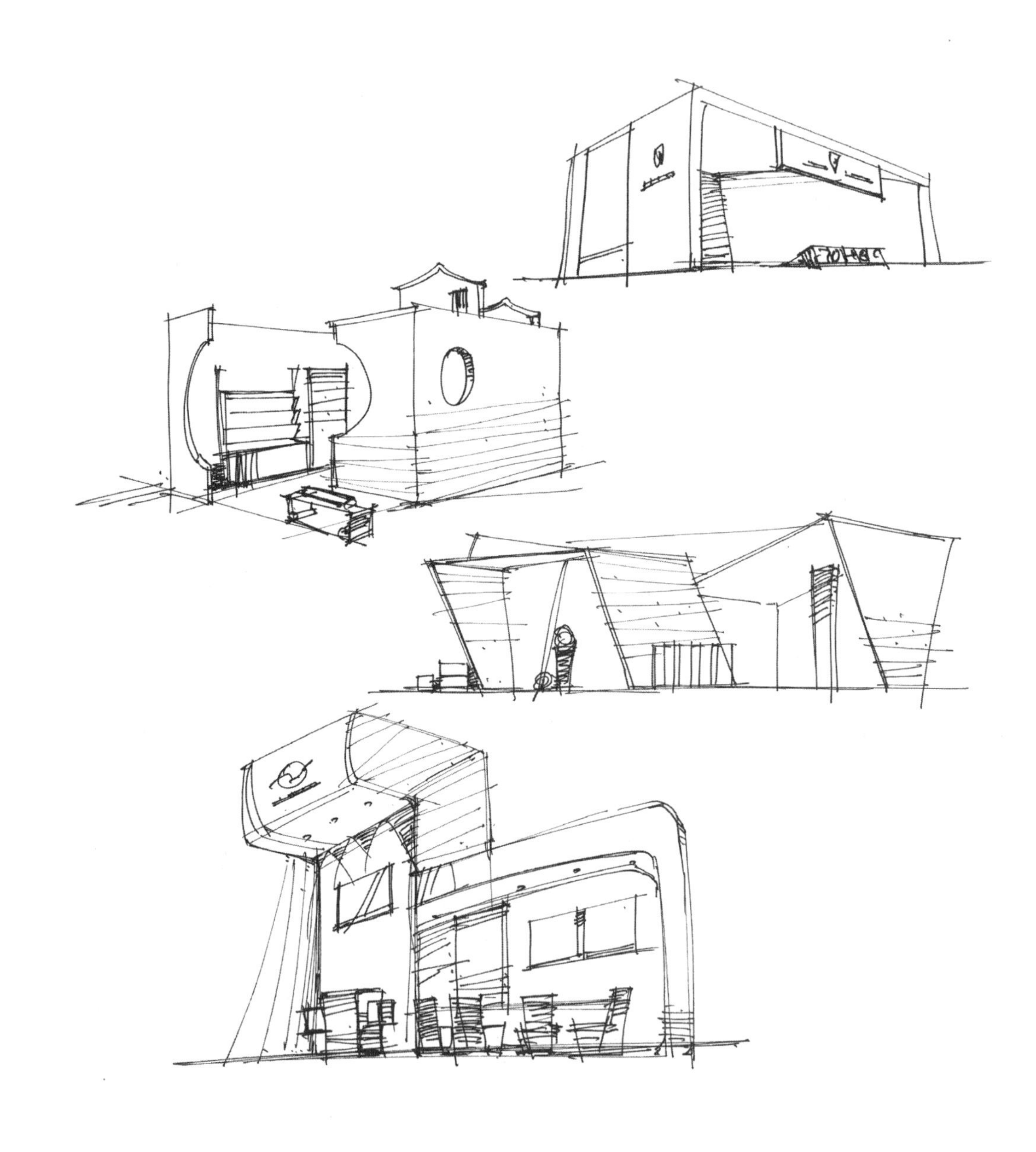

室内设计实用手绘教学示范

第二版

所谓设计，就是既符合目的又符合规律的创意和统筹。

把一个特定的空间近于完美地表现出来，是我们工作的需要和努力的方向。选择一个理想的视点方向、合理定位视平线的高度、恰到好处地定位消失点等，都是我们做好室内设计手绘工作的前提。

我们的工作就是给予人们透视科学、结构合理、装饰完美、空间视觉准确的“理想”效果。因此，室内设计手绘所要表达的就不能只反映一个“点”、一个“面”，更不是“随心所欲”的空间创造！

空间的表达

空间表达示范之一：

平面图内的客厅表现，可以采用不同的方法，先做个比较来看一看。

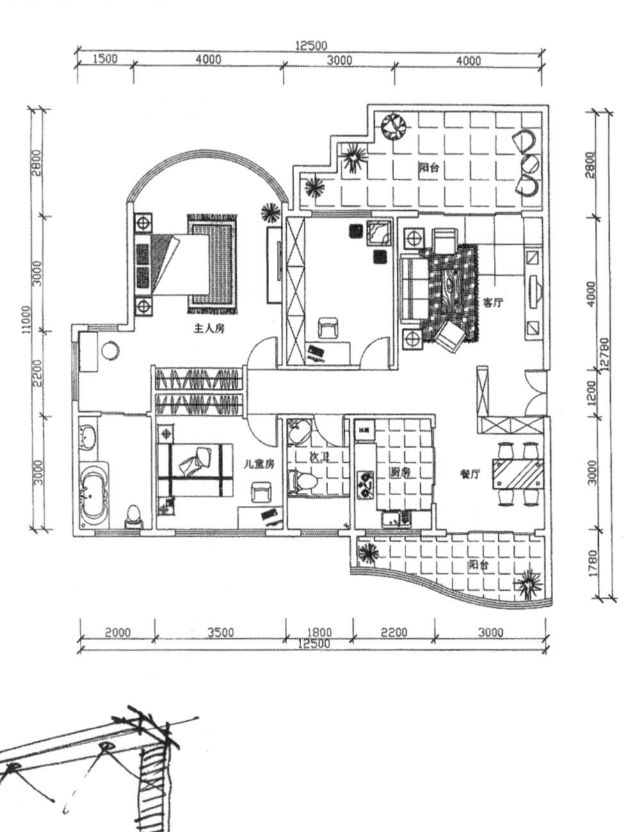

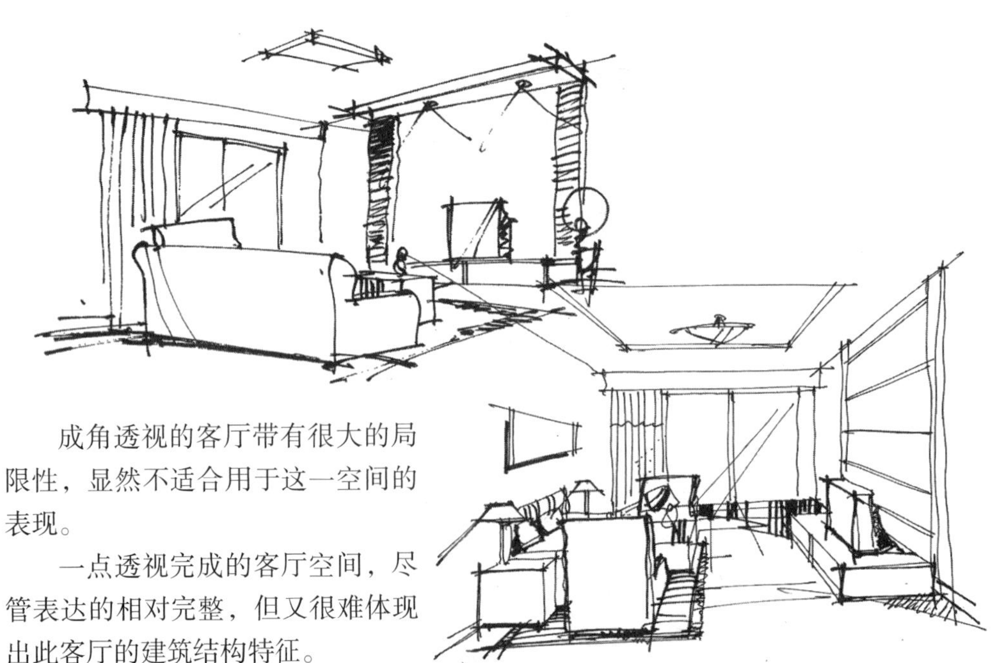

成角透视的客厅带有很大的局限性，显然不适合用于这一空间的表现。

一点透视完成的客厅空间，尽管表达的相对完整，但又很难体现出此客厅的建筑结构特征。

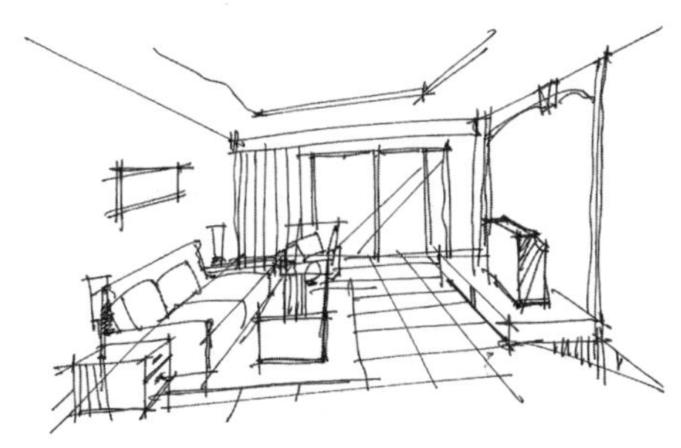

空间不受控制，把空间故意夸大，显然无法与平面图形成视觉上的空间等同。

视平线过高，担心地面上的物体不能全部体现，造成地面过大失去画面的美感，也是室内设计手绘初学者经常出现的问题。

如果我们把视点换一个角度，只要再略加几笔，就可以把一个毫无生机、不具个性的客厅表现变得“丰富多彩”。这样既充分体现了空间结构的相互关系，也大大增加了画面的“信息量”。

空间表达示范之二：

对于平面图内的主卧室表现，大多数设计师都会采用快捷且容易操作的一点透视来完成。

这样普通的空间表现，无论在美学上还是在空间的表现力上都不能算是“完美”，丝毫不具备视觉的“诱惑力”和“冲击力”。

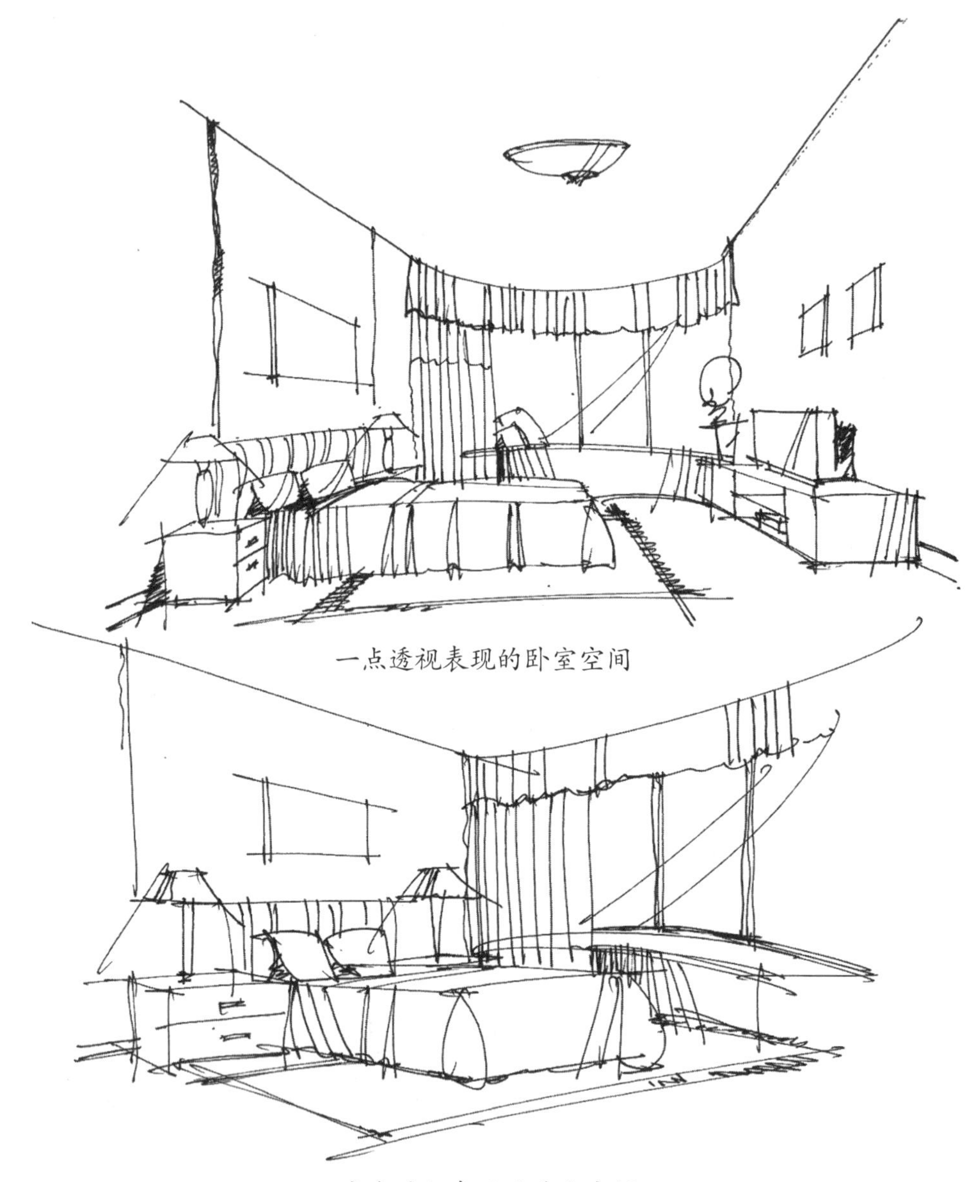

一点透视表现的卧室空间

成角透视表现的卧室空间

把空间表达成上图这样“简洁”“干净”的成角透视，是我们在很多书籍以及设计手绘大赛和技能考核中早已司空见惯的。这样的空间表现，无疑是对室内设计手绘基本理论的最大曲解。

室内设计手绘“精炼、简洁、快速、生动”的原则，不是“删繁就简”的纸面文章，更不是以逸待劳的哗众取宠。

“简洁”，不代表“简约”，更不是简单。

如果换一个角度、换一种思维来考虑这个空间，摆在我们面前的“路”决不仅仅只有一条。

下面这两个图例，希望能给大家带来启发。

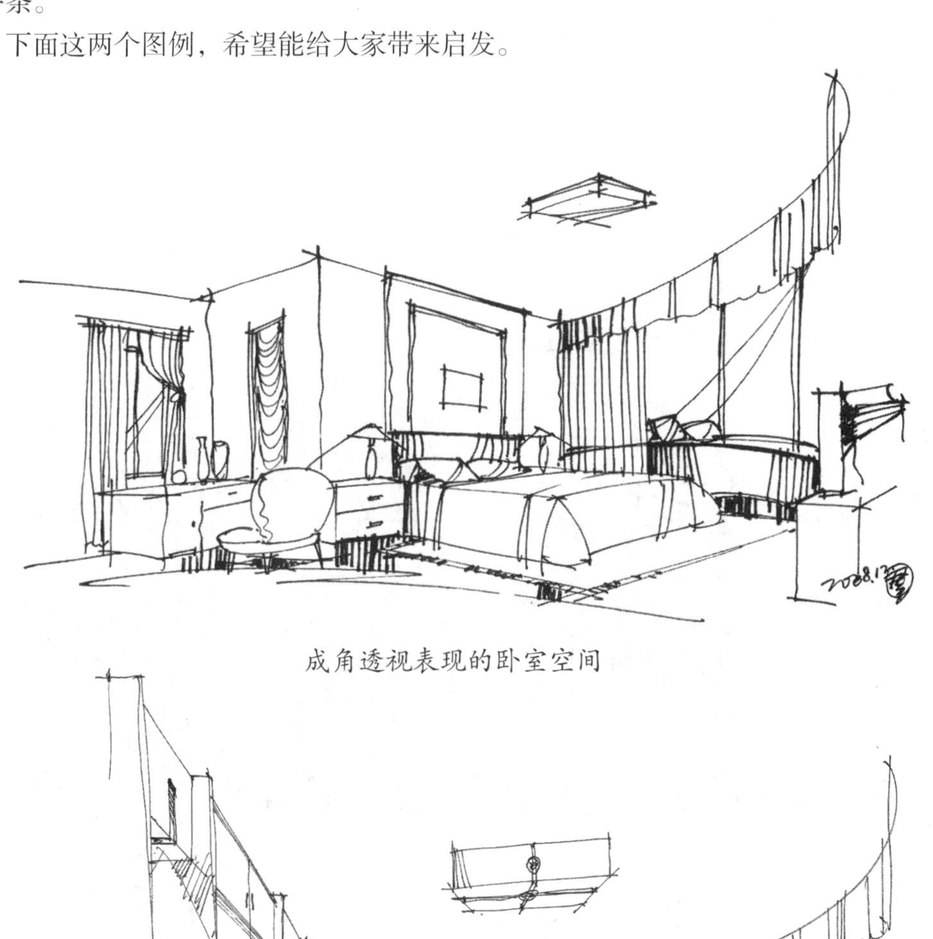

成角透视表现的卧室空间

微角透视表现的卧室空间

空间表达示范之三：

把一组用不同方法表现出的同一餐厅空间摆放在一起来比较，空间表达的优劣显而易见。

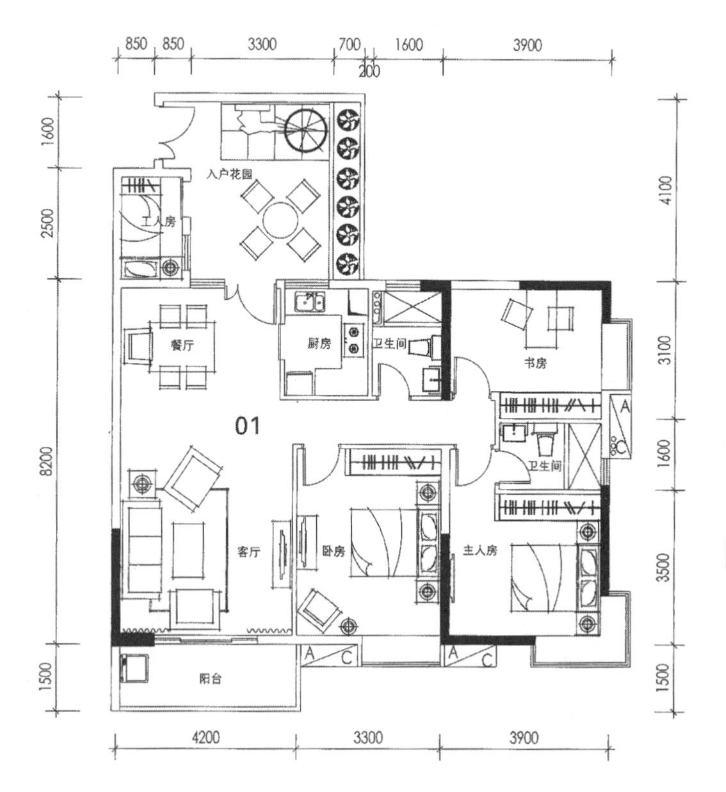

空间表达示范之四：

以广州某楼盘平面图为例，针对每个空间界面所要表达的主题来做一示范。

用成角透视表达的入户花园，可以很好地表现出其他透视方法无法达到的效果。

自然，灵动，内与外、主与次都完美地体现出我们的理念。

（入户花园空间概念示范）

由于空间的进深相对较大，以客厅为表现重点的空间，在一般情况下大多会表现出下图这样的效果：

粗看起来空间的表达和控制基本准确，但细致研究近处客厅和远处餐厅这两个功能区域，就会发现它们因为视平线位置的原因而显得非常含糊，正面的沙发和餐厅的椅子在线条上交织在一起，这样就出现了空间功能交代不明确的问题。

为了解决这一问题，许多设计师在绘制透视图时，刻意把视平线提高，使地面在画面上的比例增大（如下图），虽然强化了两个区域的功能性表现，但“头重脚轻”的空间视觉依然是不尽如人意的。

解决这些问题最简单的办法就是：只要适当地调整一下沙发的样式，我们就可以画出一幅空间合理、功能区域明确的客厅透视图。

美术中的“意在笔先”思想，同样也是我们绘制室内设计手绘透视图的灵魂和准则。这些理念的形成，不是一朝一夕靠几张临摹就能体会到的，需要通过大量的建筑写生来逐渐领悟。

（以客厅空间为表现重点的透视图示范）

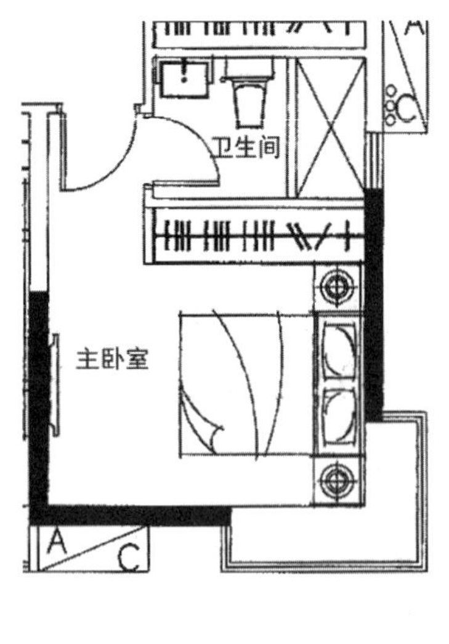

主卧室的空间也可以通过不同的方法来进行表现。

这个卧室空间与其他普通卧室空间相比，转角的飘窗使其在结构上具有很强烈的个性，而这一个性特征正是我们所不能忽略的。

上图：重点不明确的空间表现；
中图：最为普通的空间表现；
下图：虽然强调了重点，但空间表现力不强。

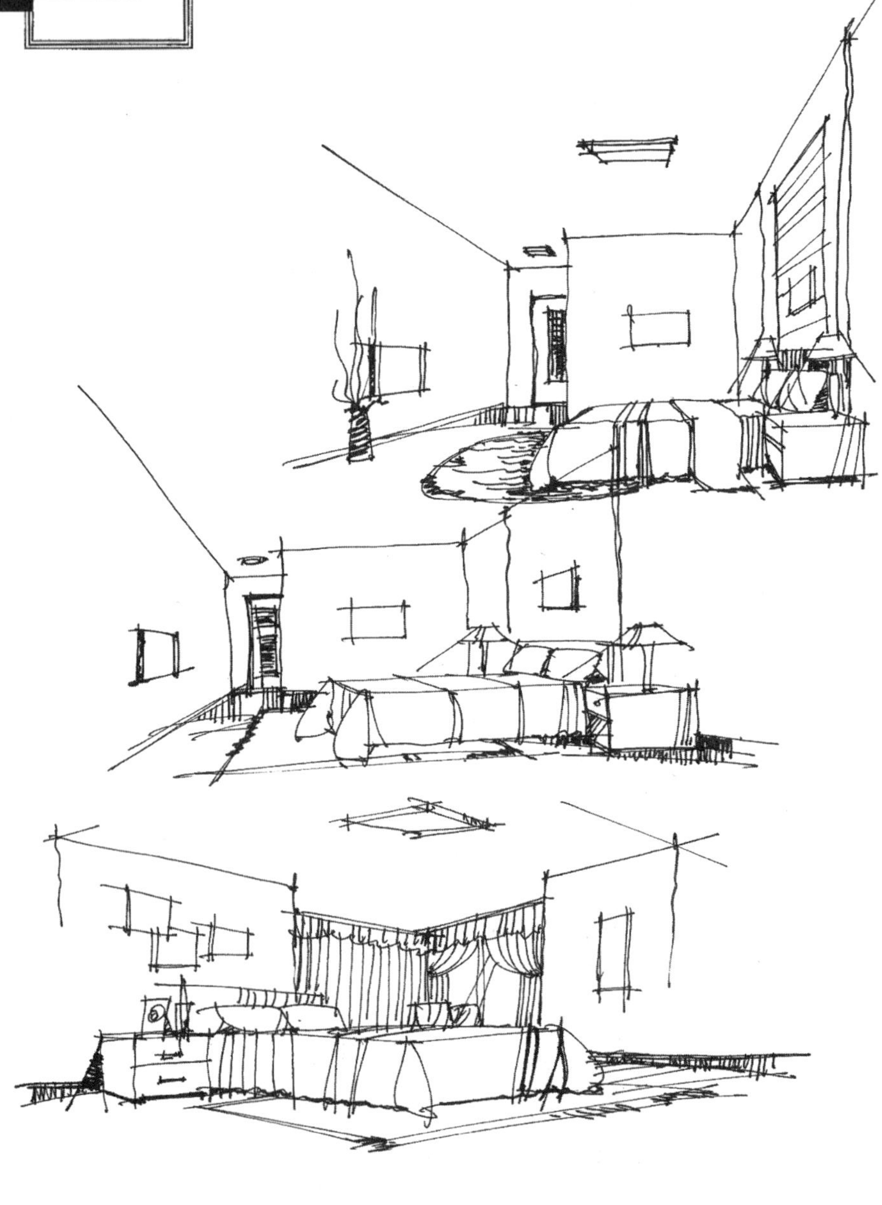

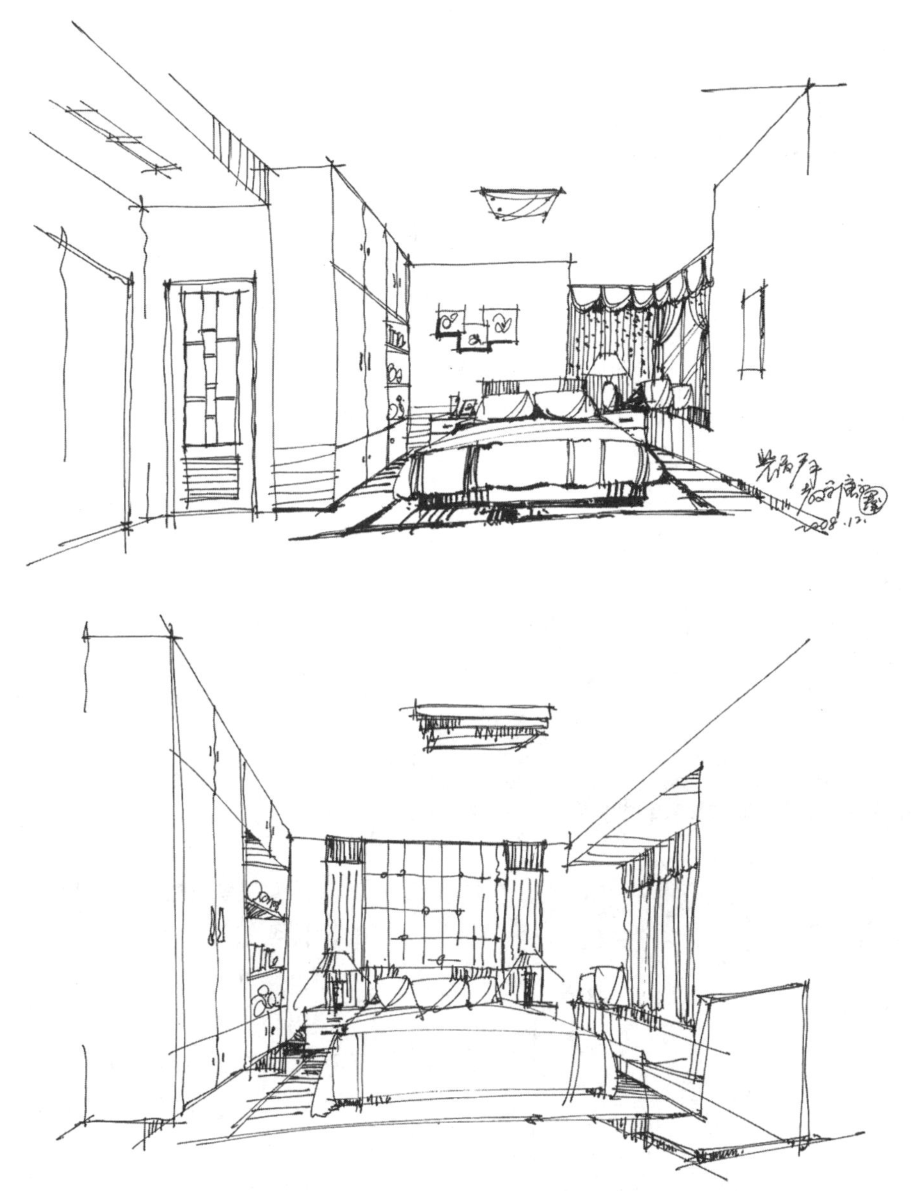

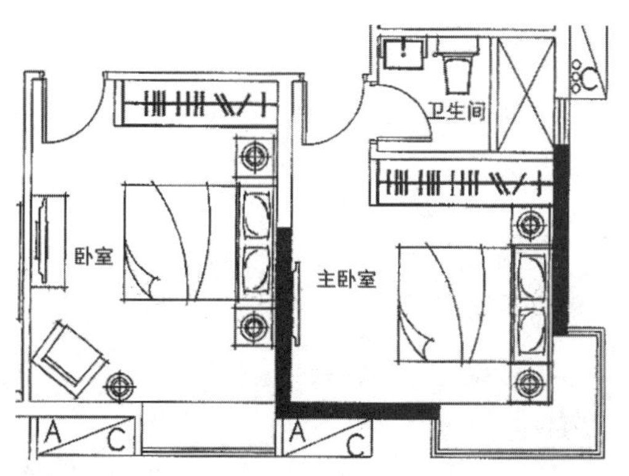

针对一套家庭设计图而言，主卧室与其他卧室无论在使用上，还是在效果表现上都要具有明确的主次关系。

虽然本家庭空间的主卧室相对较小，但通过空间的结构表达可以使主次关系依然明确。

同一空间的不同表现之一

本部分内容的基础资料来源于某协会编写的《××室内设计师资格考试试卷精选》一书。

参加此类考试的人员大多是来自全国各个高等院校、职业院校的毕业生或是自学成才并已经走向工作岗位的设计师。通过这样一组试卷的比较，既可以体会到室内设计所带给我们的"变化万千"的不同理念，也可以深刻地体会到室内设计手绘在现阶段的教学状况和结果。

由于本人编著本书的立足点局限于室内设计的手绘表现，故不对试卷中所反映出来的设计理念和平面布局等做更多的点评，仅就各考生的平面布局和手绘的表达来分析、比较并作示范。

希望这种示范能给室内设计行业以及教学和培训中的各位在校生带来些许启发。

全国室内设计师资格考试快题设计试卷（四期）

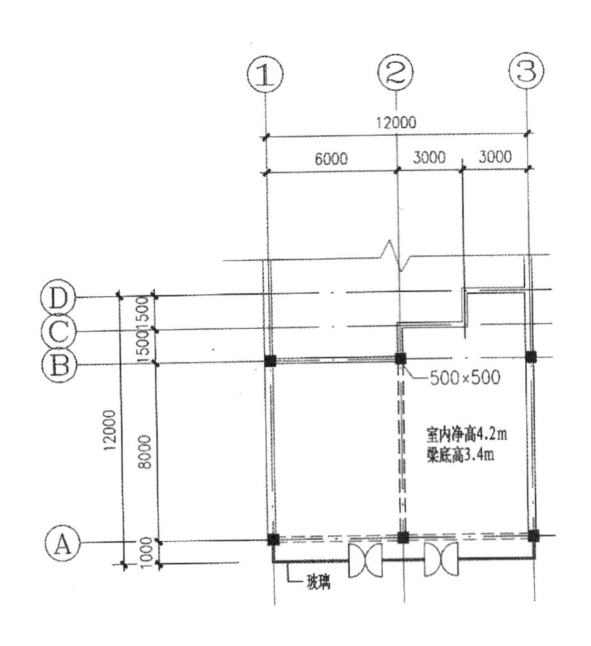

考题：某大型商场内咖啡店设计。

设计要求：

1.咖啡店内应有客席桌椅、糕点柜台及收银台；小型灶台及备用间；上下水可引入；洗手间商场公用。

2.功能配置合理。

3.环境舒适、优美、清新。

4.图纸要求：

平面设计图（1：50）；

咖啡店门脸立面图（表现手法不限，简单着色）；

简要设计说明不超过200字。

时间要求：全部图纸需在7小时内完成。

注：设计创意占50分，制图、绘图、说明占50分。

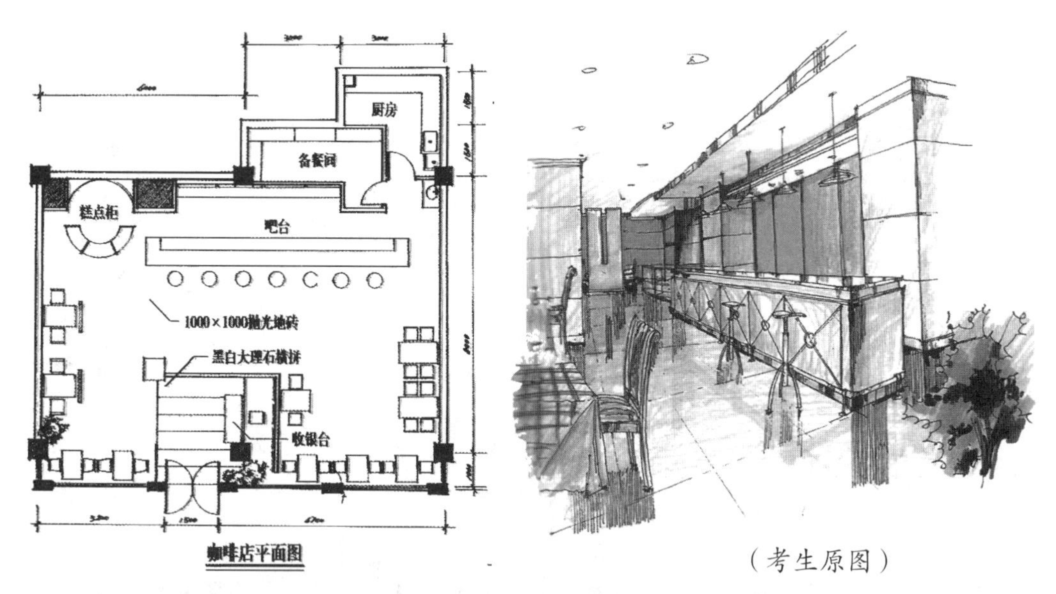

（考生原图）

也许是受试题要求中“表现手法不限”这一提示的影响，此考生在答卷中的透视效果图表现，是最具普遍性的“投机取巧”表现。也许这句话严重了些，但透过这样司空见惯的表现图，本人深刻地感到：有很多同行朋友早已习惯并接受了这样的误导并在思想中打上了深深的烙印，同时也反映出很多“名义上的设计师”对室内设计手绘基本理论的严重欠缺。

室内设计手绘，要表现出的是一张“脸”，而不是一个“眼睛”或一个“鼻子”。

室内设计手绘，不是简单的“绘画”表现；空间的科学体现才是室内设计手绘的立足和生存之本。

下面这张示范图，希望能引起一些反思与醒悟。

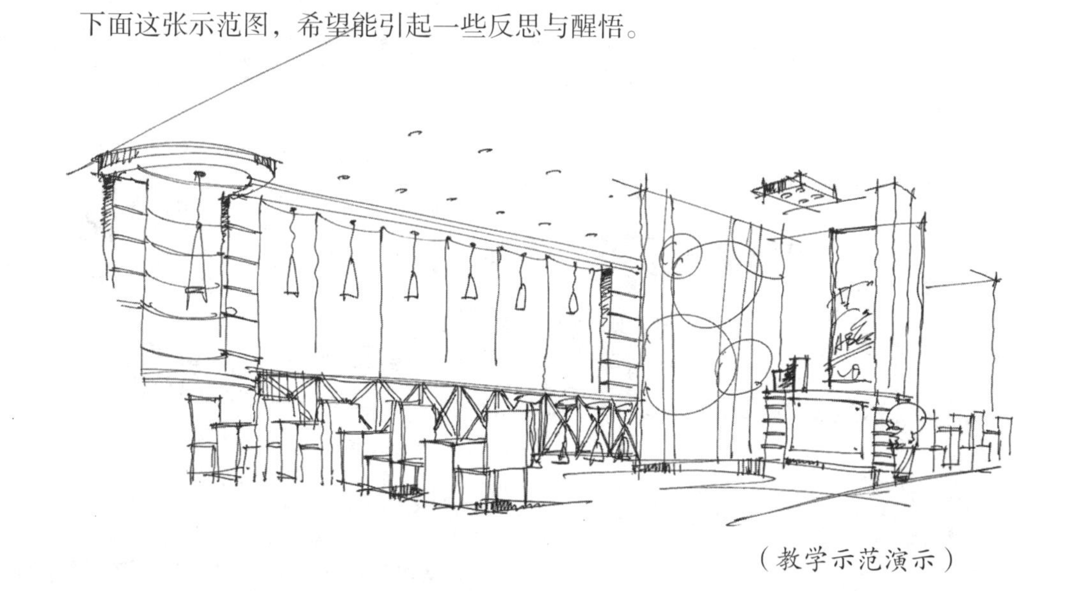

（教学示范演示）

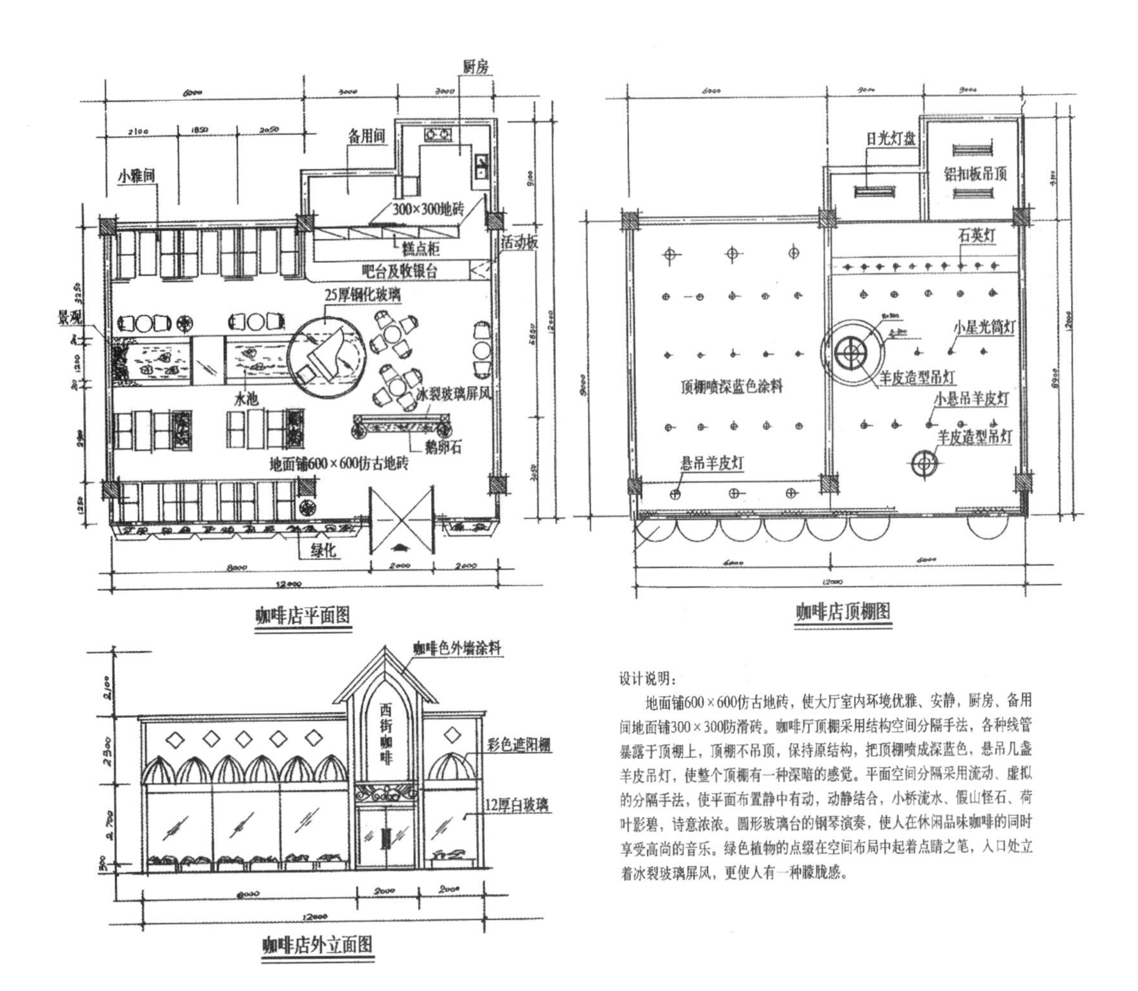

咖啡店平面图

咖啡店顶棚图

咖啡店外立面图

设计说明：

地面铺600×600仿古地砖，使大厅室内环境优雅、安静，厨房、备用间地面铺300×300防滑砖。咖啡厅顶棚采用结构空间分隔手法，各种线管暴露于顶棚上，顶棚不吊顶，保持原结构，把顶棚喷成深蓝色，悬吊几盏羊皮吊灯，使整个顶棚有一种深暗的感觉。平面空间分隔采用流动、虚拟的分隔手法，使平面布置静中有动，动静结合，小桥流水、假山怪石、荷叶影碧，诗意浓浓。圆形玻璃台的钢琴演奏，使人在休闲品味咖啡的同时享受高尚的音乐。绿色植物的点缀在空间布局中起着点睛之笔，入口处立着冰裂玻璃屏风，更使人有一种朦胧感。

（考生原图）

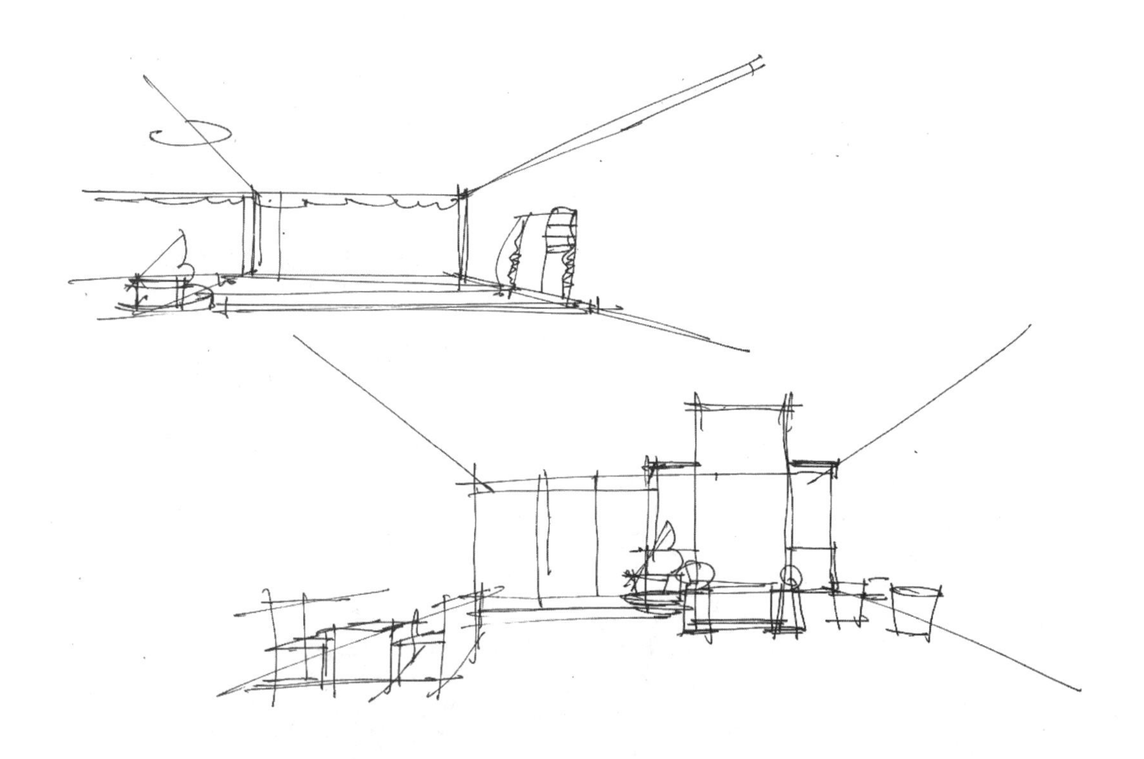

本空间的平面布局是否合理和适用暂且不论，但对于空间尺寸比例把握的严重失控则不得不提。

（教学示范演示）

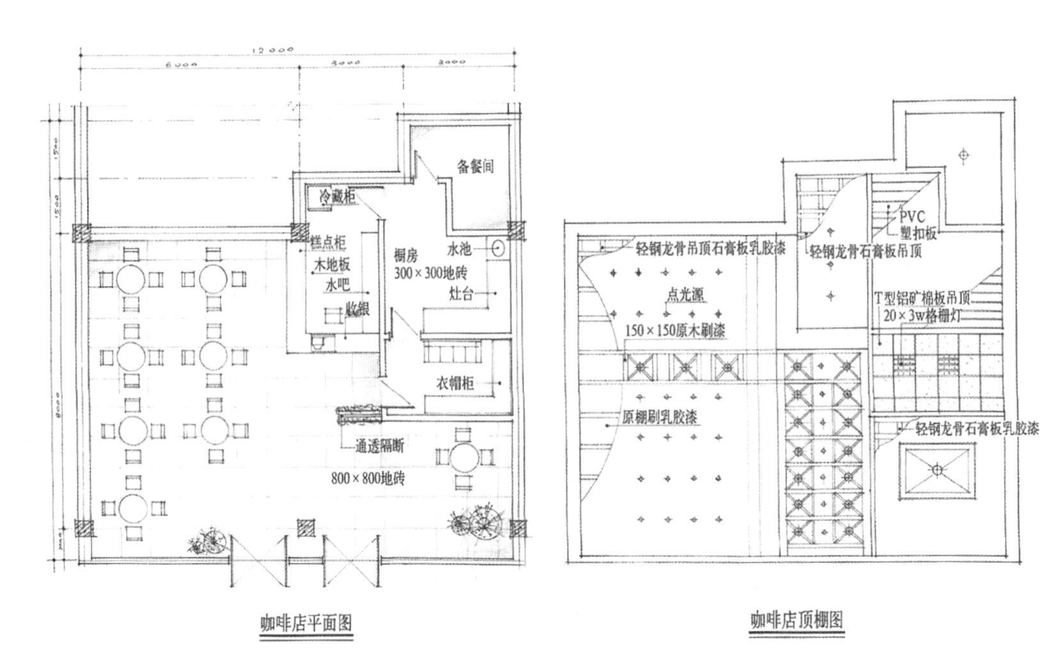

咖啡店平面图　　咖啡店顶棚图

12000

Coffee

高档咖啡色亚光釉面砖
木质造型木本色刷漆
香槟银塑铝板
200宽凹槽设灯光
素石砖
胡桃木刷清漆

咖啡店外立面图

设计说明：

本方案属餐饮环境，在平面布置上，进行了精心合理的布局。整体空间划分为两个大区域：一是顾客就餐区，二是售货工作区，空间比为2∶1，在满足售货加工的同时，将更多的空间留给顾客。色彩运用上以暖色系为主，既增加食欲，又具亲和力。整体空间力求功能合理，色彩适宜，整洁宁静，给人以幽雅、安全、舒适的空间特点。

（考生原图）

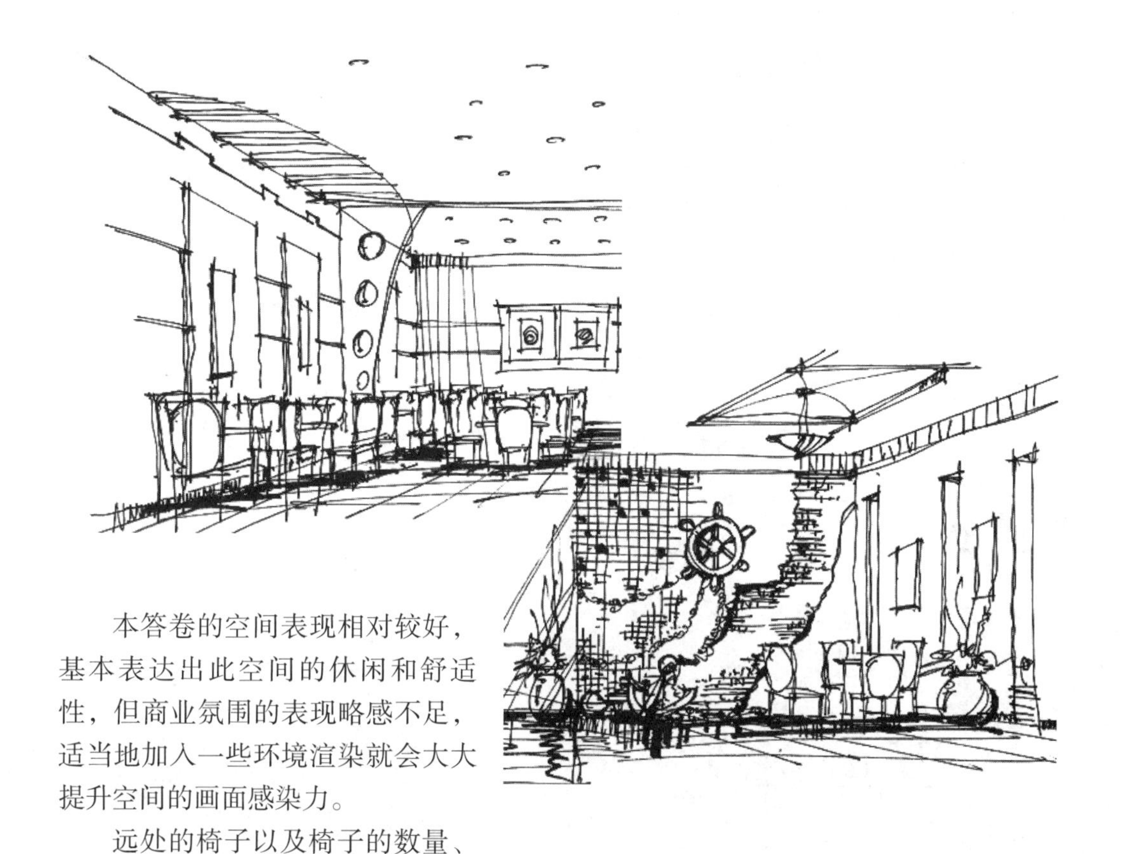

本答卷的空间表现相对较好，基本表达出此空间的休闲和舒适性，但商业氛围的表现略感不足，适当地加入一些环境渲染就会大大提升空间的画面感染力。

远处的椅子以及椅子的数量、近景的层次等都可以成为环境渲染的必要补充。

（教学示范演示）

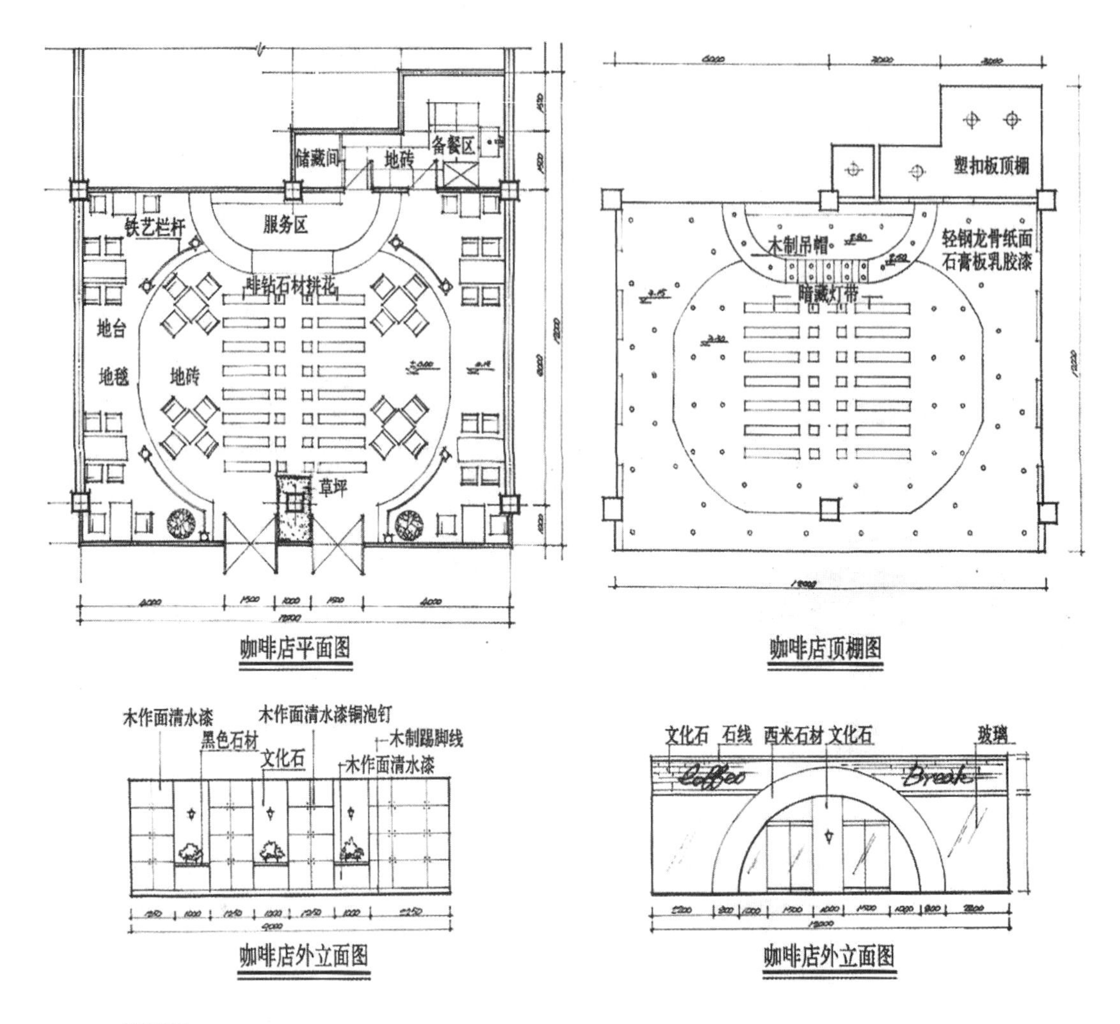

设计说明：

本方案为某商场内部咖啡厅设计。在空间分隔上，设计师把空间功能分三大部分：服务区、备餐区和营业区，运用一些设计手法进行分隔，空间流动感较强。整体风格古朴典雅，并适当加入了现代因素，地面和顶棚作曲线分隔，相互呼应。选用了文化石、木材为主要材料，用铁艺、铜饰、玻璃等进行肌理的对比与创造。

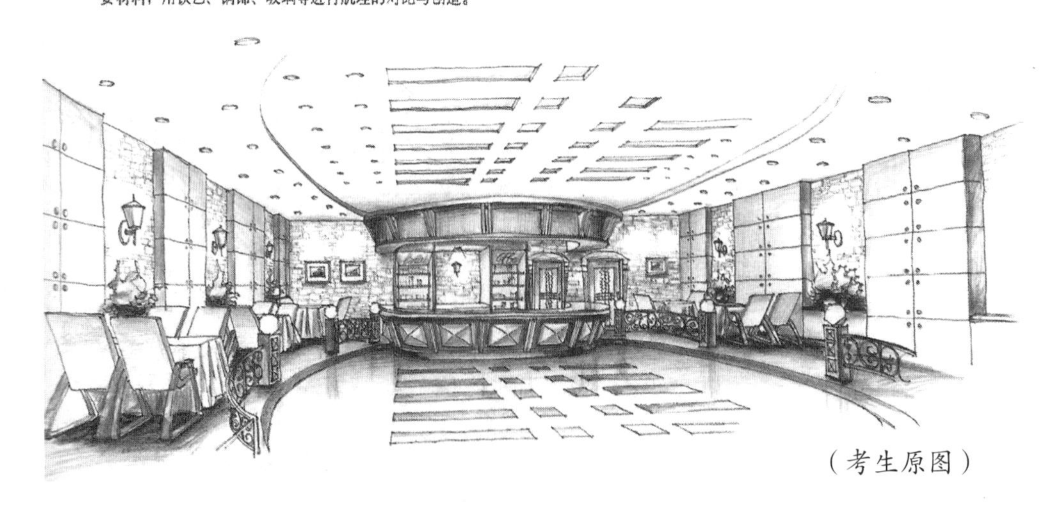

（考生原图）

这个空间的表现，无论是在空间尺度的控制还是细节的表达上都是设计快题考试中少见的上乘之作，每一个细节都能体现出较深的绘画功底。

但这样一个上下、左右都很对称的空间设计便显得有些“呆板”和过分“均衡”。如果把此效果图略微调整一下，就会产生比原图更好的视觉效果。

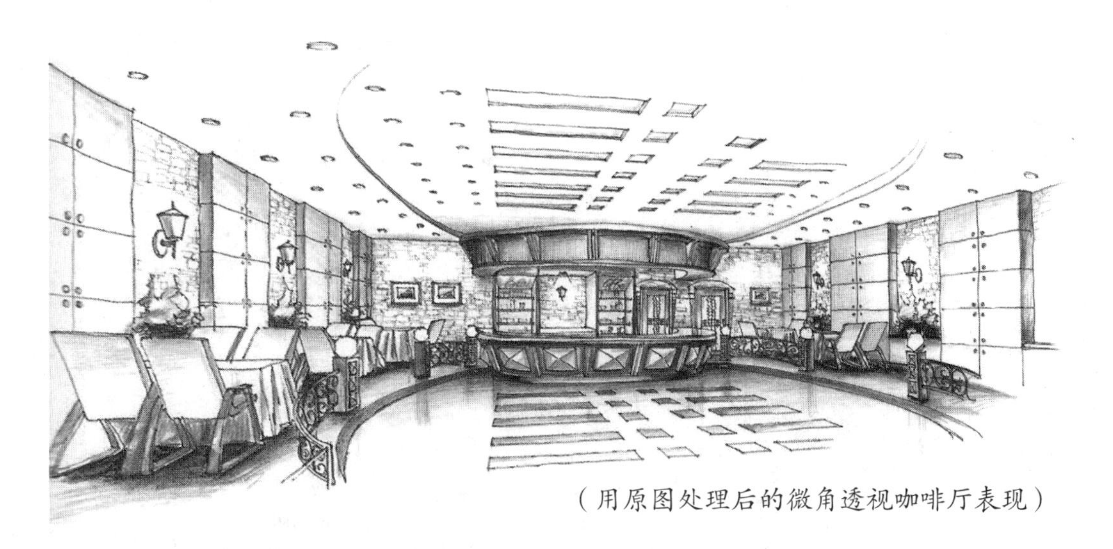

（用原图处理后的微角透视咖啡厅表现）

（将视平线降低后的咖啡厅表现）

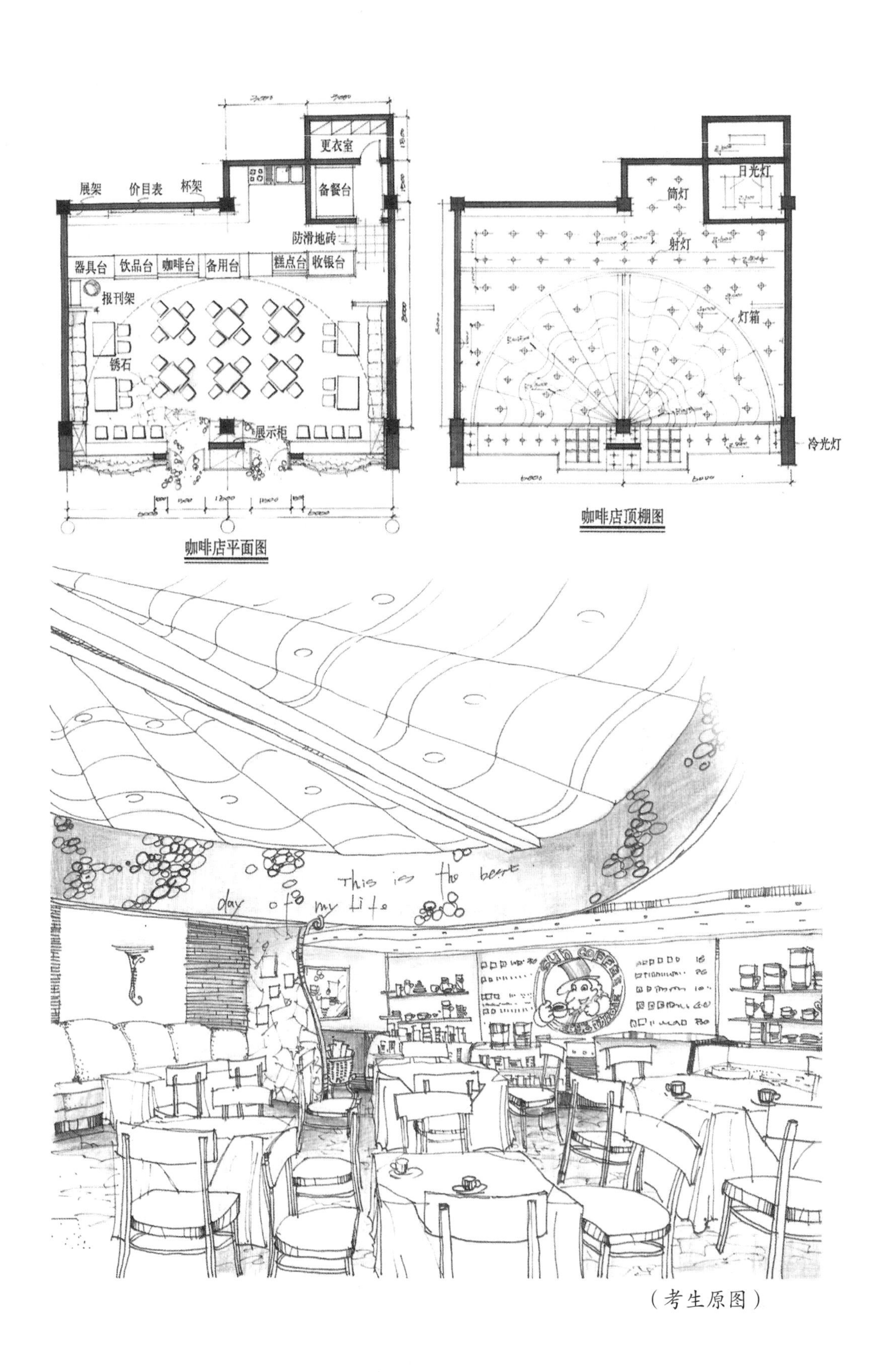
更衣室
展架
价目表
杯架
备餐台
防滑地砖
器具台
饮品台
咖啡台
备用台
糕点台
收银台
报刊架
锈石
展示柜
咖啡店平面图
日光灯
筒灯
射灯
灯箱
冷光灯
咖啡店顶棚图
This is the best
day of my life

（考生原图）

这是一个普遍存在的、明显带有室内写生味道的“表现图”。这样的表现方法多是强调画面的美感而忽略空间概念的。

这不是室内设计手绘，而是室内绘画。在设计说明中我们不难感到原图的天花是设计的重点，而在透视图中却没有重点表现出来。

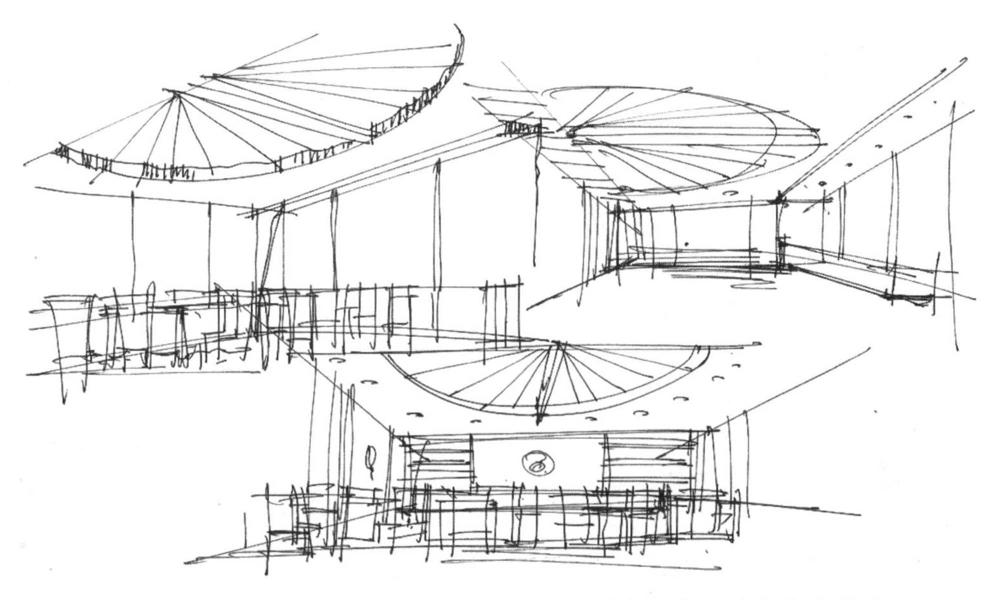

（空间表现的各角度简图）

（教学示范演示）

同一空间的不同表现之二

全国室内设计师资格考试快题设计试卷（五期）

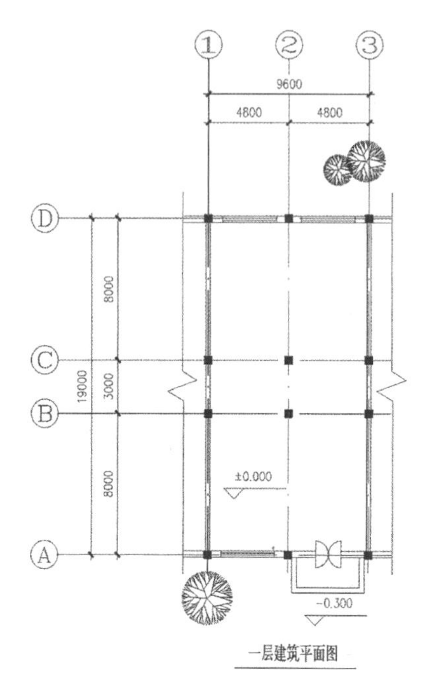

一层建筑平面图

考题：本案例拟将老库房改造为室内设计师个人工作室。设计中须有管理办公室（3人位）、设计室（6～8人位）、资料室、卫生间。

1．设计要求：

基本尺寸（单位mm）：柱尺寸450×450，柱间尺寸4800，一层建筑净高4000。

2．图纸要求：

室内外平面功能划分及平面布置图（比例自定）；

室内主要部位透视效果图一张（表现手法不限，简单着色）；

简要设计说明（200字左右）。

3．时间要求：

全部图纸需在7小时内完成。

注：设计创意占50分，制图、绘图、说明占50分。

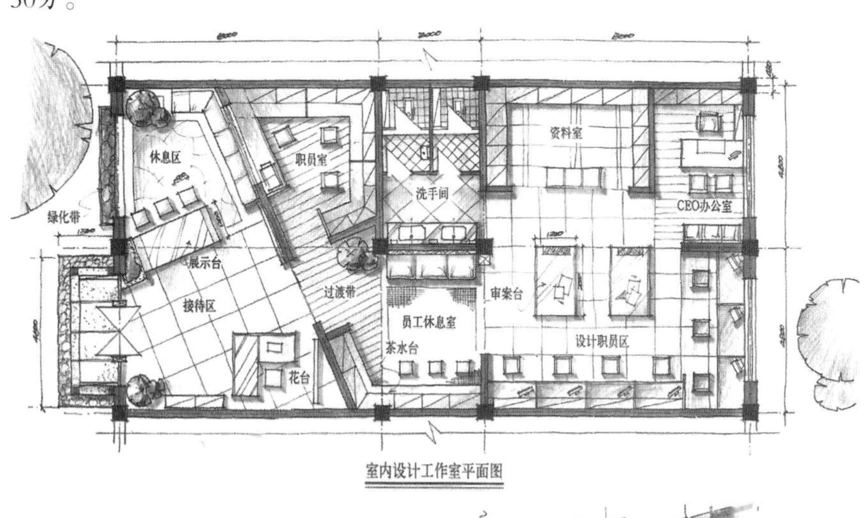

室内设计工作室平面图

设计说明：

本案为将老库房改造成为室内设计室，同时需满足业主提出的功能要求，故此在本案设计中追寻简约或板块化为主体的设计原则，在保留原有老库房材料状态的基础上，采用现代化板式材料，来营造一种和谐气氛。材质为不锈钢、毛石、玻璃、塑钢。

入口效果图

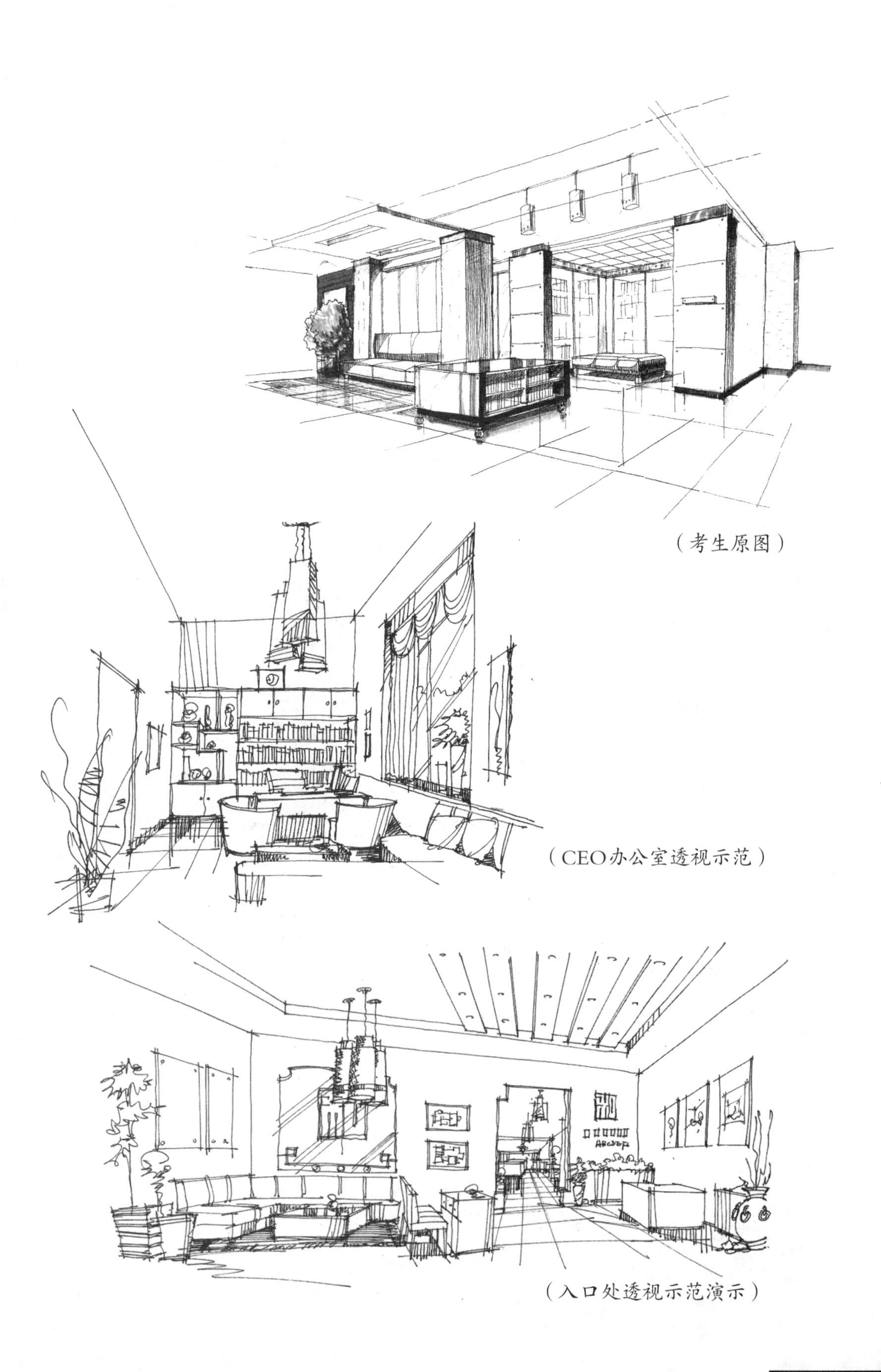

（考生原图）

（CEO办公室透视示范）

（入口处透视示范演示）

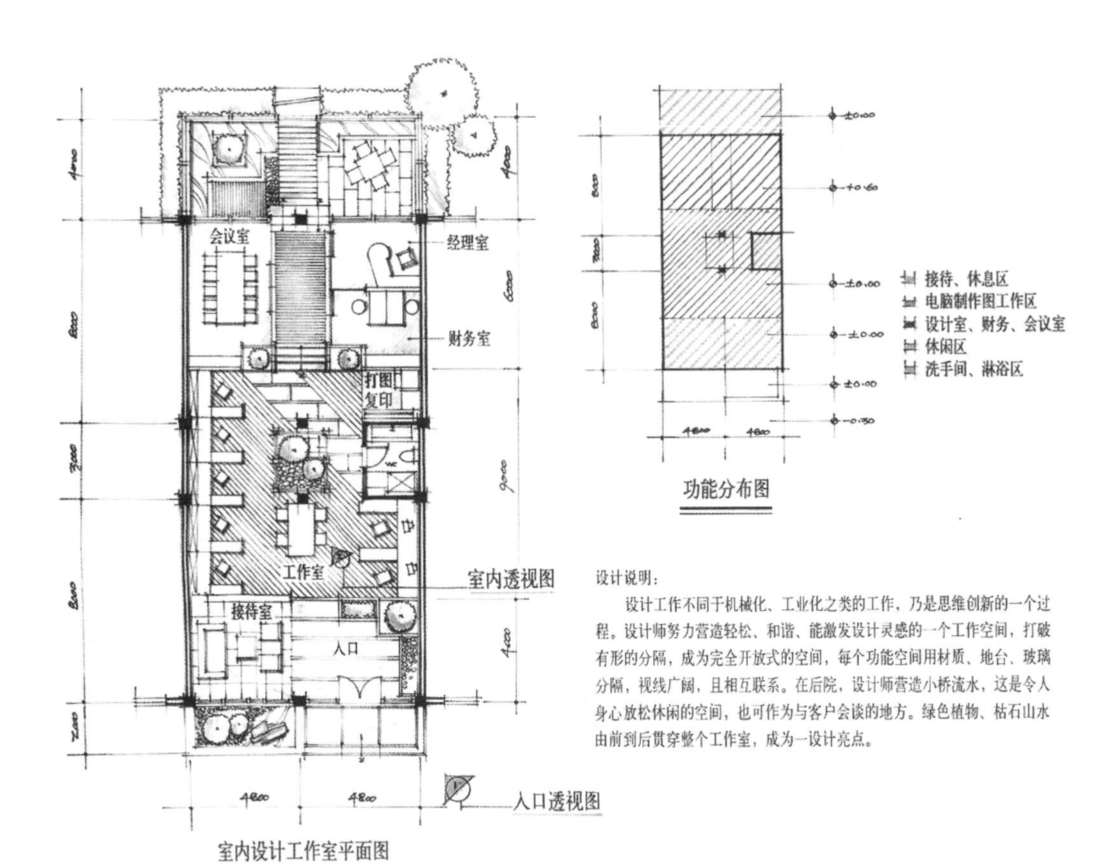

设计说明：

设计工作不同于机械化、工业化之类的工作，乃是思维创新的一个过程。设计师努力营造轻松、和谐、能激发设计灵感的一个工作空间，打破有形的分隔，成为完全开放式的空间，每个功能空间用材质、地台、玻璃分隔，视线广阔，且相互联系。在后院，设计师营造小桥流水，这是令人身心放松休闲的空间，也可作为与客户会谈的地方。绿色植物、枯石山水由前到后贯穿整个工作室，成为一设计亮点。

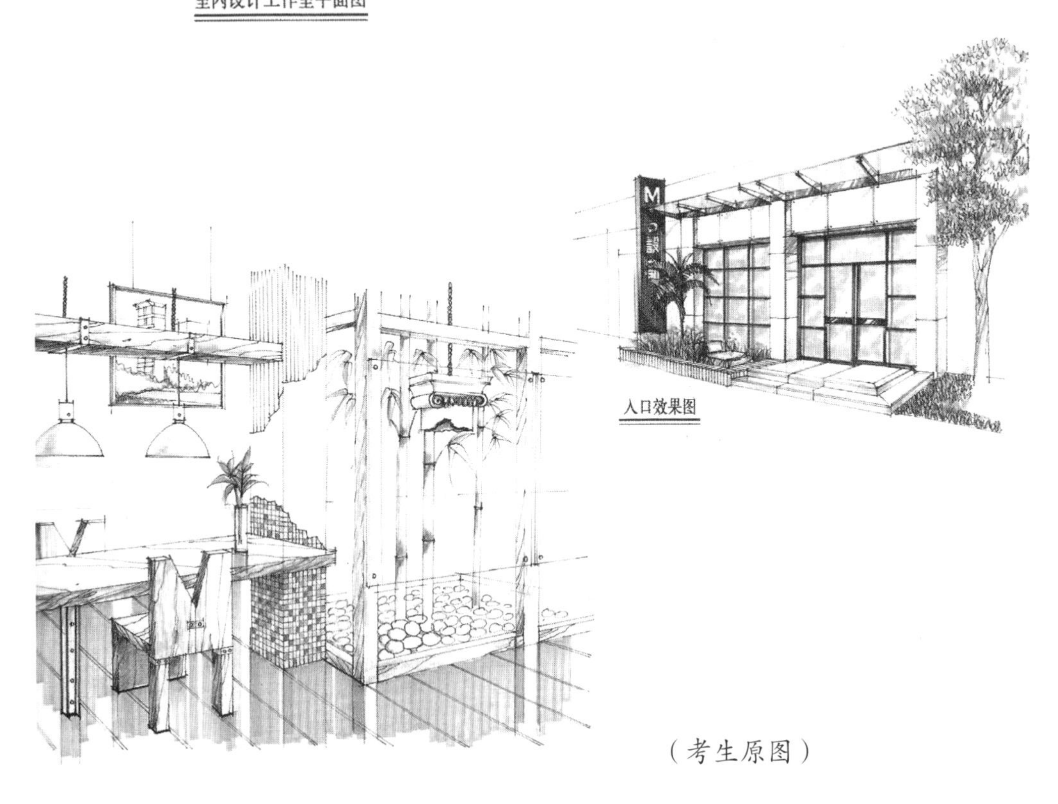

（考生原图）

在此引用一个笑话：

某设计师到一新开业的照相馆拍半身照，约定次日来取。次日取之，设计师大怒：这算是照片吗？

摄影师：当然算！

设计师：这就是我要的半身照片？

摄影师：你也没说不能拍下半身呀。

不可否认，本答卷的平面布局很有想法，这是可贵之处。但本试题明确要求作主要部位的透视图一张，何为主要部位？在历次设计师考试和诸多手绘书籍里我们都能见到这样如同“盲人摸象”般的画面。

通过上面的小笑话和下面这两张借助原答卷布局演绎出来的主要部位透视图（平均用时20分钟），希望从事室内设计手绘的朋友们能有所感悟。

（入口处透视示范演示）

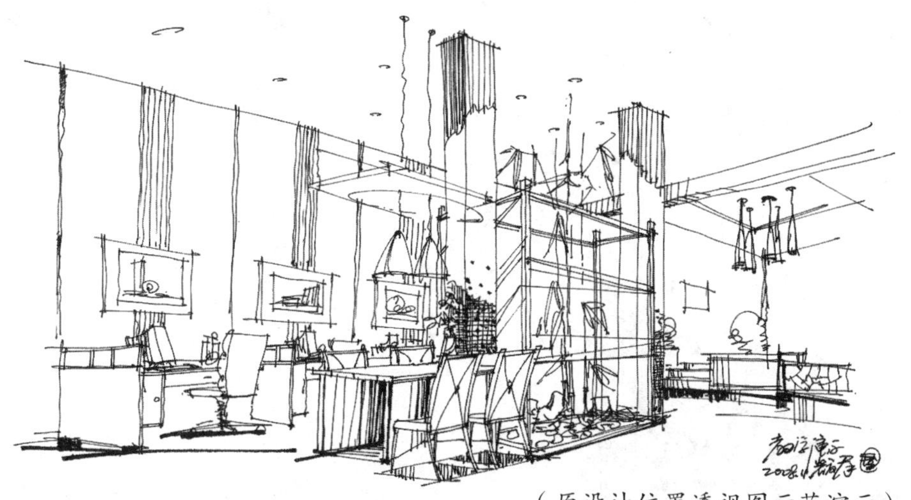

（原设计位置透视图示范演示）

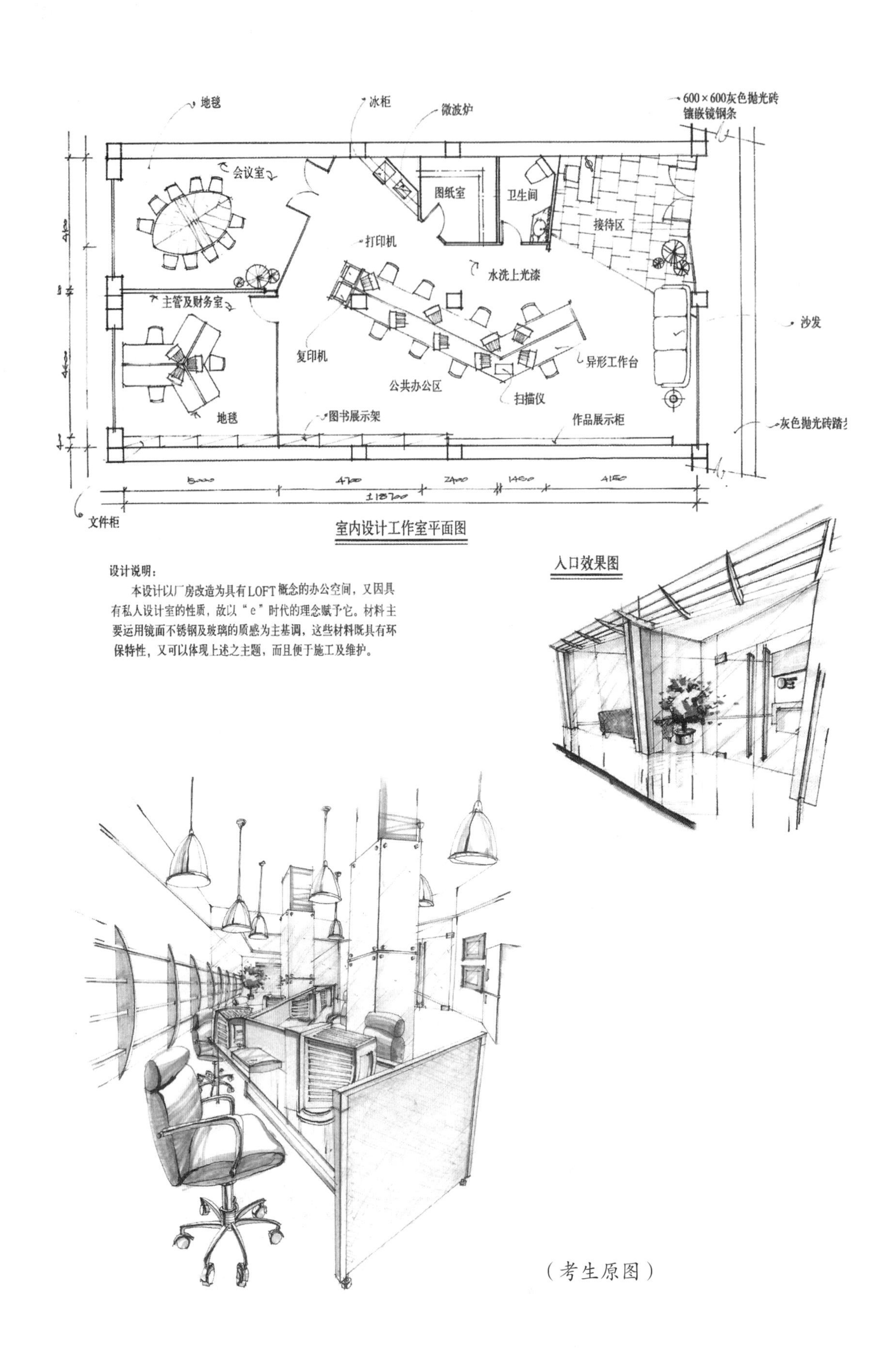

室内设计工作室平面图

设计说明：

本设计以厂房改造为具有LOFT概念的办公空间，又因具有私人设计室的性质，故以“e”时代的理念赋予它。材料主要运用镜面不锈钢及玻璃的质感为主基调，这些材料既具有环保特性，又可以体现上述之主题，而且便于施工及维护。

入口效果图

（考生原图）

设计，不是为变而变。

本答卷的透视图与前一答卷具有“异曲同工”的“意境”，在此不再评述。

这样一个“为变而变独具个性”的平面布局，对我来说也算是一场考试了。在这个布局上很难找到一个最佳的视角来体现空间的“完美”。但示范还是要做的，按原设计平面布局，示范如下几张透视图来感觉一下这个“空旷”的空间，供大家参考。

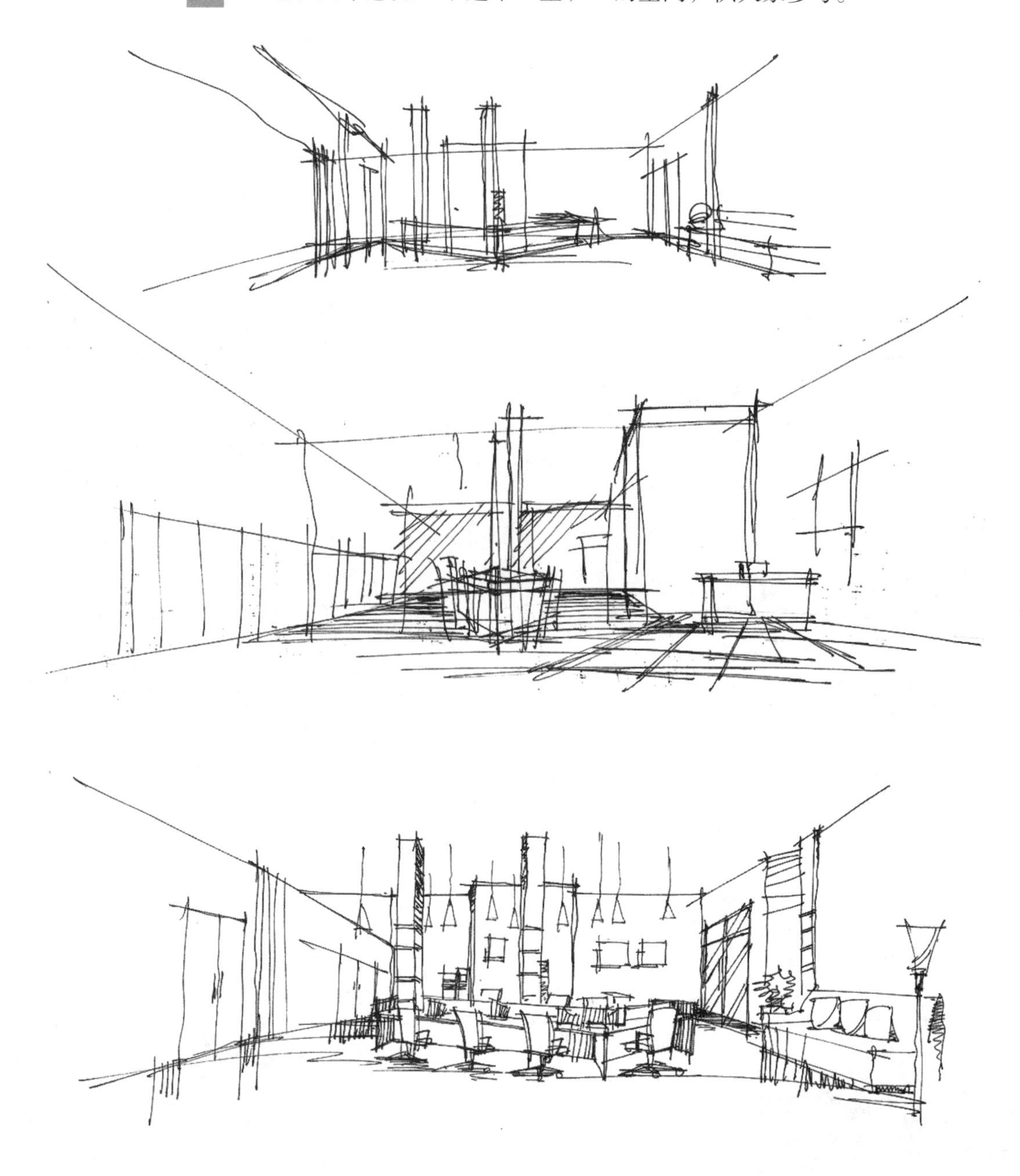

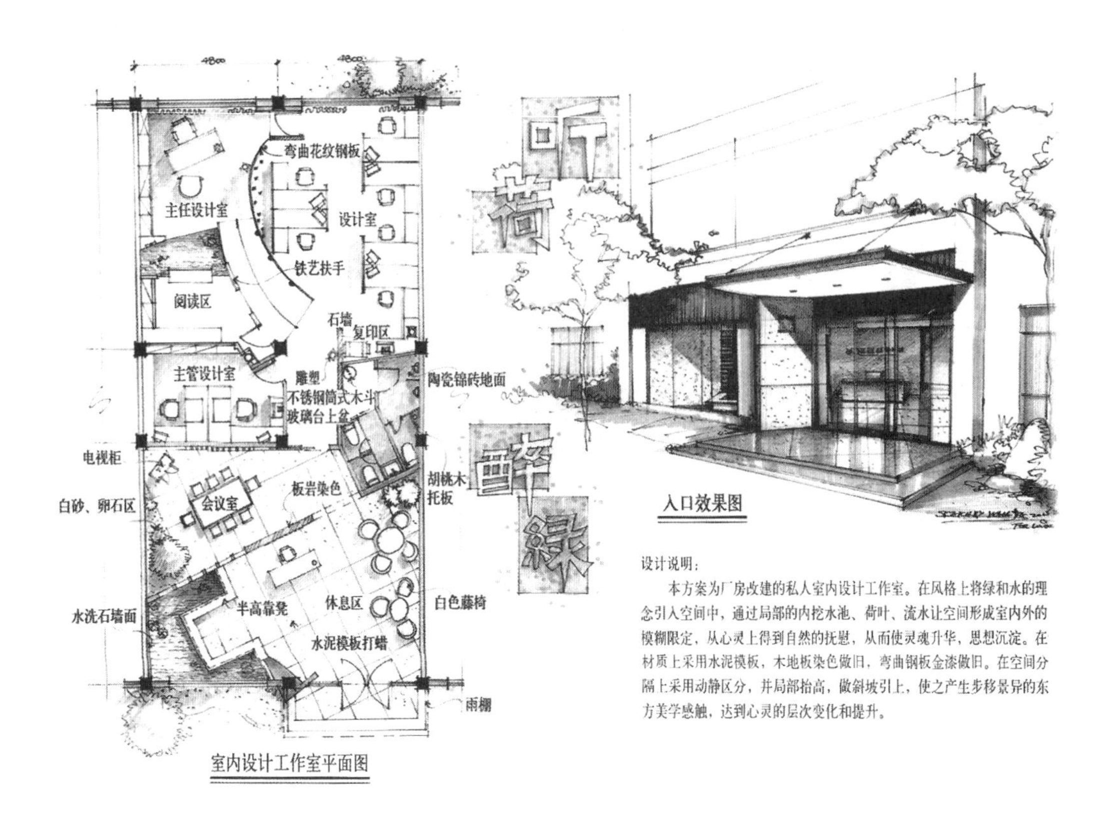

室内设计工作室平面图

入口效果图

设计说明：

本方案为厂房改建的私人室内设计工作室。在风格上将绿和水的理念引入空间中，通过局部的内挖水池、荷叶、流水让空间形成室内外的模糊限定，从心灵上得到自然的抚慰，从而使灵魂升华，思想沉淀。在材质上采用水泥模板，木地板染色做旧，弯曲钢板金漆做旧。在空间分隔上采用动静区分，并局部抬高，做斜坡引上，使之产生步移景异的东方美学感触，达到心灵的层次变化和提升。

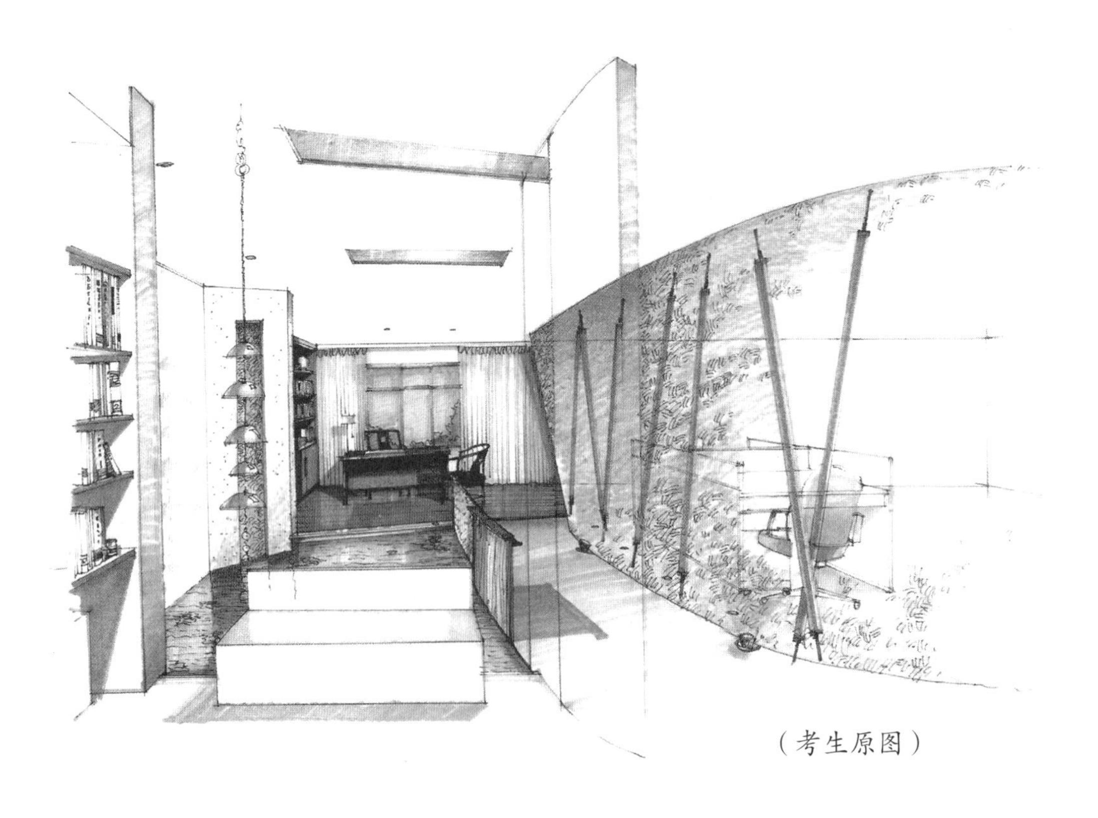

（考生原图）

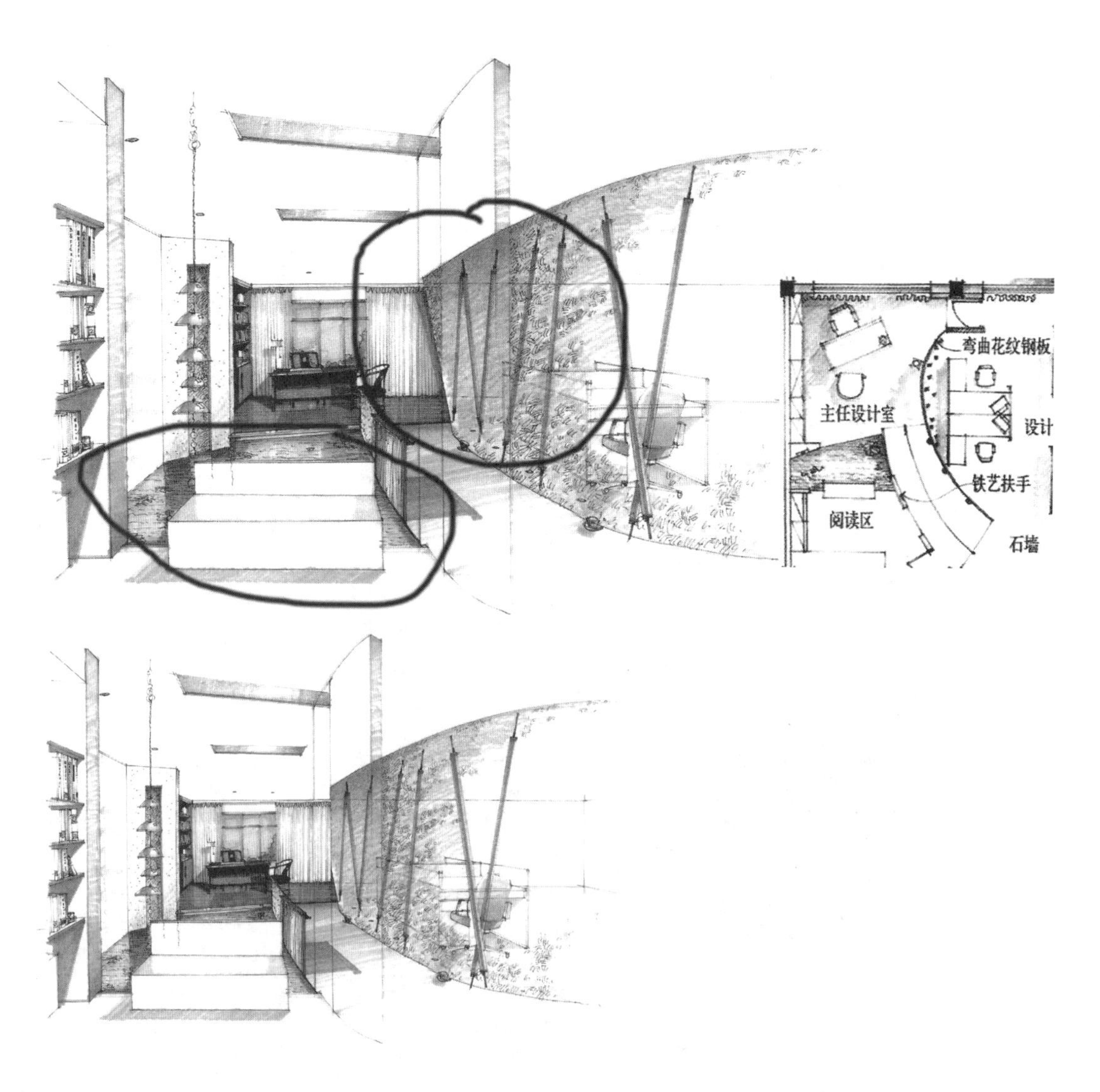

从答卷的装饰中，我们不难感受到考生细致和追求完美的性格。他在空间的表达上也充分满足了题目的要求。

但平面布置图中的那个矩形是台阶还是休息的椅子？即使在透视图中我们也很难分辨出来。视觉效果略加调整会更好（见调整后的参考图）。

另外，右侧弧形的花纹钢板也要把直立和倾斜区分开，不可似是而非、含糊不清，因为这是透视图中一条非常重要的结构线。

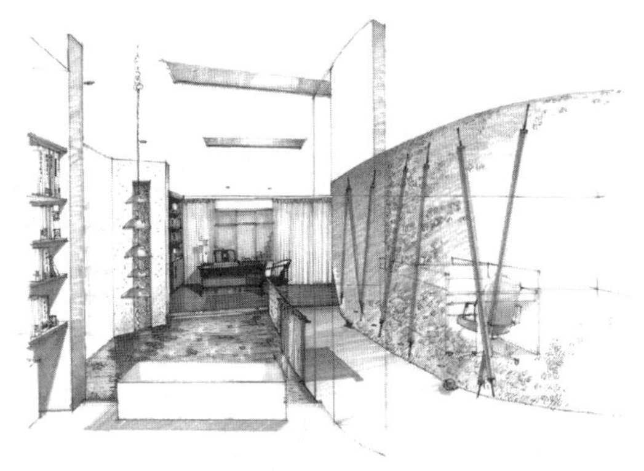

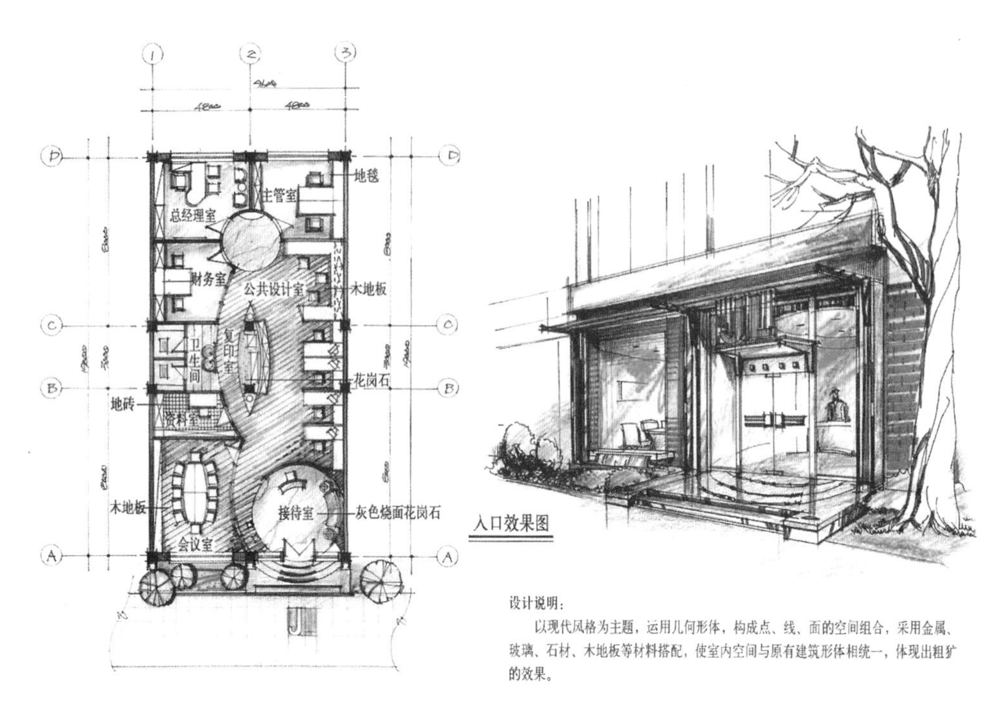

入口效果图

设计说明：

以现代风格为主题，运用几何形体，构成点、线、面的空间组合，采用金属、玻璃、石材、木地板等材料搭配，使室内空间与原有建筑形体相统一，体现出粗犷的效果。

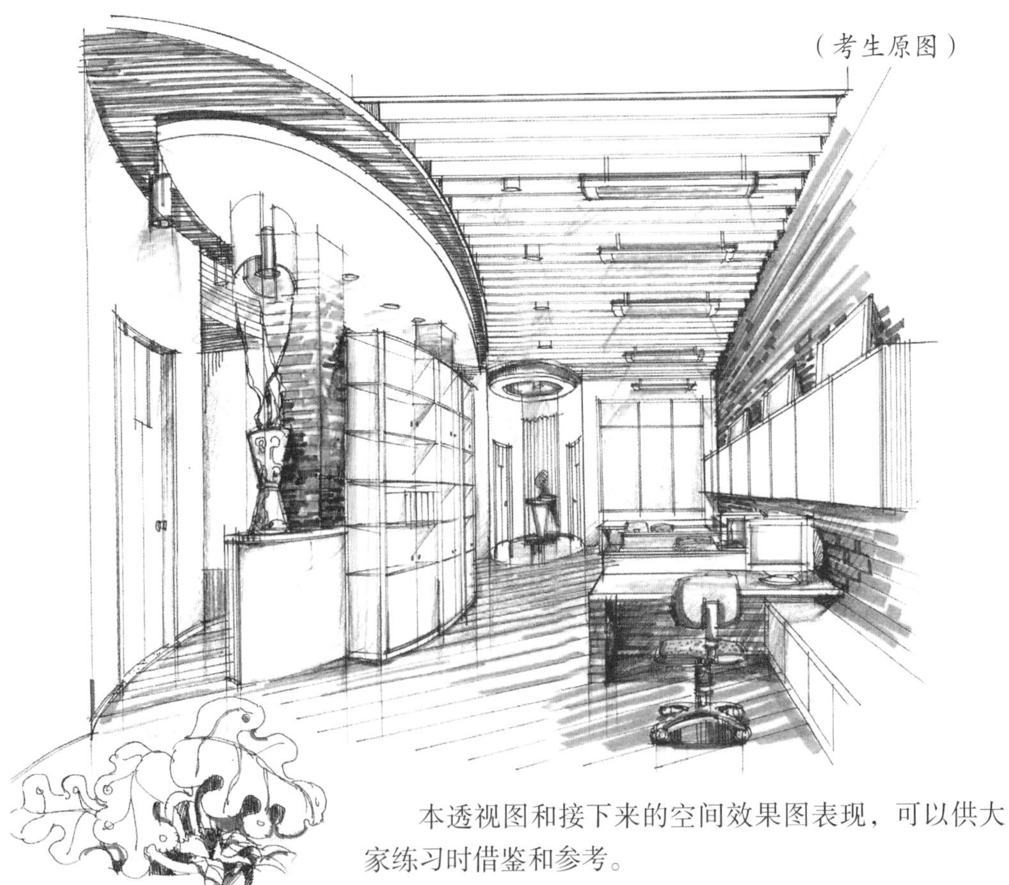

（考生原图）

本透视图和接下来的空间效果图表现，可以供大家练习时借鉴和参考。

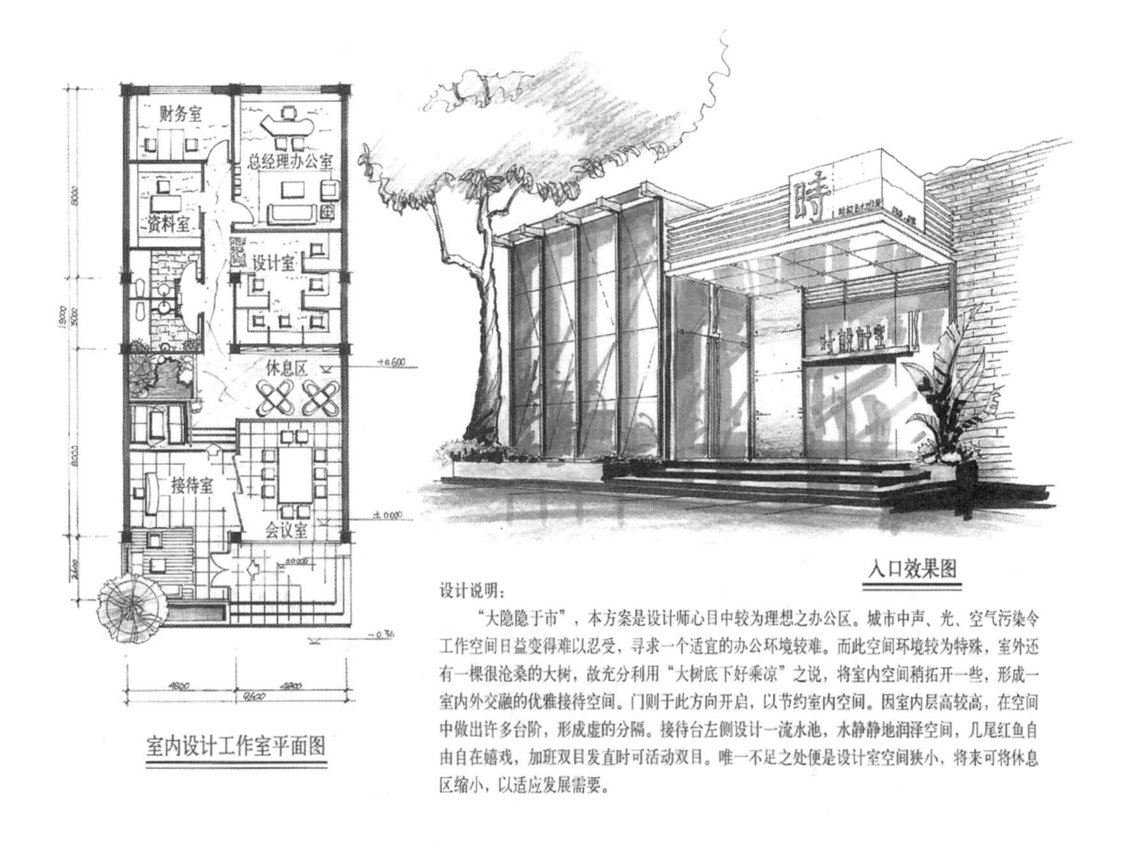

室内设计工作室平面图

入口效果图

设计说明：

“大隐隐于市”，本方案是设计师心目中较为理想之办公区。城市中声、光、空气污染令工作空间日益变得难以忍受，寻求一个适宜的办公环境较难。而此空间环境较为特殊，室外还有一棵很沧桑的大树，故充分利用“大树底下好乘凉”之说，将室内空间稍拓开一些，形成一室内外交融的优雅接待空间。门则于此方向开启，以节约室内空间。因室内层高较高，在空间中做出许多台阶，形成虚的分隔。接待台左侧设计一流水池，水静静地润泽空间，几尾红鱼自由自在嬉戏，加班双目发直时可活动双目。唯一不足之处便是设计室空间狭小，将来可将休息区缩小，以适应发展需要。

（考生原图）

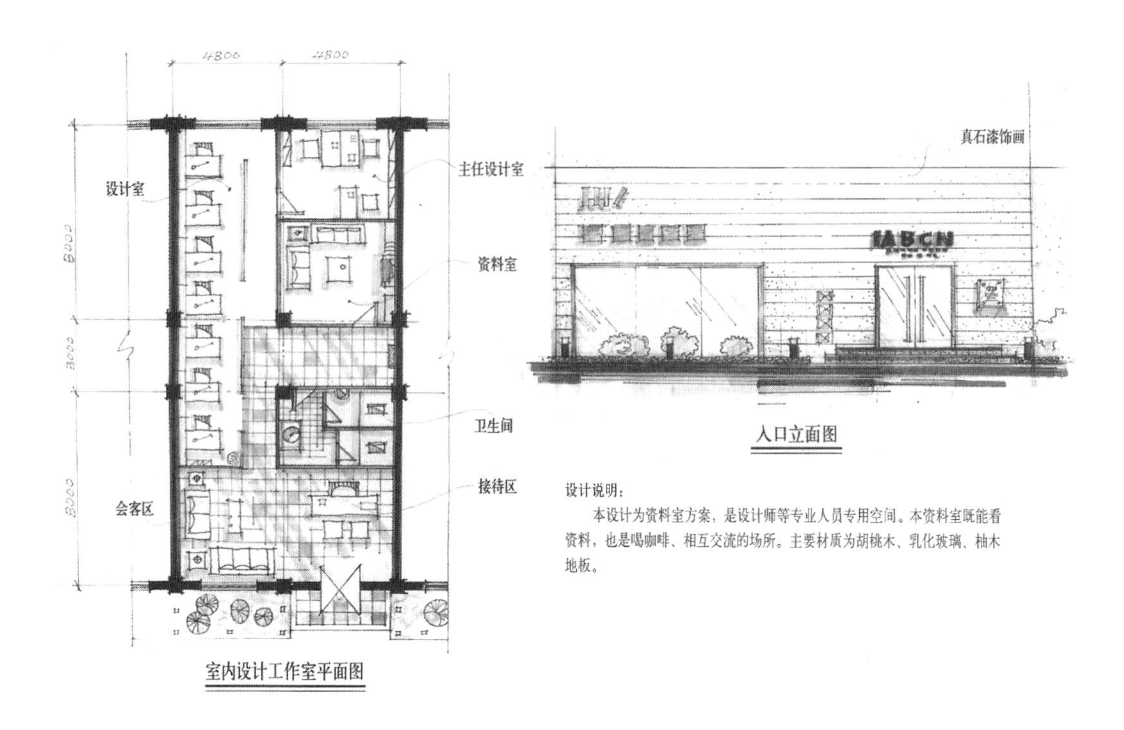
4800
4800
8000
3000
8000
设计室
主任设计室
资料室
卫生间
接待区
会客区
室内设计工作室平面图
真石漆饰画
IABCN
入口立面图
设计说明：
本设计为资料室方案，是设计师等专业人员专用空间。本资料室既能看资料，也是喝咖啡、相互交流的场所。主要材质为胡桃木、乳化玻璃、柚木地板。

（考生原图）

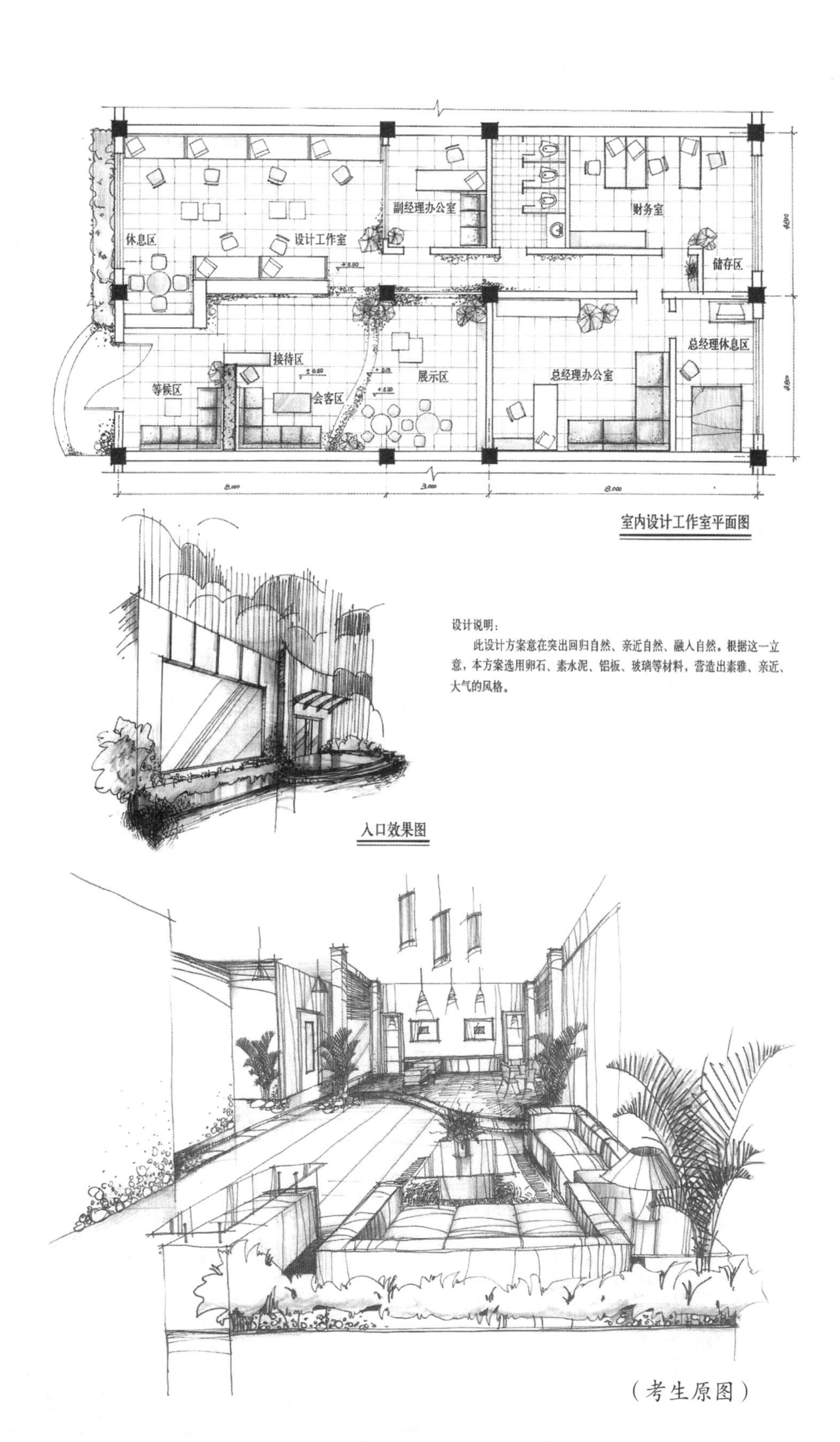

室内设计工作室平面图

设计说明：

此设计方案意在突出回归自然、亲近自然、融入自然。根据这一立意，本方案选用卵石、素水泥、铝板、玻璃等材料，营造出素雅、亲近、大气的风格。

入口效果图

（考生原图）

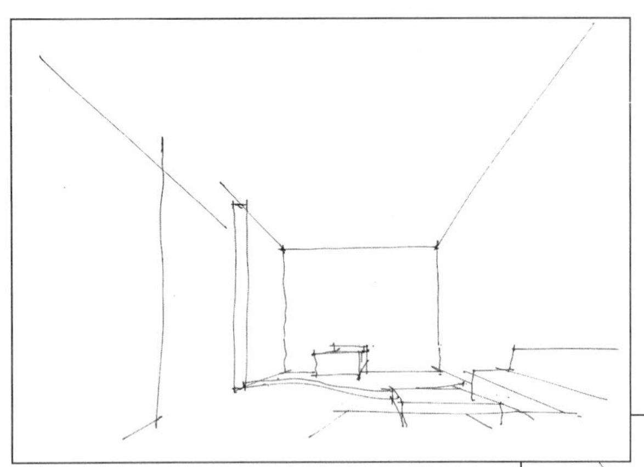

室内设计透视图的表现，要时时刻刻注意空间尺度以及特定空间内物体之间的关系。

如果把前面这个空间表达成这样一个效果，在空间的尺度上表现会更接近空间的真实，其视觉效果也会大大增加。

（教学示范演示）

空间环境的渲染

室内设计的最终意义就是运用物质技术手段并结合美学原理来最大限度地满足人们的物质和精神需要。

室内设计手绘不是简单地把空间、家具等按尺寸比例和透视关系画出来就可以的，空间环境的渲染也同样重要，如同厨师做出来的菜肴要注重色、香、味一样，既要好吃，也要好看。

适当地添加一些小的摆设、地面的光影、物体的明暗、材质的概括性线条以及简单的色彩等，都是室内设计手绘中空间环境渲染的常规方法。

空间环境的渲染只是手绘效果图的进一步包装，这个“包装”的意义在于通过调整和控制画面的主次关系来提高人们的视觉感染力。正因如此，设计师也就不再需要花费大量的时间面面俱到，当然这一点仅是个人意见而已。

每个设计师各有见解、各有主张，不能强求一致。

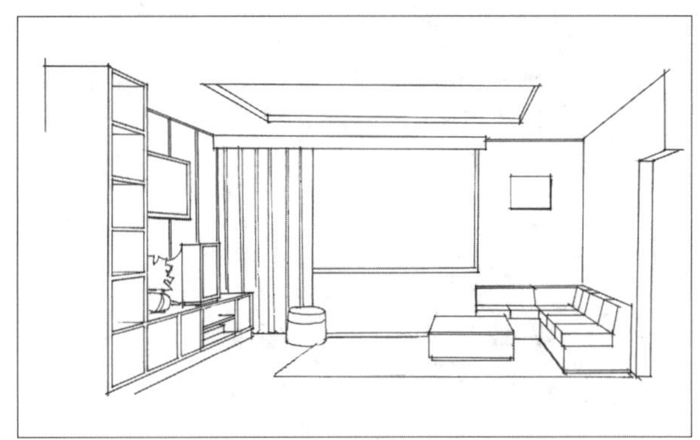

室内设计手绘空间环境的渲染，如同实际工作中“装修”后所做的“装饰”一样。

没有“装饰”，任何一个空间都将失去生机。

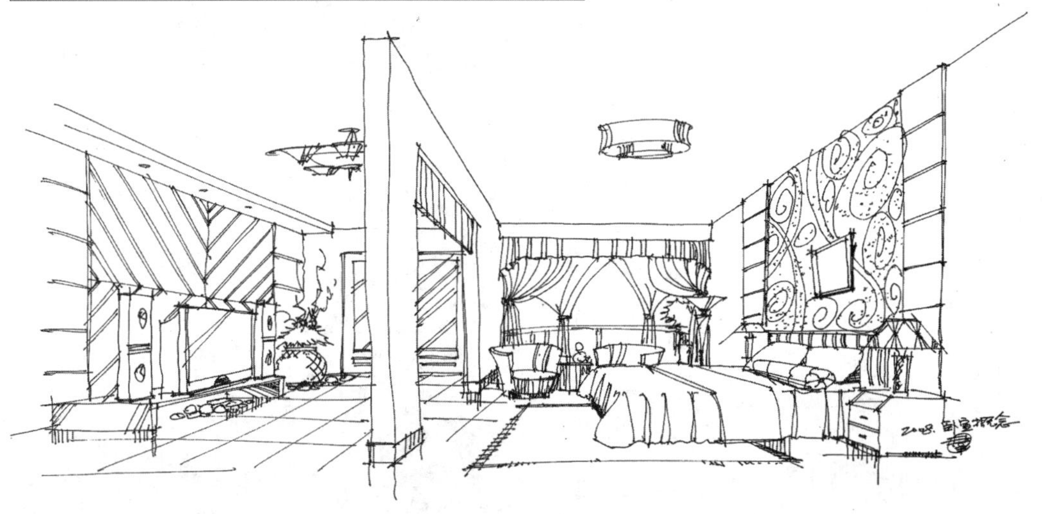

地面的渲染

地面是承载室内空间结构及其一切内含物所不可缺少的重要界面。

在室内设计手绘表现上，由于视平线过高而导致地面占画面面积过大的问题经常出现，既失去了画面的视觉平衡，也淡化了主次关系，同时也给地面的渲染和处理带来很多不便。

有很多初学者由于缺少观察和判断，经常会凭借简单的印象来处理地面，不分远近，不分虚实，甚至把地板的接口也画得清清楚楚。

空间中，地面的处理要根据绘制的风格表现，轻重适宜、疏密得当、虚实相生，要突出画面所要表达的主体，并为之服务。

以阴影形式出现于家具下面的竖向排线，不仅体现出家具的稳重以及家具与地面的吻合关系，而且也打破了地砖、地板僵硬的拼贴线。

室内光线来源复杂，其高低错落、照射角度千变万化，所产生的阴影也错综复杂，在室内设计手绘表现中不要拘泥于灯光与投影的对应关系，只做概括性的示意就已经够了。

阴影的竖向排线，一定要有角度和疏密关系调整的变化，自然中见统一，统一中求自然。

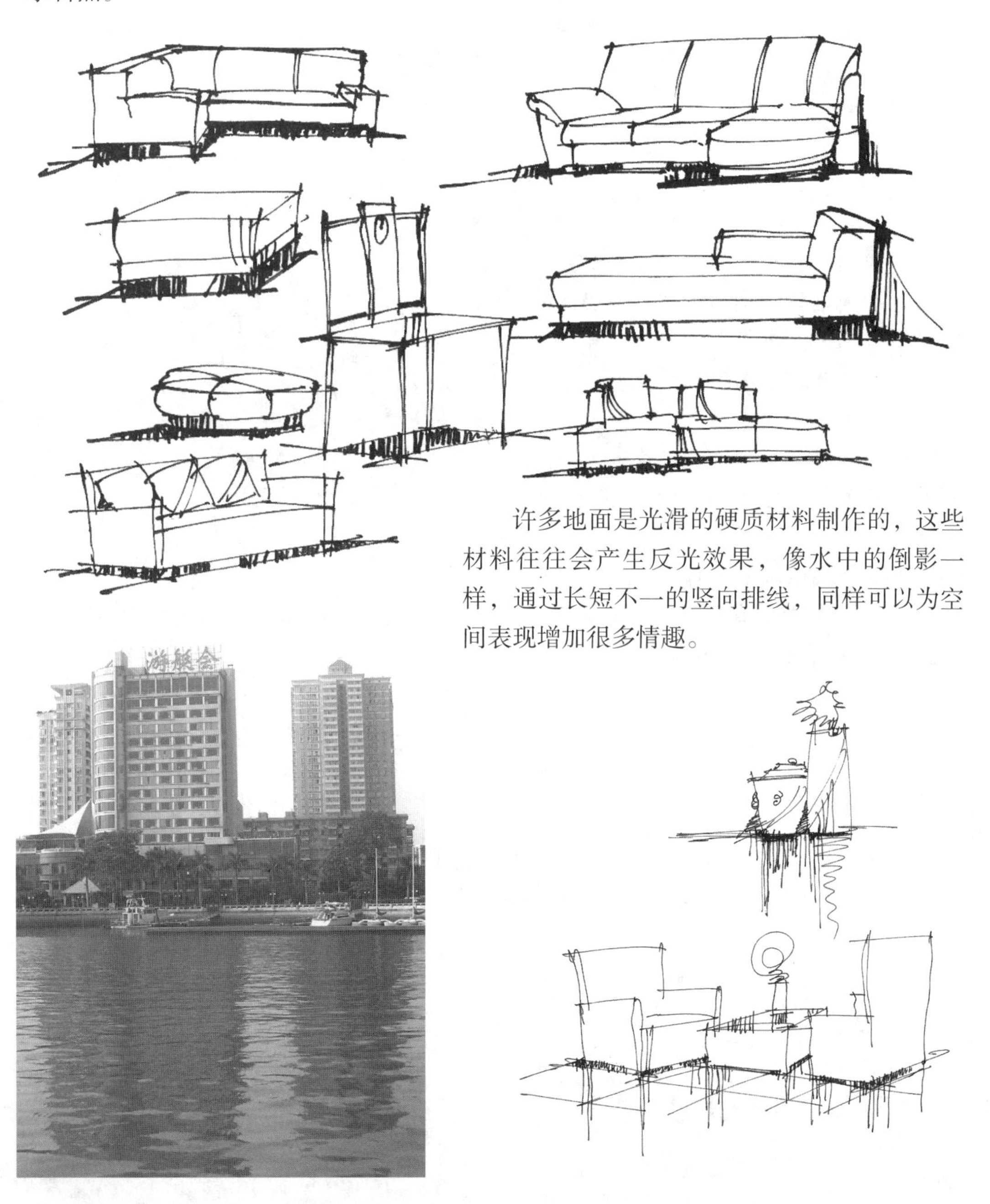

许多地面是光滑的硬质材料制作的，这些材料往往会产生反光效果，像水中的倒影一样，通过长短不一的竖向排线，同样可以为空间表现增加很多情趣。

添加地毯从而占用地面的面积，也是渲染空间的一种行之有效的方法。

室内设计手绘实际工作中，很多时候在地面上会画出一些曲线。这些曲线既不是地砖、地板，也不是光影反射，就像歌曲里经常出现的“啊”“嘿”等一样，是渲染画面的需要，并无实际意义和具体所指。

恰到好处地运用曲线，会提升画面的视觉效果，但不可过多、过乱、过杂。

曲线是根据画面具体情况随机画出的，具体在什么情况下才能应用，只能依靠大量的绘图实践来感悟了！

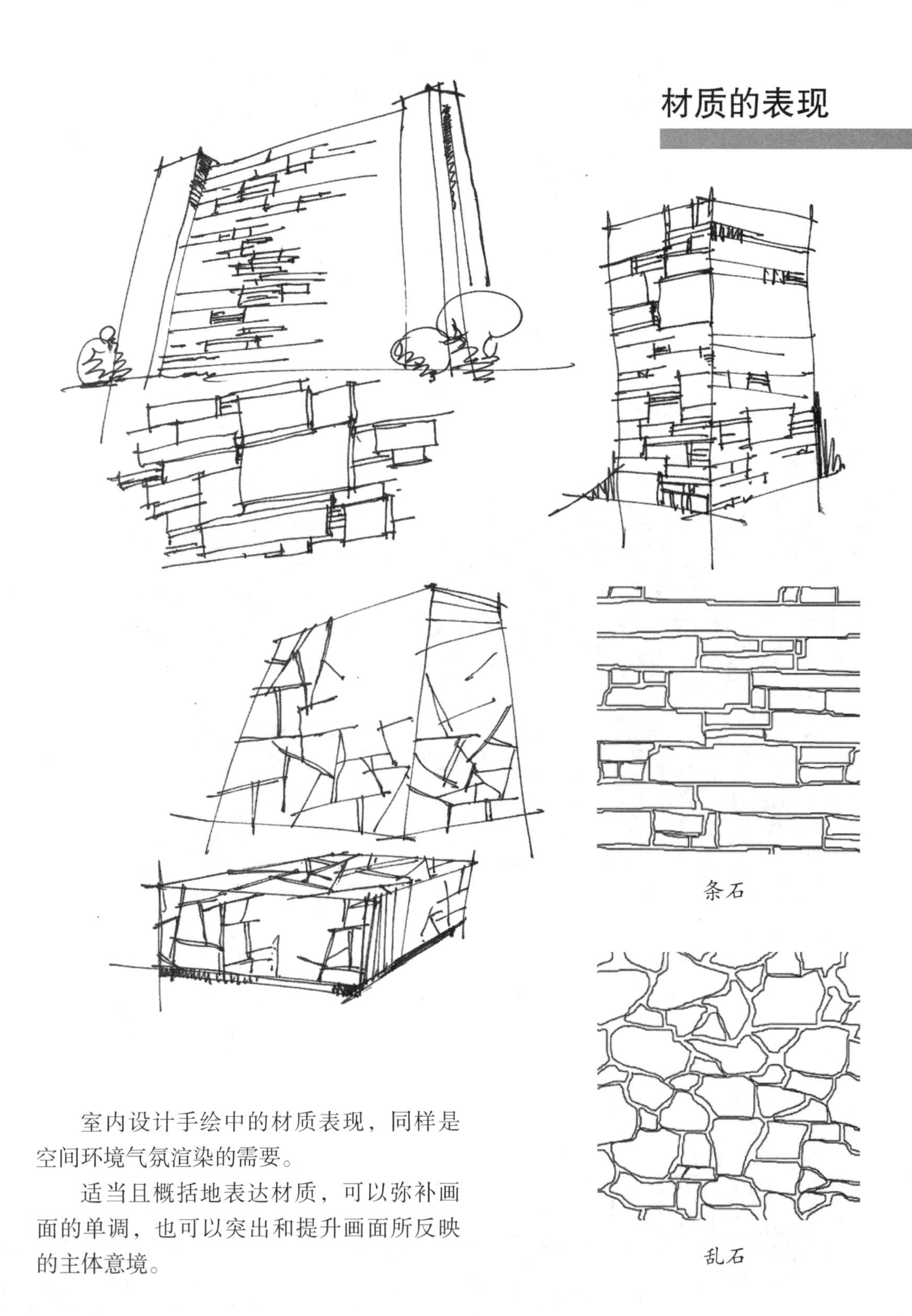

室内设计手绘中的材质表现，同样是空间环境气氛渲染的需要。

适当且概括地表达材质，可以弥补画面的单调，也可以突出和提升画面所反映的主体意境。

石条
卵石

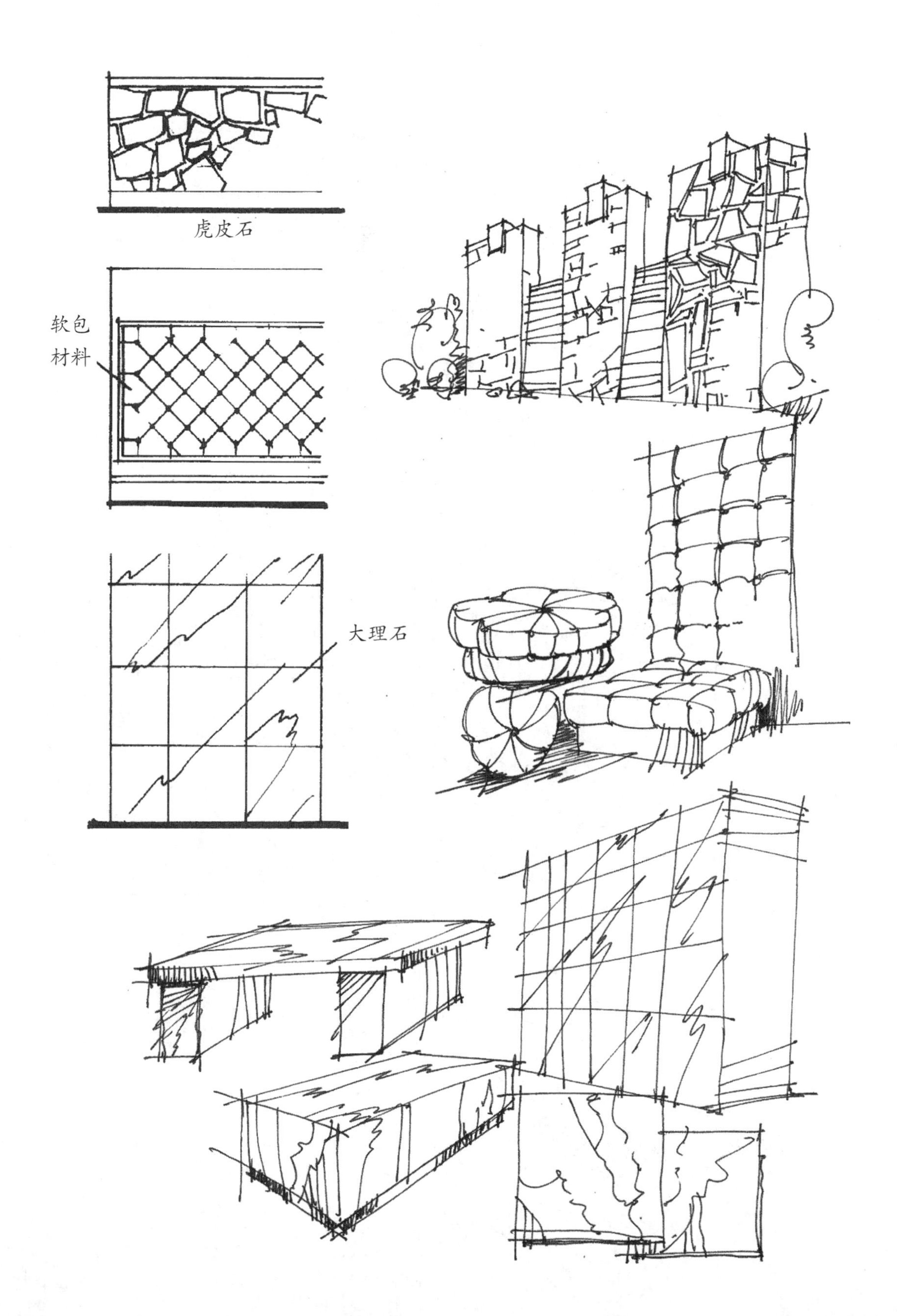
虎皮石
软包
材料
大理石

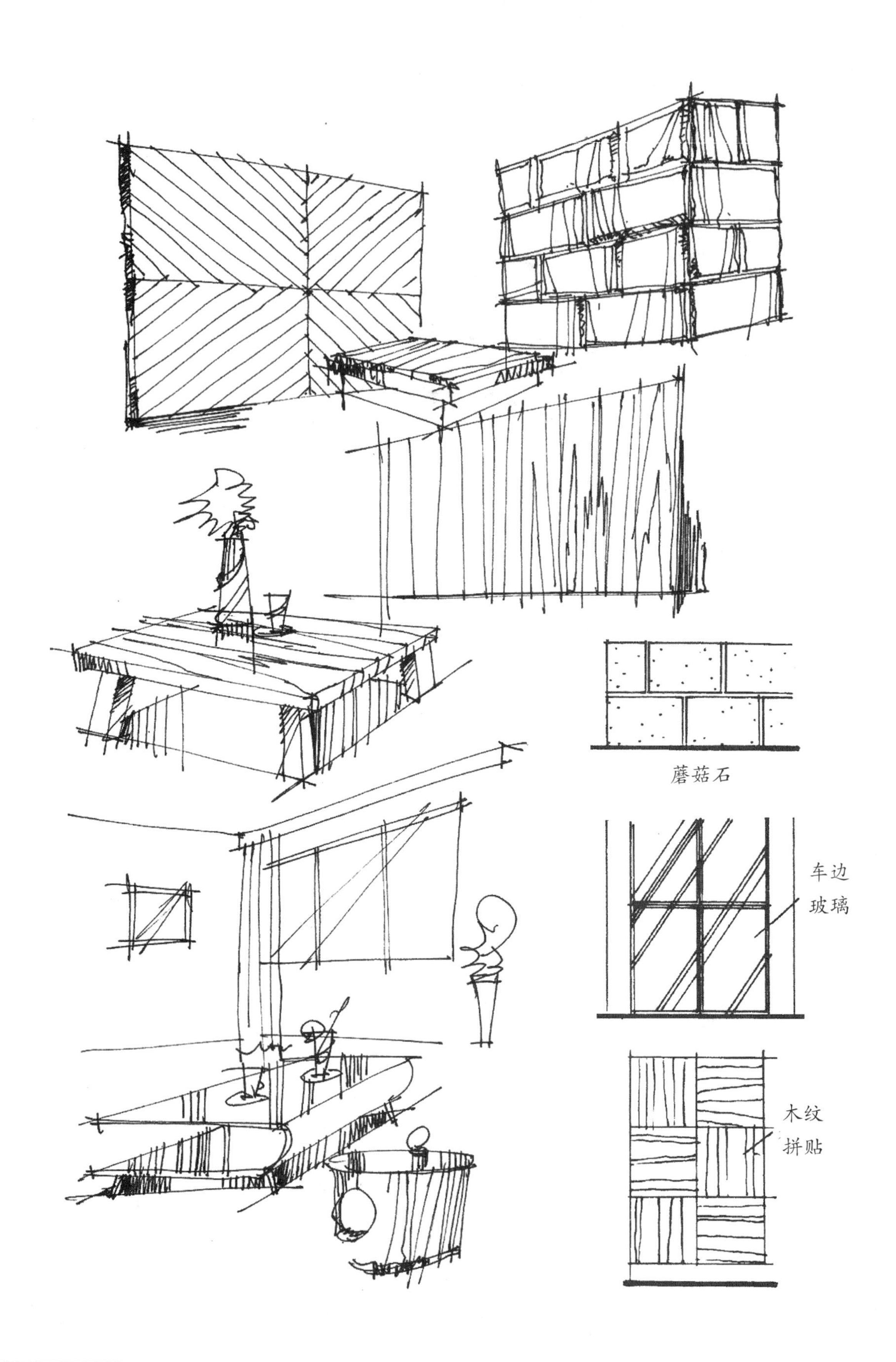
蘑菇石
车边
玻璃
木纹
拼贴

室内设计实用手绘教学示范

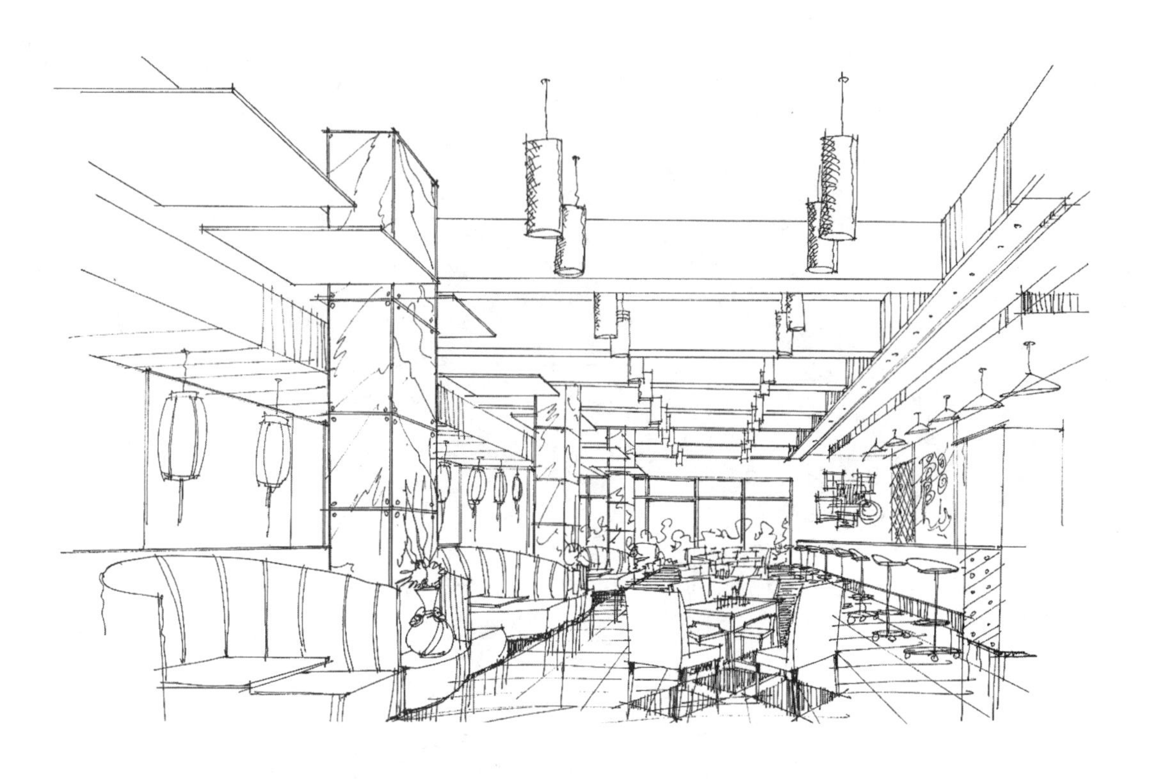

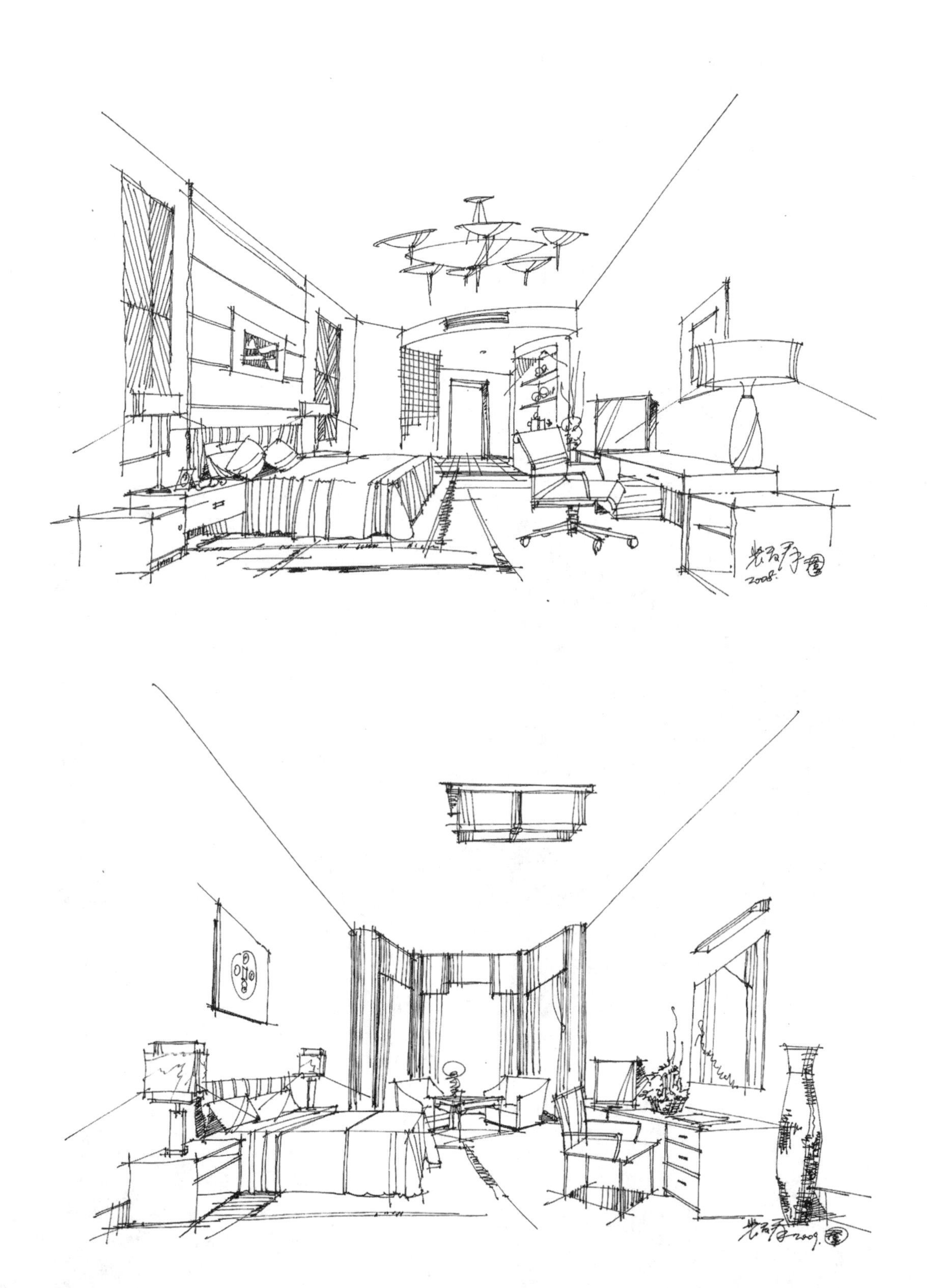

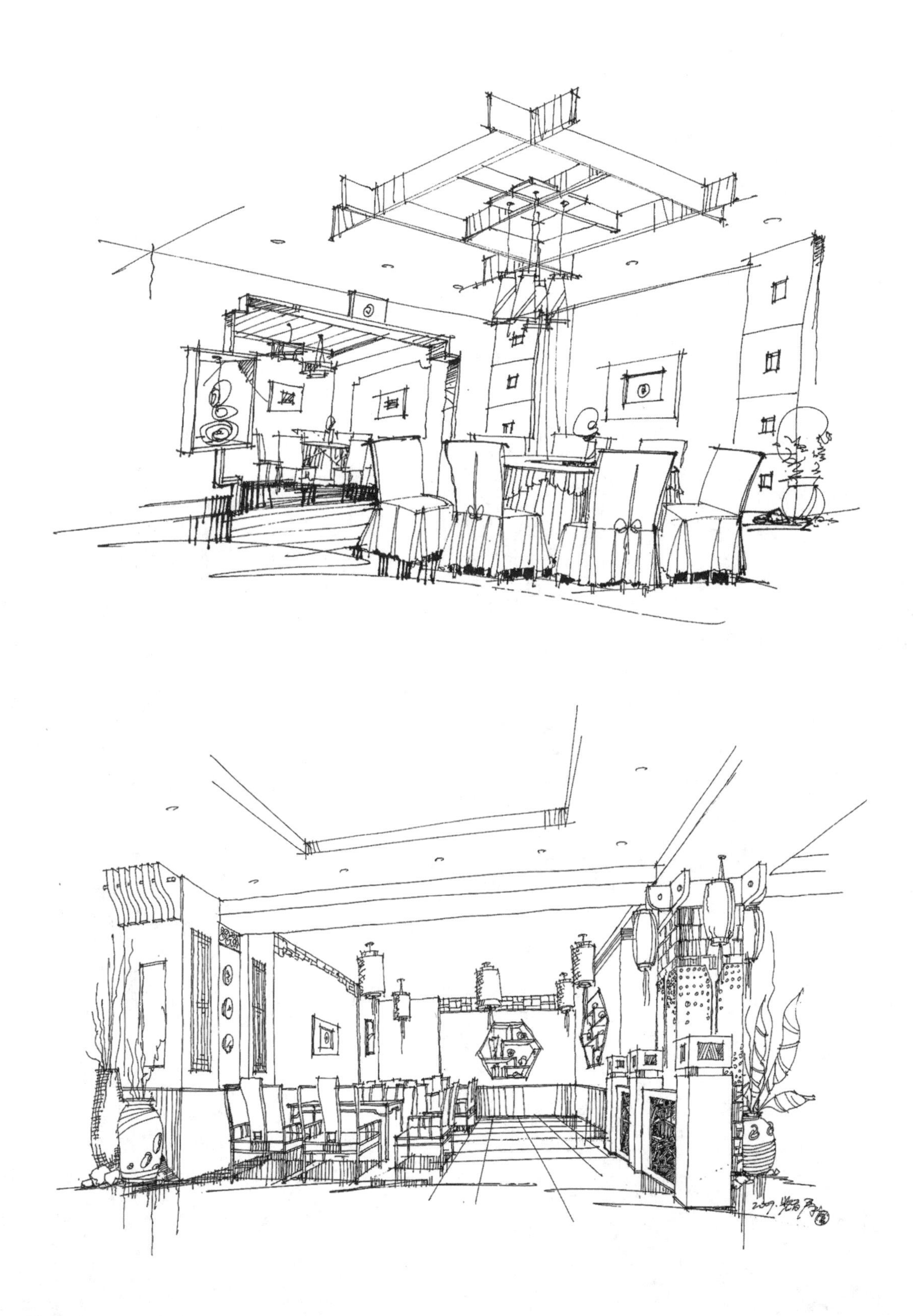

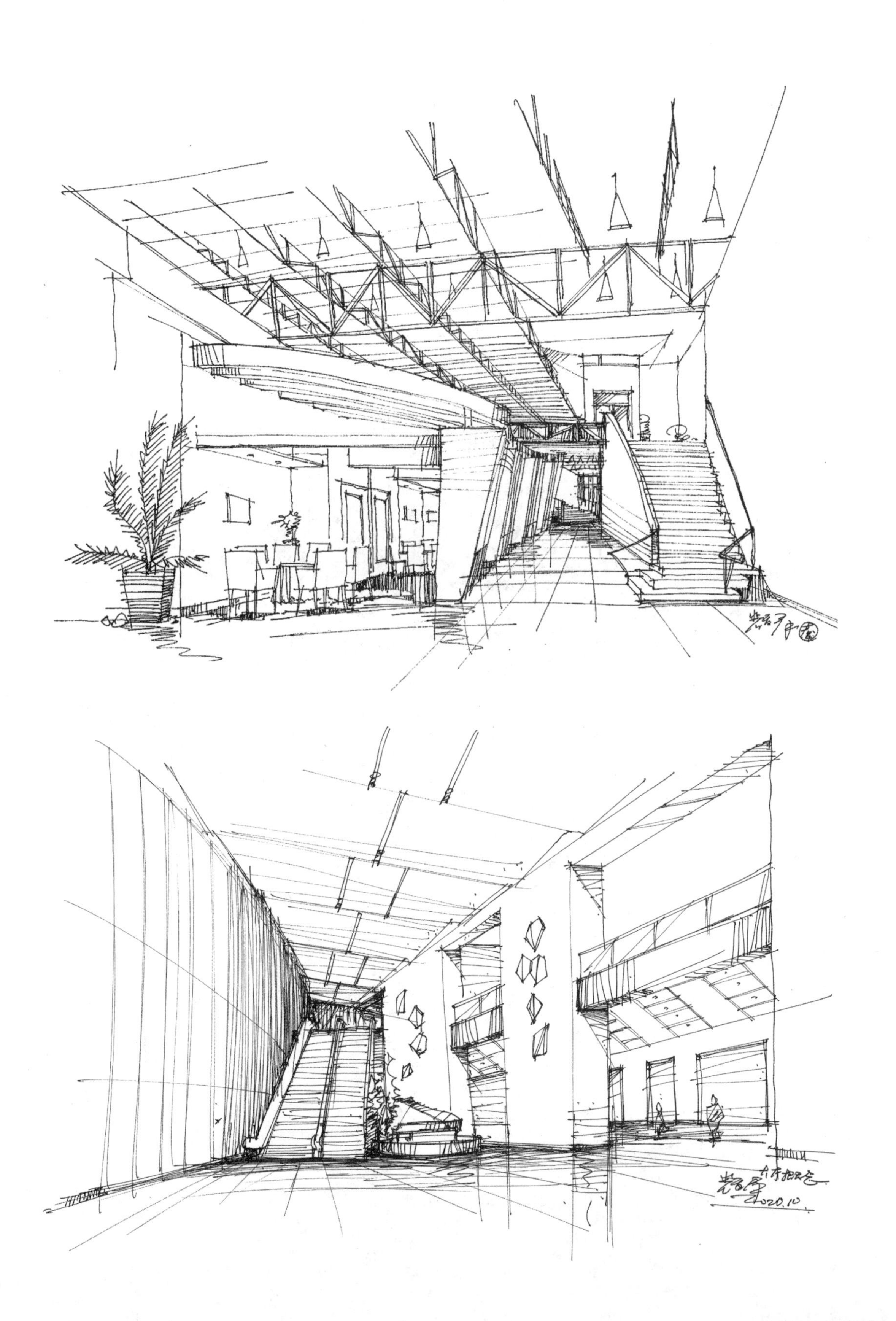

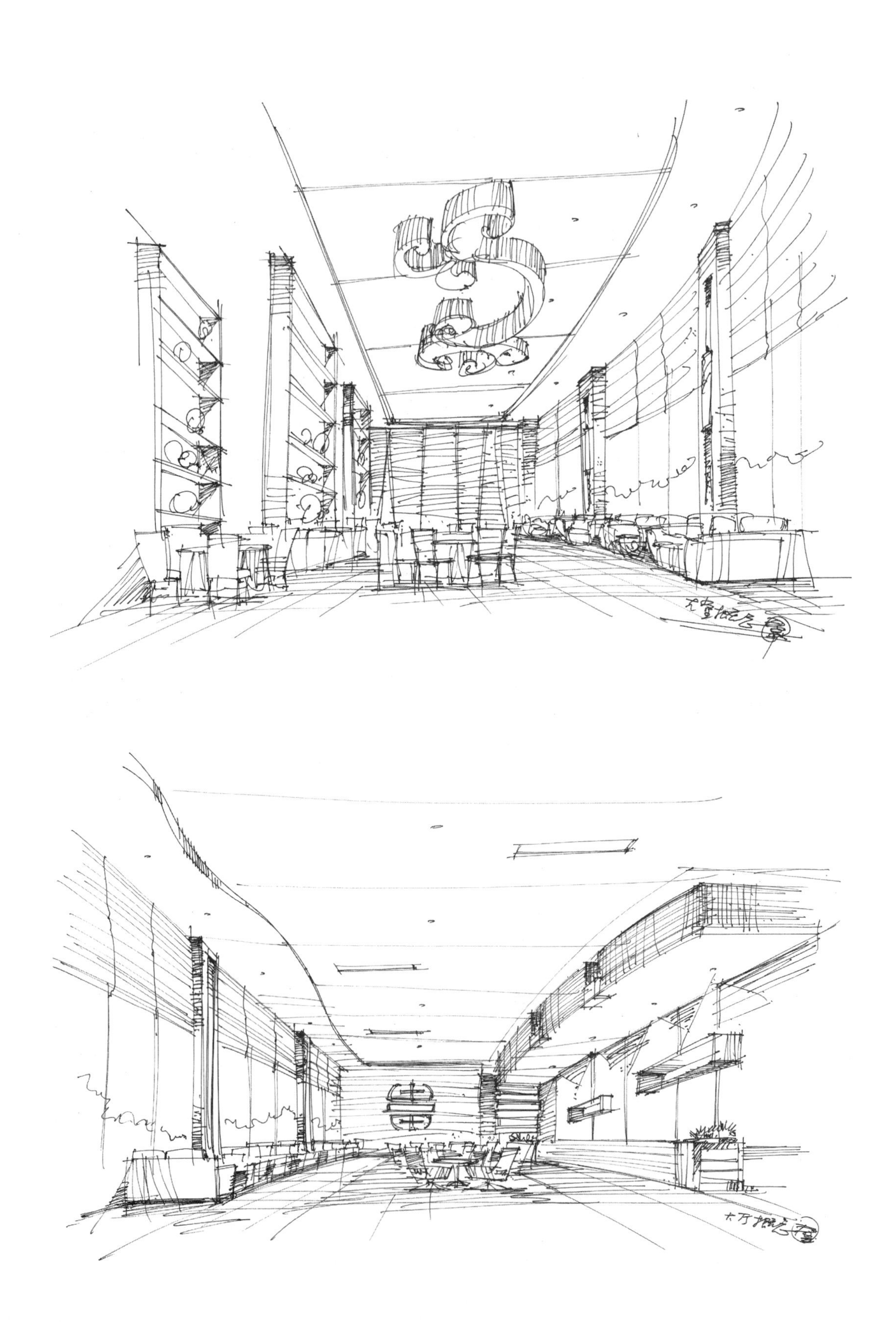

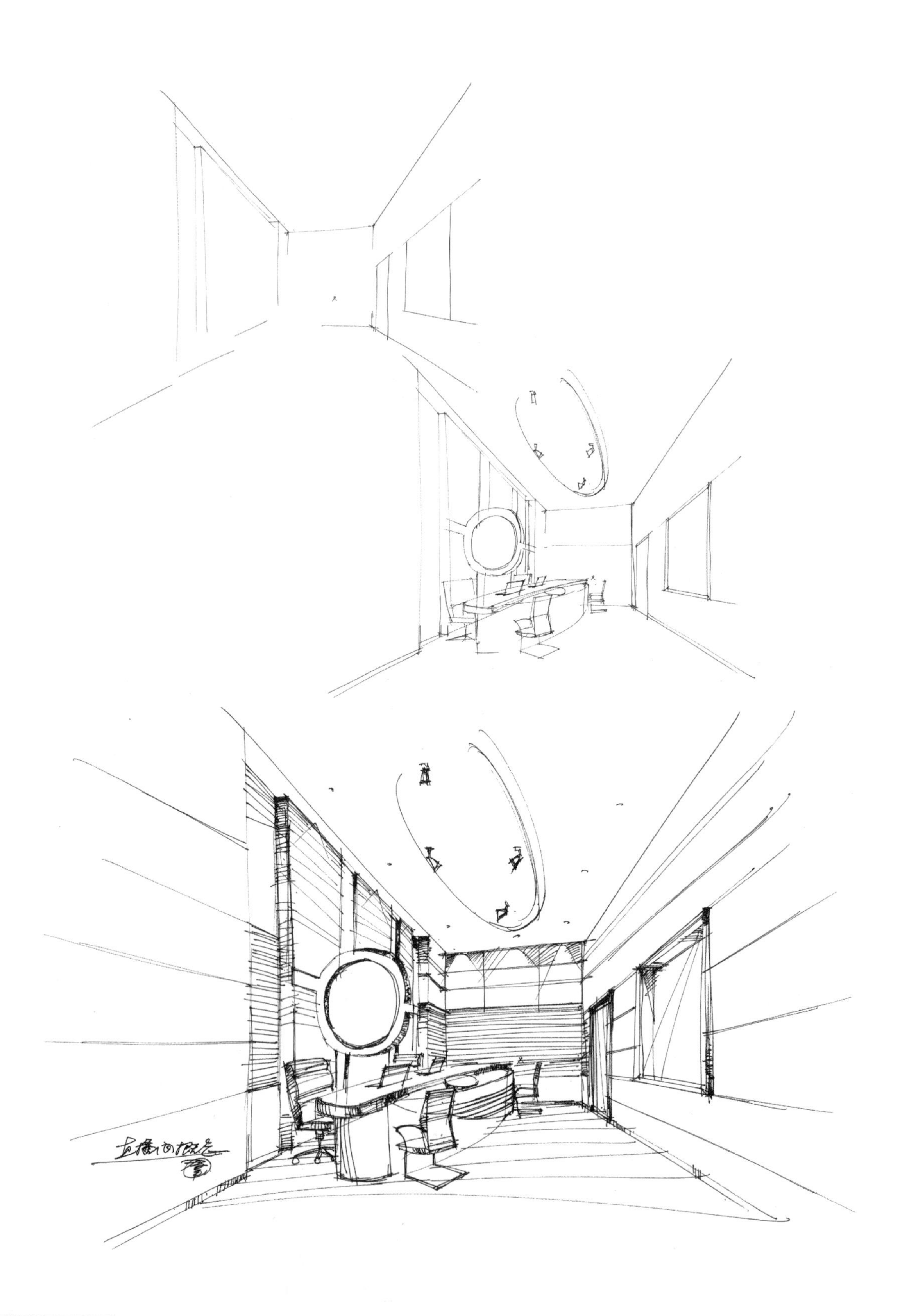

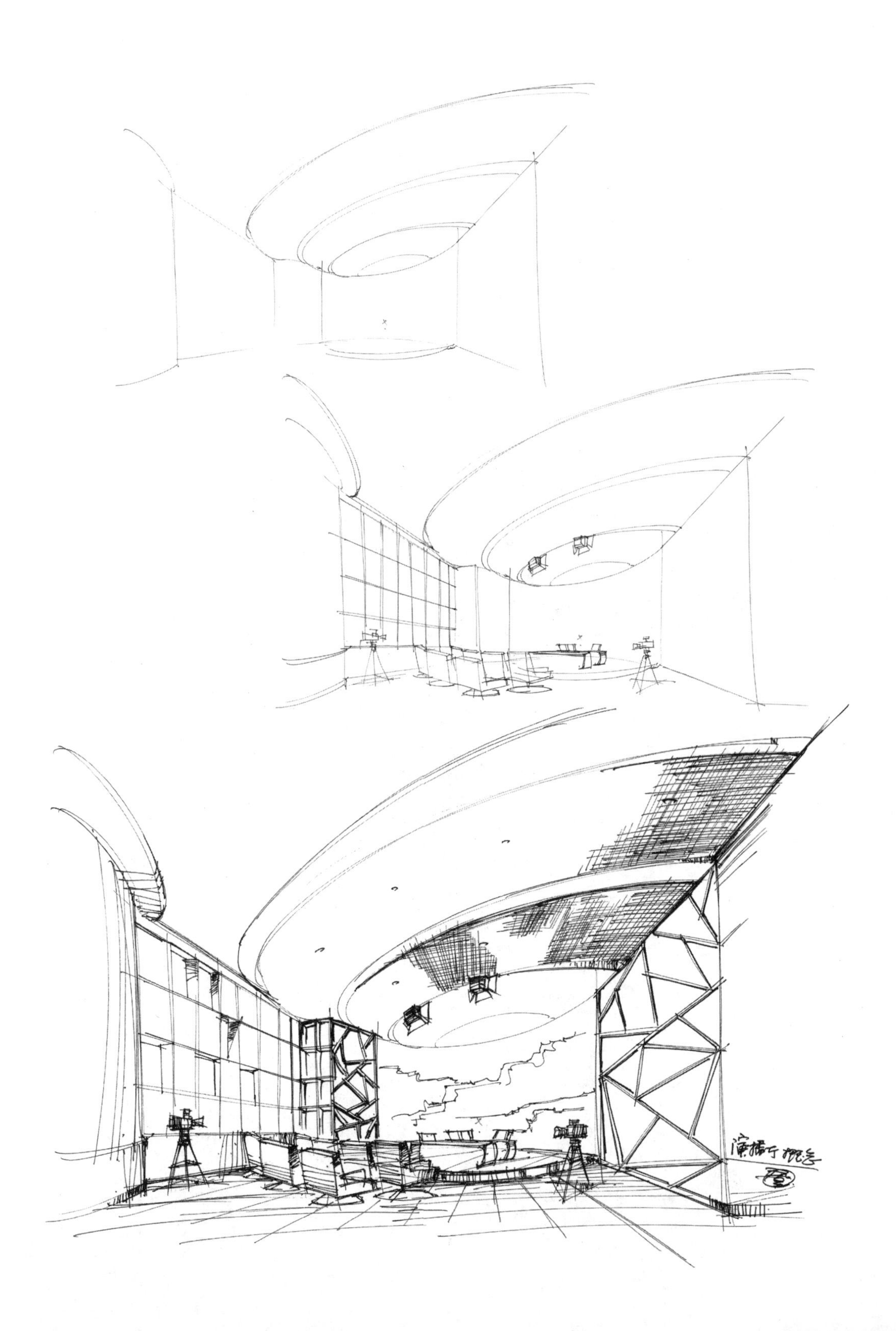
演播厅概念

剧场概念

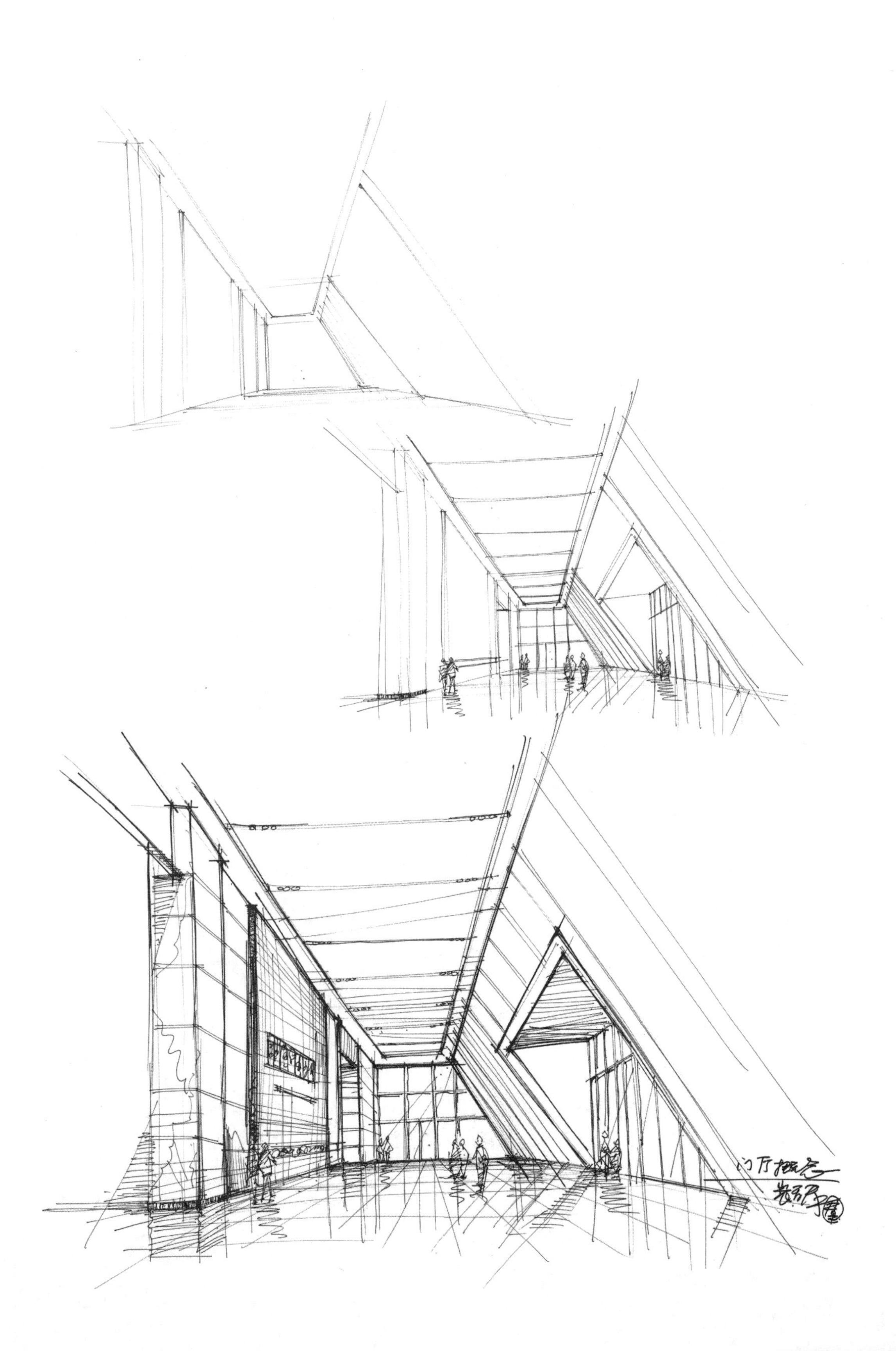
门厅概念

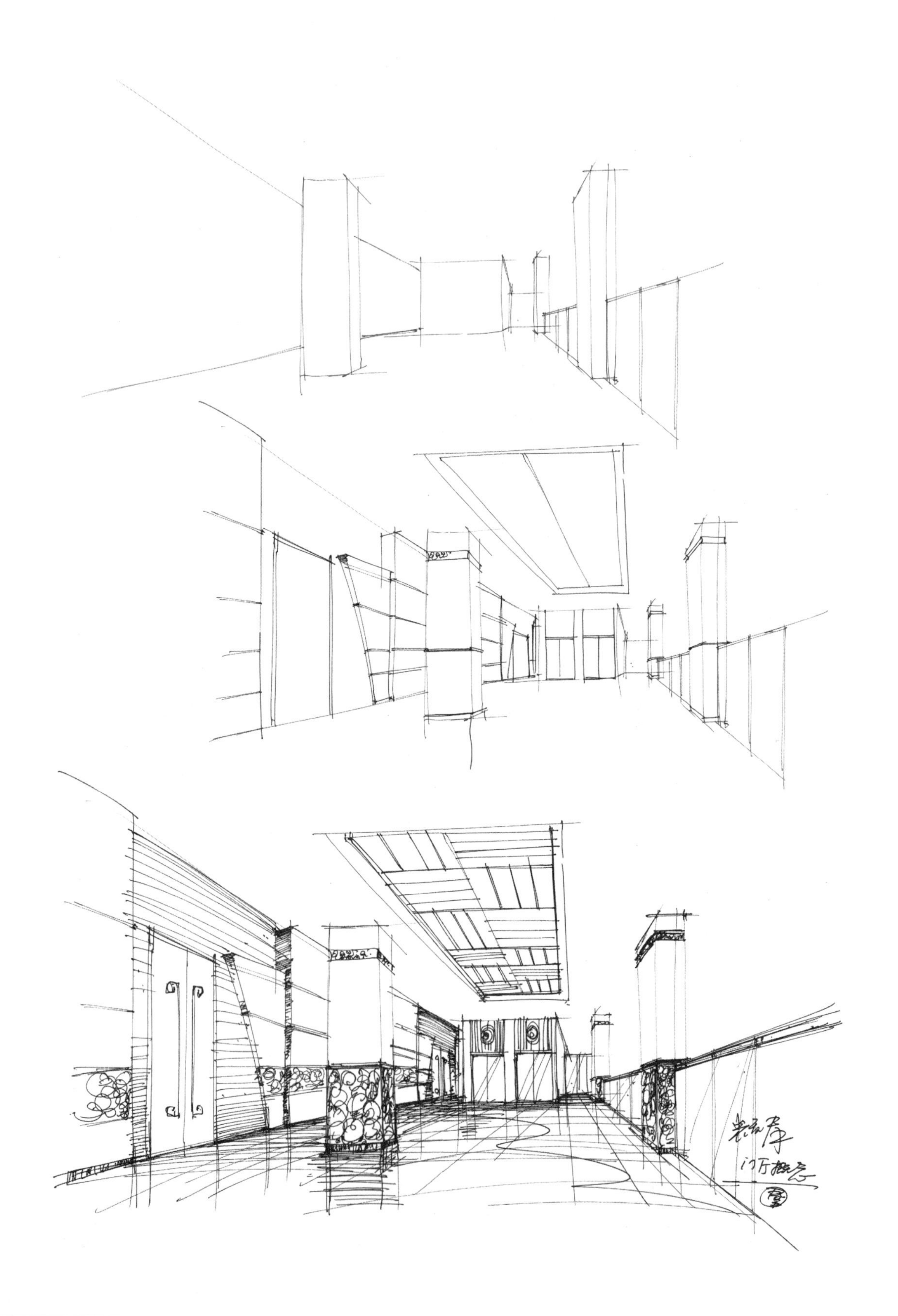
门厅概念

门厅概念

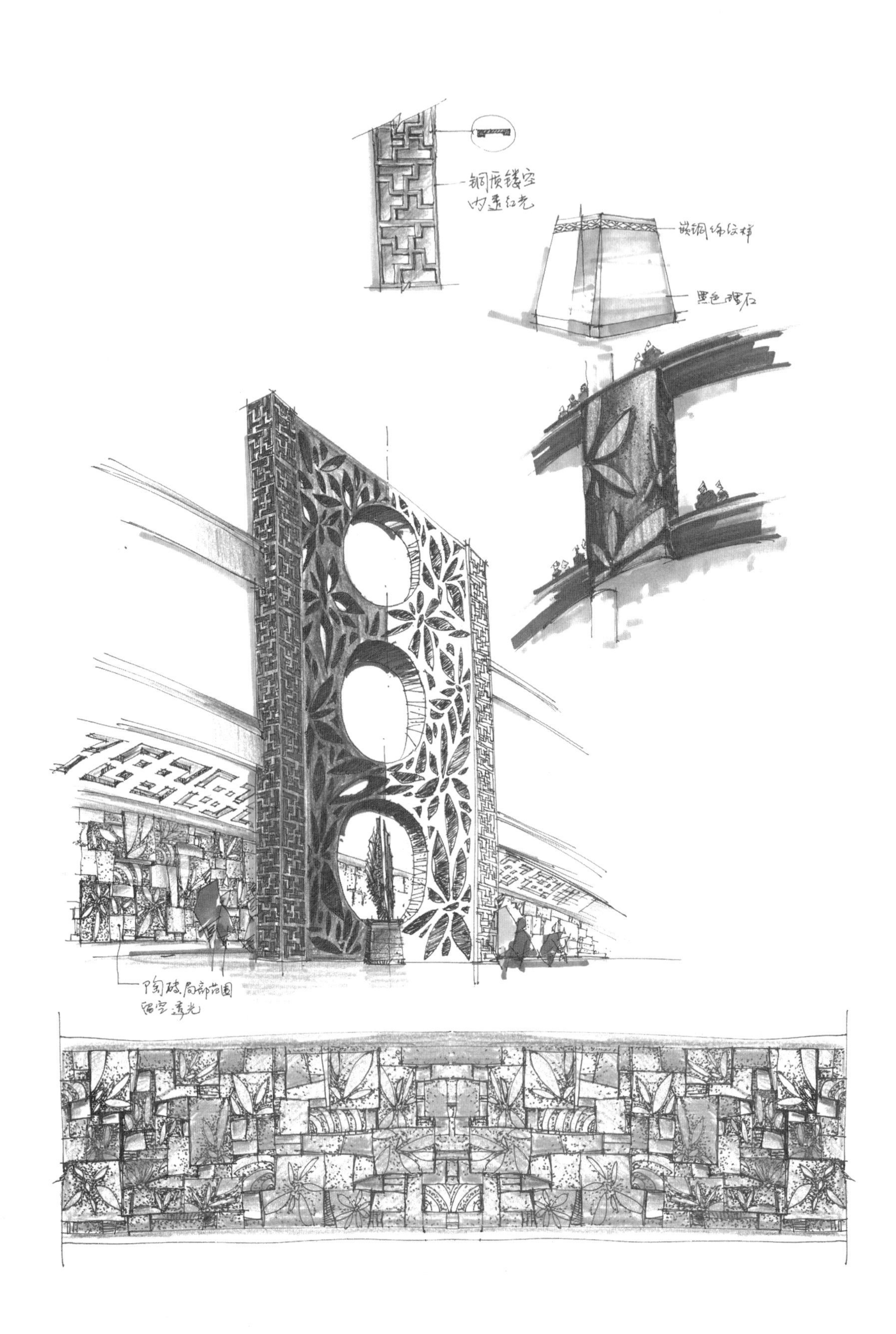
铜质镂空
内透红光
黄铜饰纹样
黑色理石
陶砖局部范围
留空透光

色彩的渲染

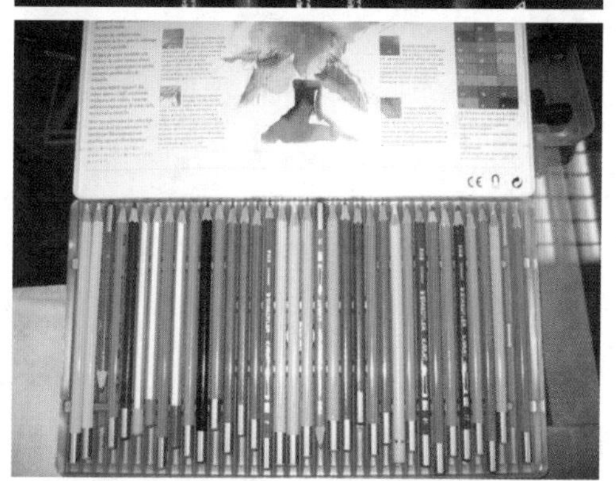

室内设计手绘透视图的色彩渲染，其实质就是把透视图这种“产品”做一个包装。

有人喜欢表达物体的固有色，有人喜欢刻画明暗关系，有人喜欢浓妆艳抹，有人喜欢轻描淡写……无论如何，也仅是一个简单包装与豪华包装的区别而已。

本人始终认为：是“美女”就不必“浓妆艳抹”。18岁的青春靓丽与80岁的淡然老态根本不需要过分地修饰。

“浓妆淡抹总相宜”，只能靠设计师自己在实践中把握了。

室内设计手绘的色彩工具主要是马克笔（MARKER，也称麦克笔）和彩色铅笔，二者既可单独使用，也可结合使用。

马克笔要注重排线方向和线条之间的适度搭接。

彩色铅笔（简称彩铅）要讲求轻重的变化，大多追求渐变效果。

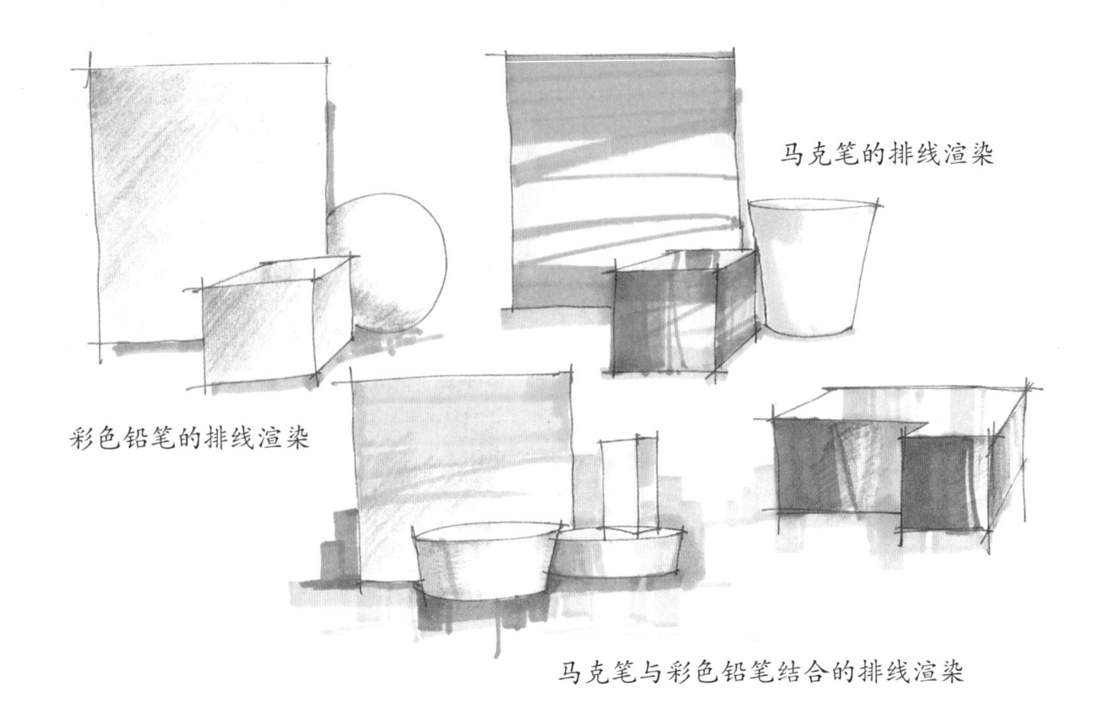

马克笔的排线渲染

彩色铅笔的排线渲染

马克笔与彩色铅笔结合的排线渲染

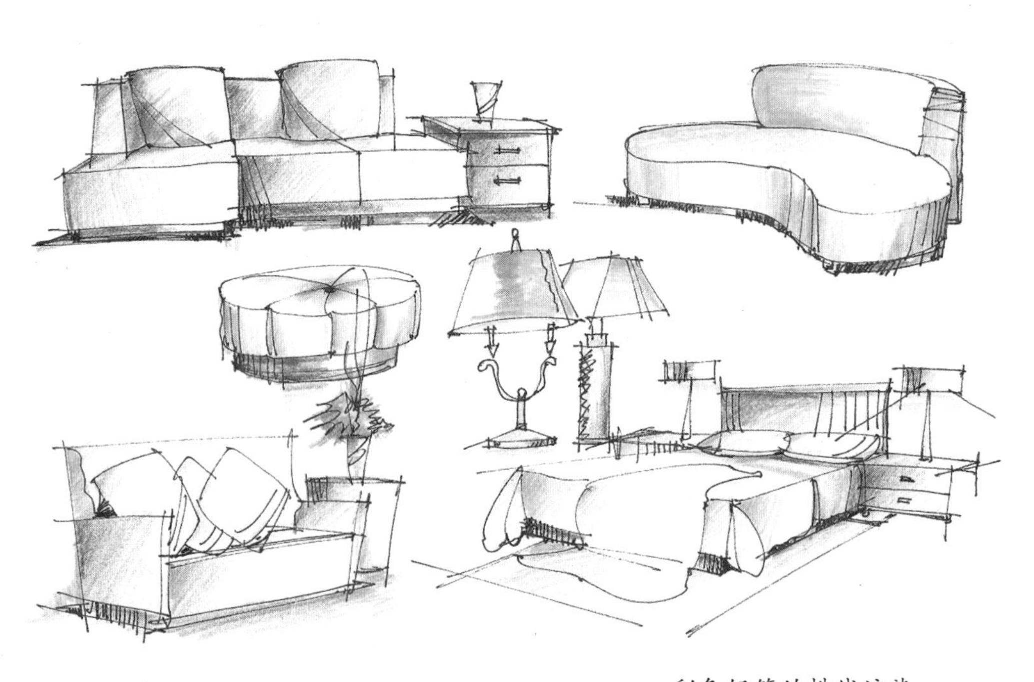

彩色铅笔的排线渲染

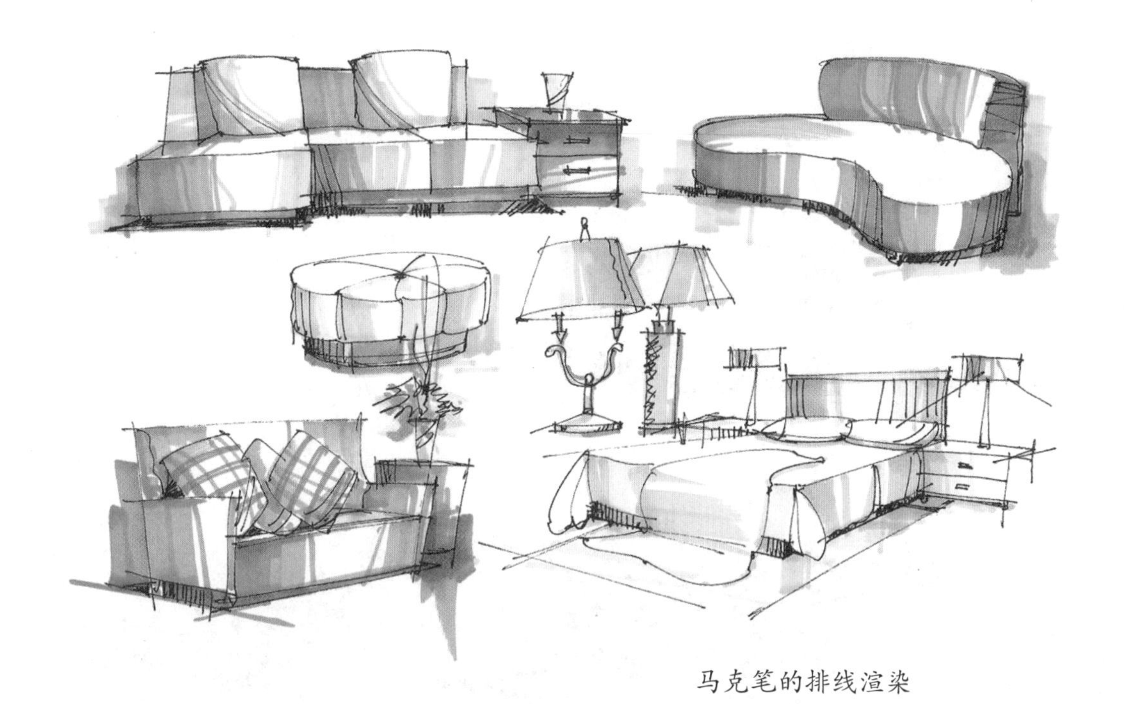

马克笔的排线渲染

马克笔与彩色铅笔结合的排线渲染

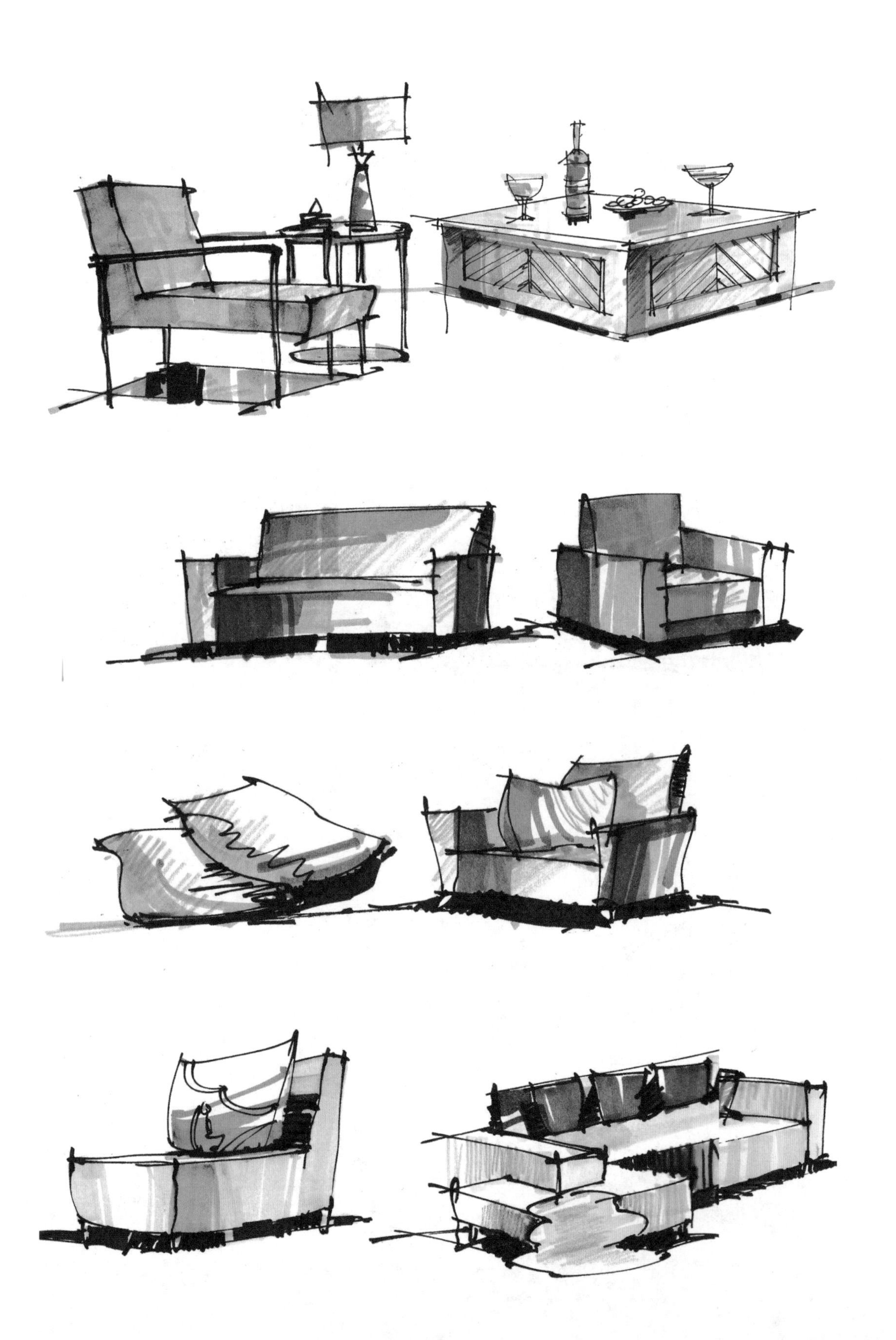

综合上色

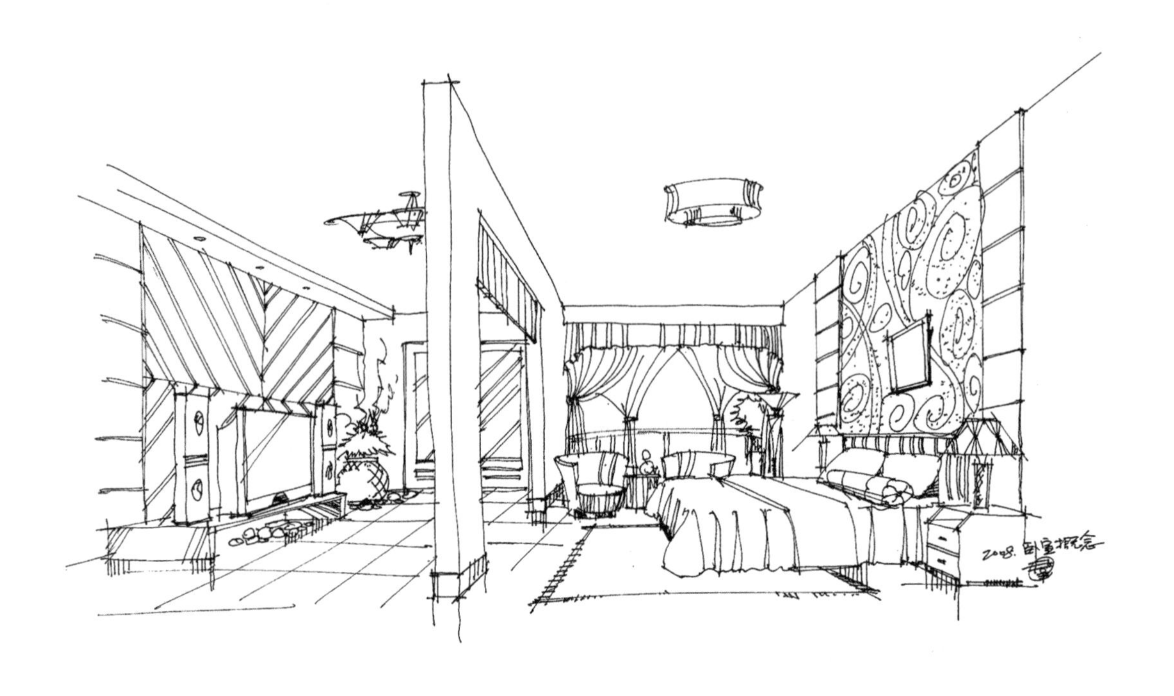
2008. 卧室概念

2008. 卧室概念

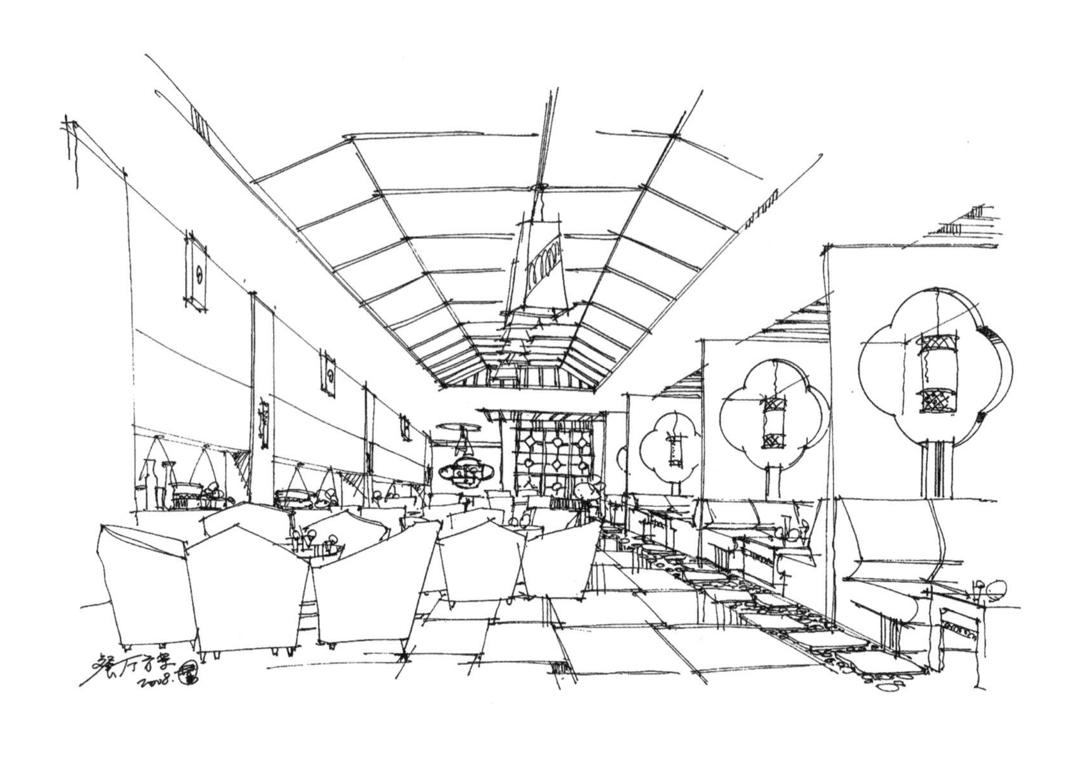
餐厅方案
2008.

餐厅方案
2008.

客房概念
2008.

客房概念
2008.

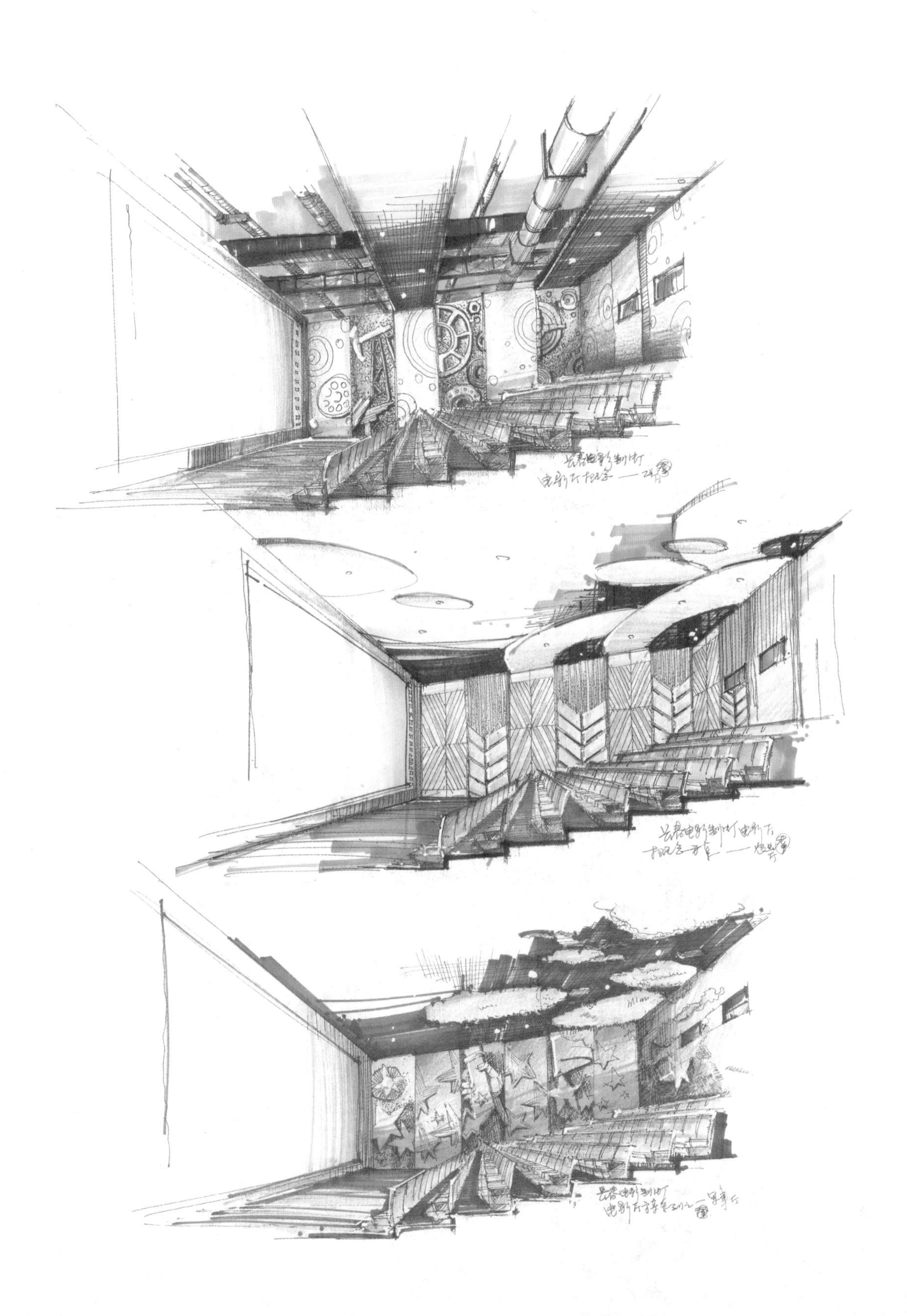
长春电影制片厂
电影厅概念——工业厅
长春电影制片厂电影厅
概念方案——怀旧厅
长春电影制片厂
电影厅方案系列之——军事厅

2008

2008

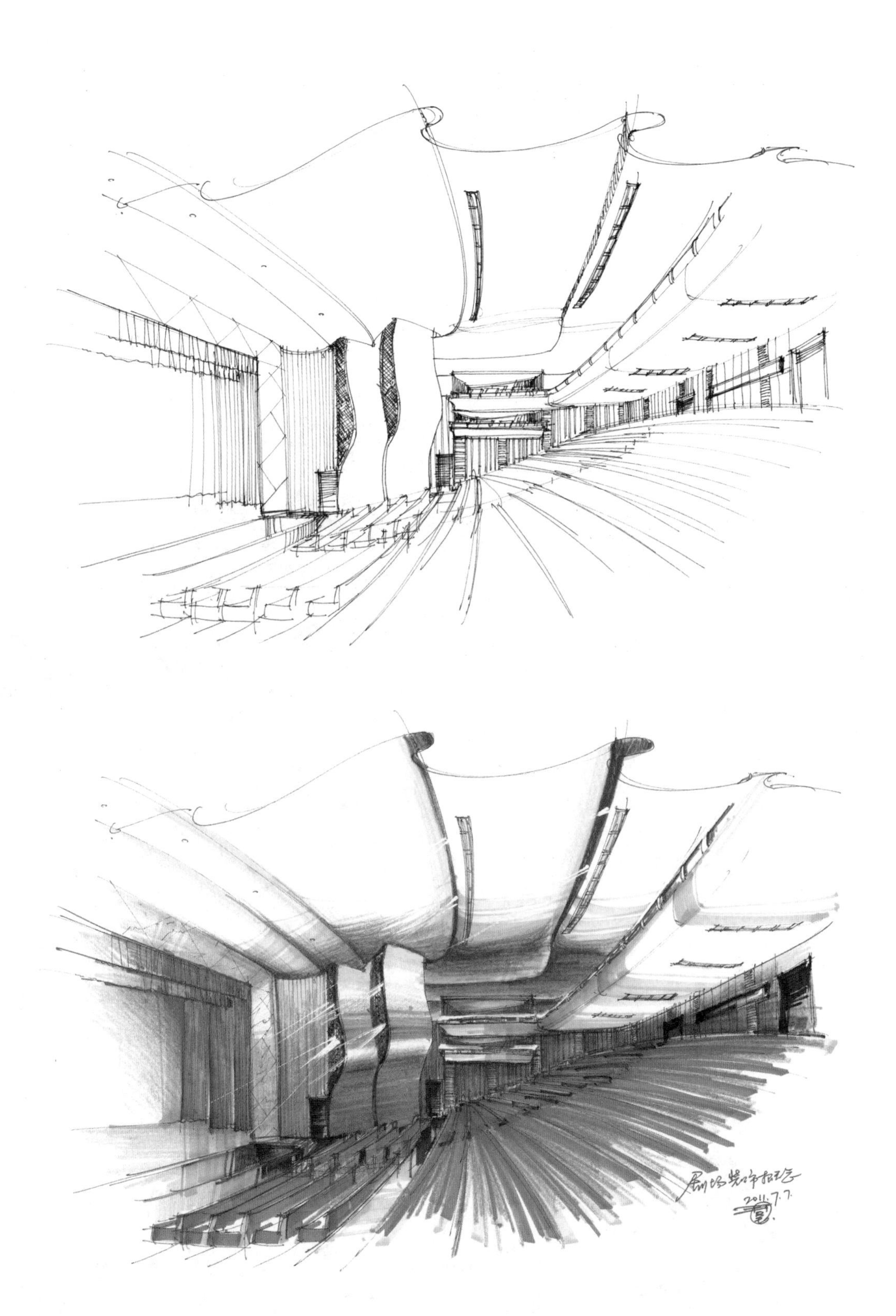
2011.7.7.

小剧场概念图
2011.07.07.

新疆大剧院大厅概念
2013.3.31.

长春电影
2011.

岁月留痕

后记

这本书历经数月得以完成时，恰又迎来了一个新春。

新春，对于即将“知天命”的我来说，早已淡漠了儿时的期盼，却深深地感知着岁月的匆匆。

古言：十年磨一剑。也许是我的迟钝，室内设计手绘这把“剑”竟让我磨了近40年，直到今天却依然不很锋利。

书画里讲求“笔墨当随时代”，设计里讲求“与时俱进”，这本无疑议，但我思考更多的是如何延长设计的“生命”。5年也好，10年也罢，在历史的长河中竟是可以“忽略不计”的短暂，即使是获得“国际大奖”的设计，也难以成为一座永久的丰碑。

“裴爱群作图法则”的论证与应用、“室内设计实用手绘”的提出、“歪理谐说”学术演讲的推出等，无不填补着室内设计手绘基础理论的空白。我坚信：这些理论虽然成不了丰碑，却可以助益室内设计师；虽然不能像唐诗宋词那样名垂青史，人尽皆知，却总会在万千年后依然留下我的痕迹。对我来说，已经足矣！

“天生我才必有用！”

继《室内设计实用手绘教程》出版之后，《室内设计实用手绘教学示范》一书又终于完成了。两本关于室内设计手绘的姊妹篇，一部理论，一部实践，是我对室内设计这个行业的无私奉献！

但愿五千年后的室内设计大师们依然在使用裴爱群的理论，从课堂到实践，再传承给他们的后代弟子！

岁月匆匆，人生苦短！

雁过留声，人过留名！

故，后记名为“岁月留痕”。

裴爱群

2009年1月10日子夜
于广州下渡

岁月静好

再版后记

岁月匆匆，如白驹过隙。

转眼之间，《室内设计实用手绘教学示范》这本书历经多次重印，竟已走过了 12 年的时光。

曾几何时，这本书出现在深圳书城悬挂的艺术设计类畅销书榜单里。销售反馈的信息里，承载着众多朋友对本书的厚爱。

当房磊老师就出版社将再版此书的消息与我沟通时，我著作此书的"初心"被再次唤醒。

在全国抗击新冠肺炎疫情的大背景下，我响应号召，就地过年，并利用这个特殊的春节，开始了本书的再版创作。我删减和捋顺了全书文字，调整和增加了上百幅插图，并进一步强化了"实用手绘"和"教学示范"这两大要点，从而使本书更便于学习者进行学习、训练与提高。

春节假期即将结束。

我谨以本书向世界祈福，愿岁月静好，愿人们健康如意。

裴爱群

2021年2月16日
于杭州王家井